GONGCHENG ZAOJIA XINXI GUANLI

工程造价信息管理

主　编　李春娥　王　浩

副主编　黄聪普　熊梓妤

参　编　王　芳　王妙灵　张贵芳

主　审　郑小晴

重庆大学出版社

内容提要

本书全面、系统地介绍了工程造价信息管理的思想、方法、步骤以及建设项目各阶段工程造价信息管理的具体管理措施。本书主要内容包括:工程造价信息概述、定额信息管理、价格信息管理、投资决策阶段工程造价信息管理、设计阶段工程造价信息管理、施工阶段工程造价信息管理、工程造价信息管理信息化等内容。

本书作为工程造价专业的专业课程教材,在适度的基础知识与鲜明的结构体系覆盖下,编者注意了本书各部分知识点之间、本书与其他课程之间的联系,重点突出,难度适中。

本书适合作为高等院校工程造价专业的教材,也可作为从事信息管理工作、工程造价工作、工程管理等工作人员的自学用书。

图书在版编目(CIP)数据

工程造价信息管理/李春娥,王浩主编.—重庆:重庆大学出版社,2016.9(2023.8 重印)

高等教育土建类专业规划教材.应用技术型

ISBN 978-7-5689-0044-7

Ⅰ.①工… Ⅱ.①李…②王… Ⅲ.①工程造价—信息管理—高等学校—教材 Ⅳ.①TU723.3

中国版本图书馆 CIP 数据核字(2016)第 177972 号

工程造价信息管理

主 编 李春娥 王 浩

副主编 黄聪普 熊梓妤

主 审 郑小晴

策划编辑:林青山 刘颖果

责任编辑:陈 力 邓桂华 版式设计:林青山

责任校对:秦巴达 责任印制:赵 晟

*

重庆大学出版社出版发行

出版人:陈晓阳

社址:重庆市沙坪坝区大学城西路 21 号

邮编:401331

电话:(023) 88617190 88617185(中小学)

传真:(023) 88617186 88617166

网址:http://www.cqup.com.cn

邮箱:fxk@cqup.com.cn (营销中心)

全国新华书店经销

POD:重庆新生代彩印技术有限公司

*

开本:787mm×1092mm 1/16 印张:16 字数:369 千

2016 年 9 月第 1 版 2023 年 8 月第 9 次印刷

ISBN 978-7-5689-0044-7 定价:39.00 元

前　言

本书以高等教育工程造价专业培养计划,工程造价信息管理课程教学大纲为依据,以培养应用型人才为目标,是编者总结多年教学经验,汇总各方人员理论和实践经验后编制所得,可作为高等院校工程造价专业的专业课程教材。

本书包括工程造价信息管理概述、定额信息管理、价格信息管理、投资决策阶段工程造价信息管理、设计阶段工程造价信息管理、施工阶段工程造价信息管理、工程造价信息管理信息化共 7 章的内容。首先总体介绍工程造价信息管理的基础知识,再分阶段介绍相应阶段工程造价信息管理的具体措施。

本书具有以下特点:

(1)各章节在体系上先理论、后方法、再运用,逻辑清晰,难易适中。

(2)本书通俗易懂、精炼准确,专业术语引入适当,不会为读者的阅读带来困难。

(3)本书需在学习完建筑工程计量与计价基础、招投标与合同管理、工程索赔等课程之后,并对数据库管理软件(SQL Server)、工程造价专业软件(广联达),BIM 等有简单了解后才能学习。

(4)鉴于本书的特点,本书可作为大四学生工程造价信息管理课程用书。一方面可复习前期专业或基础课程,另一方面也可为即将走上工作岗位的毕业生提供初步的管理知识。

本书面向高等院校工程造价、工程管理等相关专业,建议授课学时数为 40~56 学时,不同情况使用时,可根据实际情况对相应内容进行取舍。

本书由重庆大学城市科技学院具有丰富教学经验的老师编写。全书由郑小晴主审;李春娥、王浩担任主编；黄聪普、熊梓妤担任副主编；王妙灵、张贵芳、王芳参编。本书第1、5章由王芳、熊梓妤编写，第2、4章由李春娥、张贵芳编写，第3、6章由王妙灵、王浩编写，第7章由黄聪普编写。

限于编者水平，书中难免存在不足之处，敬请使用本书的师生、读者等提出批评、指导意见，以便及时更正修改。

编　者

2016年6月

目　录

1 工程造价信息管理概述

在信息技术飞速发展的今天，随着建筑市场的进一步开放，建筑产品作为商品进入市场，工程造价信息作为造价控制的关键性资料之一，它的需求量也越来越大。在工程承发包市场和工程建设过程中，工程造价总是不停地变化着，并呈现出种种不同特征，而人们只有通过工程造价信息来认识和掌握它。因此，工程造价信息作为一种社会资源，在工程建设中所占的地位日趋明显，特别是随着我国逐步推行工程量清单计价制度，工程价格从政府计划的指令性价格向市场定价转化以后，信息在市场定价过程中起着举足轻重的作用。目前开发工程造价信息管理系统，使工程造价信息作为一种资源进行开发、利用、交流、渗透，并通过计算机和网络系统而达到资源共享已是刻不容缓的事。

1.1 信 息

1.1.1 信息的概念

信息，又称为资讯，普遍存在于自然界和人类社会活动中，它的表现形式远远比物质和能量复杂，但又远比它们简单，其实信息就是客观存在的一切事物通过物质载体将发生的消息、指令、数据、信号等所包含的一切经传送交换的知识。随着社会的发展和科学技术的进步，人类对信息的认识和利用日趋深入和广泛，信息资源的地位与作用也日益凸显，信息已成为社会发展中的一个主导因素，是客观世界不可或缺的重要资源。

1.1.2 信息的特征

信息具有很多基本特征，如普遍性、客观性、依附性、共享性、时效性、传递性等基本特征。

(1)信息的普遍性与客观性

在自然界和人类社会中,事物都是不断发展和变化的。事物所表达出来的信息也是无时无刻,无所不在的。因此,信息是普遍存在的。由于事物的发展和变化不以人的主观意识为主导,因此信息也是客观的。

(2)信息的依附性

信息不是具体的事物,也不是某种物质,而是客观事物的一种属性。信息必须依附于某个客观事物(媒体)而存在。同一个信息可以借助不同的信息媒体表现出来,如文字、图形、声音、影视和动画等。

(3)信息的共享性

非实物的信息不同于事物的材料、能源,材料和能源在使用之后,会被消耗、转化掉。信息也是一种资源,具有使用价值。信息传播的面积越广,使用信息的人越多,信息的价值和作用就会越大。信息在复制、传递、共享的过程中,可以不断地重复而产生副本,但是信息本身并不会减少,也不会被消耗掉。

(4)信息的时效性

随着事物的发展与变化,信息的可利用价值也会相应地发生变化。随着时间的推移,信息可能会失去其使用价值而变成无效的信息。这就要求人们必须及时获取信息、利用信息,这样才能体现信息的价值。

(5)信息的传递性

信息通过传输媒体的传播,可以实现信息在空间上的传递。如我国载人航天飞船“神舟九号”与“天宫一号”空间交会对接的现场直播,向全国及世界各地的人们介绍我国航天事业的发展进程,缩短了对接现场和电视观众之间的距离,实现了信息在空间上的传递。

信息通过存储媒体的保存,可以实现信息在时间上的传递。如没能看到“神舟九号”与“天宫一号”对接的现场直播的人,可以采用回放或重播的方式来收看,这就是利用了信息存储媒体的牢固性,实现了信息在时间上的传递。

1.1.3 信息的分类

信息是多种多样,多方面、多层次的,信息类型也可从不同的角度来划分。

1)按变异情况分类

(1)不变信息

如历史信息、已建工程信息等。

(2)可变信息

如市场价格,新技术等。

2)按基本构成因素分类

(1)文字信息

直接用中文、外文或汉语拼音、数字构成的信息。

(2)图形信息

通过几何图形或象形图形表示的信息。

(3)图文信息

图形与文字组合信息集中了图形信息和文字信息的长处,克服了两者的不足。

但需注意的是文字、图形、图像、声音、影视和动画等实体本身不是信息,其所承载的内容才是信息。

3)按产生信息的客体的性质分类

(1)自然信息

自然信息指一切自然界发出的信息,它包括来自无机界和生物界的信息,我们所观察到的宇宙间星球的运动变化,地球上的各种自然现象,我们欣赏到的风景等都是自然信息。如瞬时发生的声、光、热、电、形形色色的天气变化、缓慢的地壳运动、天体演化……

(2)生物信息

生物信息包含的范围很广,除遗传物质、神经电冲动和激素之外,生物体发出的声音、气味、颜色以及生物的行为本身都含有信息,都对生物的个体和群体产生影响,并且和生物的生存与进化密不可分。生物信息的特点是消耗极少的能量和物质即可产生极大的生物效应,生物信息对生物体的生存、繁殖都起着重要的作用。

(3)机器信息和社会信息

一切存在都在进行着某种形式的表达,只不过人类的表达要丰富得多,因为他们的存在内容很丰富。社会信息就是指人与人之间交流的信息,既包括通过手势、身体、眼神所传达的非语义信息,也包括用语言、文字、图标等语义信息所传达的一切对人类社会运动变化状态的描述。按照人类活动领域,社会信息又可分为科技信息、经济信息、政治信息、军事信息、文化信息等。

4)按信息所依附的载体分类

(1)文献信息

文献信息就是文献所表达的内载信息,以文字、符号、声像信息为编码的人类精神信息,也是人们经筛选、归纳和整理后记录下来的信息,它与人工符号本身没有必然的联系,但要通过符号系统实现其传递。文献信息也是一种相对固化的信息,一经"定格"在某种载体上就不能随外界的变化而变化。这种性质的优点是易识别、易保存、易传播,使人类精神信息能传于异地,留于异时;缺点是不能随外界的变化而变化,固态化是文献信息老化的原因。

(2)口头信息(verbal message)

口头信息指通过交谈、讨论、报告等方式交流传播的信息。当外界的信息摄入大脑后,有机体就出现了认识和记忆,这种认识,初始阶段的形成常常缺乏完整性和系统性,故而难以通过文献公之于世,但可以通过口头交流来了解。

(3)电子信息(Electronic information)

在运用现代化技术进行电子设备与信息系统的设计、开发、应用和集成过程中电子信息的获取与处理。

1.1.4 信息的载体

信息必须依附于客观事物而存在。但是,获取后的信息通常是以文字、图形、图像、声音、影视和动画等形式存在的。人们将承载信息内容的文字、图形、图像、声音、影视和动画等称为信息的载体。

语言是人类传递信息的第一载体，是社会实际、交流思想的工具，是人类社会中最方便、最复杂、最通用和最重要的信息载体系统。随着生产的发展和社会的不断进步，出现了信息的第二载体——文字。现在世界上在使用的文字有500多种，文字的发明，为信息的存储（记载）和远距离传递提供了条件，是人类的一大进步。电话、无线电的发明，使大量信息以光的速度传递，沟通了整个世界的联系，人类信息活动进入了新纪元。随着信息量的剧增，信息广泛交流，需要容量更大的信息载体。计算机、光纤、通信卫星等新的信息运载工具成为新技术革命形势下主要的信息载体。一根头发丝粗细的光纤可以同时传输几十万路电话或上千路电视。新的信息载体必将开创新的信息革命。

信息载体是在信息传播中携带信息的媒介，是信息赖以附载的物质基础。即用于记录、传输、积累和保存信息的实体，包括以能源和介质为特征，运用声波、光波、电波传递信息的无形载体和实物形态记录为特征，运用纸张、胶卷、胶片、磁带、磁盘传递和储存信息的有形载体。

信息本身不是实体，只是消息、情报、指令、数据和信号中所包含的内容，必须依靠某种媒介进行传递。信息载体的演变，推动着人类信息活动的发展。从某种意义上说，信号革命就是信息载体的革命。

国际电话与电报咨询委员会（Consultative Committee on International Telephone and Telegraph，简称CCITT）将信息载体划分为5类：

（1）感觉载体

感觉载体是指直接作用于人的感觉器官，是直接就能感觉到的媒体，如文字、图形、图像、声音、影视和动画等。

（2）表示载体

表示载体是为了加工处理和传输感觉媒体而人为研究、构造出来的一种媒体，它有各种编码方式，如文字编码、图像编码和声音编码等。

（3）表现载体

表现载体是指进行信息输入和输出的媒体，如键盘、鼠标、扫描仪、话筒和摄像机等输入媒体，以及显示器、打印机和扬声器等输出媒体。

（4）存储载体

存储载体是指用于存储感觉媒体和表示媒体的物理介质，如纸张、胶卷、唱片、磁带和软盘、硬盘、光盘、U盘等。

（5）传输载体

传输载体是指用于传输表示媒体的物理介质，如电缆和光缆等。

1.2 工程造价信息

工程造价就是工程的建造价格。广义的工程造价表示工程项目从立项决策到竣工验收、交付使用全过程所需的全部费用；狭义的工程造价是指施工企业在建筑安装过程中发生的生产和经营管理等的费用总和。工程造价的任务是根据图纸、定额以及清单规范等，计算出工程中所包含的各项费用。

工程造价具有大额性、个别性、差异性、动态性、层次性、兼容性等特点。

1.2.1　工程造价信息的含义

在信息技术飞速发展的今天,随着建筑市场的进一步开放,建筑产品作为商品进入市场,工程造价信息作为对造价控制的关键性资料之一,它的需求量也越来越大。在工程承发包市场和工程建设过程中,工程造价总是在不停地运动着、变化着,并呈现出各种不同特征,而人们只有通过工程造价信息来认识和掌握它。因此,工程造价信息作为一种社会资源在工程建设中的地位日趋明显,特别是随着我国逐步推行工程量清单计价制度,工程价格从政府计划的指令性价格向市场定价转化以后,信息在市场定价过程中起到了举足轻重的作用。目前开发工程造价管理系统,使工程造价信息作为一种资源进行开发、利用、交流、渗透,并通过计算机和网络系统而达到资源共享已刻不容缓。

在造价管理领域,信息有它自己的定义,工程造价信息是一切有关工程造价的特征、状态及其变动的消息组合;是指已建成竣工和在建的有使用价值和有代表性的工程设计概算、施工预算、工程竣工结算、竣工决算、单位工程施工成本以及新材料、新结构、新设备、新工艺等建筑安装工程分部分项的单价分析等资料。

工程造价信息是工程造价宏观管理、决策的基础;是制订和修订投资估算指标、预算定额、其他技术经济指标以及研究工程实际变化规律的基础;是编制、审查、评估项目建议书、可行性研究报告、投资估算、进行设计方案比较、编制设计概算、投标报价的重要参考。

所有对工程造价的确定和控制过程起作用的资料都可以成为工程造价信息。建设工程造价信息由省工程造价管理总站统一管理,省工程造价信息中心组织实施。各市、地、州工程造价管理机构应配备专职人员,负责人工、材料、机械等价格信息的搜集、整理、上报及相关的管理工作。

1.2.2　工程造价信息的特点

①区域性。建筑材料大都重量大、体积大、产地远离消费地点,因而运输量大,费用高,这就要求客观上尽可能地就近使用建筑材料。因此,这类工程造价信息的交换和流通往往限制在一定的区域内。

②多样性。我国社会主义市场经济体制正处在探索发展阶段,各种市场均未达到规范化要求。因此,在信息的内容和形式上具有多样化的特点。

③专业性。建设工程的专业化,例如水利、电力、铁道、邮电等建筑安装工程,所需的信息有它的专业特殊性。

④系统性。工程造价信息是由若干具有特定内容和同类性质的、在一定时间和空间内形成的一连串信息。工程造价管理工作也同样是多种因素相互作用的结果,因此,从工程造价信息源发出来的信息都不是孤立的、紊乱的,而是大量的、系统的。

⑤动态性。工程造价信息需要经常不断地收集和补充,进行信息更新,真实反映工程造价的动态变化。

⑥季节性。虽然建筑生产受自然条件影响大,施工内容的安排必须充分考虑季节因素,但工程造价信息也不能完全避免季节性的影响。

1.2.3 工程造价信息的分类

为便于对信息的管理,有必要将各种信息按一定的原则和方法进行区分和归集,并建立起一定的分类系统和排列顺序。因此,对于工程造价信息管理,也应该按照不同的标准对信息进行分类。

(1)工程造价信息分类遵循的原则

①稳定性。信息分类要选择分类对象最稳定的本质属性或特征作为信息分类的基础和标准。

②兼容性。信息的分类体系要满足不同项目参与方高效信息交换的需要。

③可扩张性。信息分类应具备较强的灵活性,可以在使用过程中方便地进行追加新的信息。

④综合实用性。信息分类应从系统工程的角度出发,放在具体的应用环境中进行整体考虑。

(2)工程造价信息的分类

①从管理组织的角度来划分,可以分为系统化和非系统化工程造价信息。

②从形式上划分,可以分为文件式工程造价信息和非文件式工程造价信息。

③按传递方向来划分,可以分为横向传递的工程造价信息和纵向传递的工程造价信息。

④按反映面来划分,可以分为宏观工程造价信息和微观工程造价信息。

⑤从时态上来划分,可以分为过去的工程造价信息、现在的工程造价信息和未来的工程造价信息。

⑥按稳定程度来划分,可以分为固定工程造价信息和流动工程造价信息。

⑦按信息来源划分,可以分为社会信息和企业内部信息。

A.社会信息

a.政府机构所发布的与建筑工程造价相关的各类法律、法规和文件,各级造价管理机关所发布的定额、价格、调价文件以及定额解释文件等。

b.各类造价中介机构或研究机构所发布的建筑工程造价指标、指数、典型工程案例分析资料等。

c.商业公司所提供的各类资源的市场价格信息。

B.企业内部信息

a.企业自有的工程投标、造价控制和工程结算历史资料。

b.企业的资源价格数据。

⑧按信息性质划分,可以分为消耗标准类信息、市场价格信息和法规文件信息。

A.消耗标准类信息:

a.造价管理机关所发布的消耗定额;

b.企业内部消耗标准;

c.中介机构或研究机构所发布的消耗性标准、消耗指标。

B.市场价格类信息:

a.劳动力价格;

b.材料价格;

c.机械租赁价格；

d.设备购置价格以及专业分包价格等。

C.法规文件类信息。主要包括政府机构或造价管理机关所发布的各类建设工程造价管理和调价文件等。

1.2.4 工程造价信息的主要内容

从广义上说，所有对工程造价的计价和控制过程起作用的资料都可以称为是工程造价信息。例如各种定额资料、标准规范、政策文件等。但最能体现信息动态性变化特征，且在工程价格的市场机制中起重要作用的工程造价信息主要包括价格信息、工程造价指数和已完工程信息3类。

(1)价格信息

价格信息包括各种建筑材料、装修材料、安装材料、人工工资、施工机械等的最新市场价格。材料价格信息在发布时，应对材料的类别、规格、单价、供货地区、供货单位及发布日期等作详细说明。机械价格信息包括设备市场价格信息和设备租赁市场价格信息两部分。后者对工程计价更为重要，发布的机械价格信息应包括机械种类、规格型号、供货厂商名称、租赁单价、发布日期等内容。

(2)工程造价指数

在建筑市场供求和价格水平发生经常性波动的情况下，建设工程造价及其各组成部分也处于不断变化中，这不仅使不同时期的工程在“量”与“价”两方面都失去可比性，也给合理确定和有效控制造价造成了困境。根据工程建设的特点，编制工程造价指数是解决此类问题的最佳途径。

(3)已完工程信息

已完或在建工程的各种造价信息，可以为拟建工程或在建工程造价提供依据。承发包单位或房地产企业可以通过采集、分析、测算以往工程的预算价、合同价、中标价、结算价和市场人工、材料、设备租赁价格等多种技术经济指标，建立一套完整的造价信息数据库，提高企业报价决策水平和合同执行过程中的成本控制管理水平。

1.3 工程造价信息管理

1.3.1 管理的基本概念及特点

管理是指在特定的环境条件下，以人为中心，对组织所拥有的资源进行有效的决策、计划、组织、领导、控制，以便达到既定组织目标的过程。它可以分为很多种类的管理，比如行政管理、社会管理、工商企业管理、人力资源管理等。在现代市场经济中工商企业的管理最为常见。每一种组织都需要对其事务、资产、人员、设备等所有资源进行管理。每一个人也同样需要管理，比如管理自己的起居饮食、时间、健康、情绪、学习、职业、财富、人际关系、社会活动、精神面貌等。管理的高级阶段是信息化管理。管理具有动态性、科学性、艺术性、创造性等特征。随着企业改革的深化，人们将越来越认识到加强管理的必要性和迫切性。

任何一种管理活动都必须由以下 4 个基本要素构成,即为管理的 4 个主要特点:

①管理主体:解决管理的执行者问题,由谁管。

②管理客体:解决管理的内容,管什么。

③组织目的:解决管理的最终目标,为何而管。

④组织环境或条件:解决管理的环境条件,在什么情况下管。

管理承担的功能指的是管理职能,管理具有 4 项基本职能:

①计划。计划就是确定组织未来发展目标以及实现目标的方式。

②组织。服从计划,并反映组织计划完成目标的方式。

③领导。运用影响力激励员工以便促进组织目标的实现。同时,领导也意味着创造共同的文化和价值观念,在整个组织范围内与员工沟通组织目标和鼓舞员工树立起谋求卓越表现的愿望。此外,领导也包括对所有部门,职能机构的直接与管理者一道工作的员工进行激励。

④控制。对员工的活动进行监督,判定组织是否正朝着既定的目标健康地向前发展,并在必要的时候及时采取矫正措施。

法国管理学者法约尔最初提出把管理的基本职能分为计划、组织、指挥、协调和控制。后来,也有学者认为人员配备、领导、激励、创新等也是管理的职能。

1.3.2 信息管理的概念和特征

1)信息管理的概念

信息管理一般有两种解释:

①信息管理就是对信息本身的管理,即用各种技术方法和手段对信息进行组织、控制、存储、检索和规划等,并将其引向预定目标。

②信息管理不单是对信息的管理,也是对涉及信息活动的各种要素进行合理的组织和控制,以实现信息及有关资源的合理配置,从而有效地满足社会的信息要求。

2)信息管理的特征

(1)管理特征

信息管理属于管理的一种,因此它具有管理的一般性特征。例如,管理的基本职能是计划、组织、领导、控制,管理的对象是组织活动,管理的目的是为了实现组织的目标等,这些在信息管理中同样具备。但是,信息管理作为一个专门的管理类型,又有自己独有的特征:

①管理的对象是信息资源和信息活动。

②信息管理贯穿于整个管理过程之中,有其自身的管理,同时支持其他管理活动。

(2)时代特征

①信息量迅速增长。随着经济全球化,世界各国和地区之间的政治、经济、文化交往日益频繁;组织与组织之间的联系越来越广泛;组织内部各部门之间的联系越来越多,以至信息大量产生。同时,信息组织与存储技术迅速发展,使得信息储存与积累更加可靠便捷。

②信息处理和传播速度更快。由于信息技术的飞速发展,使得信息处理和传播的速度越来越快。

③信息的处理方法日益复杂。随着管理工作对信息需求的提高,信息的处理方法也就越来越复杂。早期的信息加工,多为一种经验性加工或简单的计算。如今信息加工处理方法不

仅需要一般的数学方法,还要运用数理统计、运筹学和人工智能等方法。

1.3.3 工程造价信息管理

工程造价信息管理是包括信息的收集、加工整理、储存、传递与运用等一系列工作。其目的是通过有组织的信息流通,使决策者能及时、准确地获得相应的信息。

在信息管理的过程中,信息的收集要做到及时、可靠和有明确的目的性;信息的传递要迅速、全面并适用、优质、经济。在工程承发包市场和工程建设中,无论是政府工程造价主管部门还是工程承发包者,都是通过接受工程造价信息来了解工程建设市场动态,预测工程造价发展,决定政府的工程造价政策和工程承发包价。我国在加入 WTO 以后,进入了一个快速发展时期,工程建设和管理要与国际接轨,工程造价要反映客观事实,工程造价信息化的管理势在必行。通过工程造价的信息化管理,国家有关部门可以方便、快捷、准确地掌握我国基本建设全局情况,以便及时制定政策,从宏观上调控和管理好固定资产投资。

建立工程造价信息化管理系统,可为编制投资估算、初步设计概算、审查施工图预算和招投标工作提供可靠依据。在为建设单位制订标底或施工单位投标报价的工作中,建设单位或招标方可以通过该系统了解前来竞标的建筑施工企业的简历、资质等级等情况,依据造价信息编制标底,减少"人为操作"的可能性,避免盲目性,从而做到客观地评标、定标;而对于投标人,特别在实行工程量清单计价后,投标人的自主报价,在更大程度上依赖企业已完工程的历史经验和市场价格,因此,建设、施工单位建立自己的工程信息库是非常必要的。

1.3.4 工程造价信息管理的基本原则及特点

对工程造价信息进行管理时,应遵循以下基本原则:

①标准化原则。要求在项目的实施过程中对有关信息的分类进行统一,对信息流程进行规范,力求做到格式化和标准化,从组织上保证信息生产过程的效率。

②有效性原则。工程造价信息应针对不同层次管理者的要求进行适当加工,针对不同管理层提供不同要求和不同浓缩程度的信息。这一原则是为了保证决策者决策依据的有效性及决策的正确性。

③定量化原则。工程造价信息不应是项目实施过程中所产生的数据分类的简单记录,而应经过信息处理人员的比较与分析,采用定量工具对有关数据进行分析和比较。

④时效性原则。考虑到工程造价计价与控制过程的时效性,工程造价信息也应具有相应的时效性,以保证信息产品能够及时服务于决策。

⑤高效处理原则。通过采用高性能的信息处理工具,如工程造价信息管理系统,尽量缩短信息处理过程中的延迟。

在工程造价管理中使用工程造价信息必须根据当前的工程造价业务及可预见的发展,作出快速反应,以提高应变能力,因此,对于工程造价信息管理来说其应具有以下特点:

①工程造价信息管理的真实性。在使用工程造价信息的过程中,必须辨别其信息的真伪,提高可信度,使工程造价信息能如实反映市场活动的变化。只有抓到真实的工程造价信息,工程造价决策才有可靠的依据,工程造价管理活动才能获得工程造价信息流配置的平衡。

②工程造价信息管理的准确性。工程造价信息管理的准确性就是要求辨别工程造价信息是否能准确地反映客观实际情况,对于使用的工程造价信息,千万不可满足于差不多而不

求甚解，应当将其内容及有关细节了解得十分准确可靠。

③工程造价信息管理的重点性。重点性就是要求区分所使用的工程造价信息的主次，抓住重要的和当前的工程造价问题，尽早地、有步骤地处理。这对于在工程造价管理活动中工程建设不同利益主体来说，是一个关系到工作效率以及阶段活动、过程活动连续性的重要问题。

④工程造价信息管理的联系性。反映工程造价管理活动中的规律与现象的工程造价信息，彼此之间都是有机地相互联系的，没有孤立的工程造价信息，也没有孤立的工程造价信息管理活动。因此，工程建设不同利益主体的工程造价信息使用者在分析工程造价信息的时候，就可以通过分析一种工程造价信息同其他工程造价信息之间的联系，来认识工程造价管理活动的实质及其随着市场的变化而发展变化的条件。

⑤工程造价信息管理的发展性。所谓发展性，就是不能用孤立、静态的管理来看待工程造价问题，而要应用辩证的思维去分析工程造价信息，看到工程造价信息及其反映的工程实践问题是发展变化的，并能在实践活动中揭示其发展变化的规律性。

⑥工程造价信息管理的时间性。工程造价信息管理过程中信息的使用贵在及时，滞后过时的工程造价信息只能作为工程造价管理活动中的某一阶段、某一过程的历史记录，有时可能失去其现实使用价值。

⑦工程造价信息管理的应变性。能否依据建设市场的情况和工程造价信息的变化而作出必要的管理应变，这是工程造价信息管理使用中至关重要的问题，也是工程造价管理活动中的一项重要艺术，目的是要争得合理合法的经济效益。

⑧工程造价信息管理的针对性。有针对性地管理使用工程造价信息，要求工程造价管理人员从工程造价问题的实际出发，针对自身的各种工程造价管理活动的工程造价信息需求，以及不同工程造价管理层次、不同工程造价专业的要求来使用工程造价信息，避免使用范围过大，浪费人力、物力、财力以及过多地消耗时间。

1.3.5 在工程造价管理中应用工程造价信息时的注意事项

(1)在使用工程造价信息时必须进行可靠性判断

在工程造价管理活动过程中，所使用的工程造价信息要注意作出可靠性分析判断和裁定，减小收集工程造价信息时因来源的一些主、客观因素所造成的误差。在使用工程造价信息时，只有首先对产生工程造价信息误差的原因作出有益的分析，辨别清楚工程造价信息内容的真伪，判断工程造价信息种种差错率的大小及其对工程造价信息质量的影响程度，才能有效地剔除那些误差率大、可靠性差、不合用的、时空失效的工程造价信息。

(2)在使用工程造价信息时必须进行先进性判断

工程造价信息的先进性主要从新颖性和创造性两方面来判断。在使用工程造价信息时要注意判断工程造价信息内容是否有新颖、本质的东西适应工程造价管理活动，是否便于使用等。判断工程造价信息的创造性是一个复杂的工程造价信息分析过程，应当注意挖掘契合工程造价管理活动环境的工程造价信息。判断创造性的工程造价信息要面对新情况、适应新环境，使工程造价信息流能够在工程造价管理活动中动态地平衡发展。工程造价管理活动是一个不断发展的过程，时间、区域和条件等的变化加大了工程造价信息配置的难度，因此在实施的过程中应当注意掌握和判断工程造价信息的先进性，才能很好地解决处理可能出现的各种情况与问题。

(3)在使用工程造价信息时必须进行实用性判断

实用性是指工程造价信息可以应用的程度。在工程造价管理中工程造价信息的实用性则是随机的,它总带有时间和地域的色彩,因而它受区域环境、经济能力、科技水平和人员素质等诸多因素的制约。因此,工程造价信息的实用性主要根据工程造价管理主体对象的实际情况而定。例如在工程投标的过程中,工程所在地的区域性工程造价信息就比较重要,实用性比较强,必须判断这些区域性工程造价信息与造价的实用关系,判断在工程招投标的活动过程中的实际效果。另外,在工程造价全过程的管理中,不同阶段的工程造价管理所使用的工程造价信息有时是不同的,时态的工程造价信息、过程的工程造价信息和动态的工程造价信息使用是非常实用的,为此,在某一阶段、某一过程中就必须进行实用性判断,使得这些工程造价信息符合阶段工程造价管理或工程造价管理的需要。

(4)在使用工程造价信息时必须进行浓度性判断

工程造价的管理是把技术与经济有机结合起来,通过掌握的工程造价信息进行技术比较、经济分析和效果评价,正确处理两者之间的对立统一关系,合理确定各个阶段或各个过程的工程造价,在建设程序的各个阶段,应用工程造价信息将所发生的工程造价控制在有效的范围和核定的工程造价限额以内。因此,在使用工程造价信息进行配置时,应当注意从信息应用来观看工程造价管理的问题,工程造价信息的时间越长,挑选工程造价信息便越费时间,时间成本就越高。此时,判断工程造价信息时注意进行浓度性判断,就是考虑技术与经济两者之间必须转化为与工程造价过程管理活动紧密相连的工程造价决策信息,以便正确处理工程造价有关问题。

1.4 工程造价管理信息化建设

虽然近几年我国工程造价信息化建设在信息技术发展的推动下有了很大进步,但受管理体制、资金投入、技术水平等因素影响,工程造价管理信息化整体水平还远远落后于发达国家,与国内其他行业相比也存在很大的差距。因此,如何加快工程造价信息化建设进程,是当前工程造价管理工作的一项重要任务。

1.4.1 工程造价管理信息化建设的必要性和紧迫性

21世纪是信息化的时代,计算机技术和网络通信技术飞速发展,在建设领域里已得到广泛应用。工程造价管理信息化是建设领域信息化的重要组成部分,将在工程造价管理活动中发挥重要作用,并主导工程造价管理未来的发展方向,信息化已成为工程造价管理的必然趋势。“十一五”工程造价管理改革发展规划指出,将加快建设工程造价信息系统的规划、建设,建立符合现行管理体制和市场机制的工程造价信息管理工作机制,完善全国工程造价信息系统,使全国工程造价信息做到互联互通,为政府提高造价管理决策水平和完善公共信息服务创造条件。因此,工程造价管理信息化建设也是工程造价管理改革发展规划的总体部署和要求。

随着国家标准《建设工程工程量清单计价规范》的颁布执行,工程量清单计价模式全面推行,是工程造价管理改革发展取得的重大进步。工程量清单计价实行企业自主报价、市场竞争形成价格。工程量清单招标核心就是价格的竞争,工程造价信息的作用更加凸显。由于市场主体询价体系尚不完善,工程造价管理部门发布的工程造价信息仍然是确定和控制造价的重要依据,传统的管理方式已无法满足建设市场需要,迫切需要利用信息技术为工程造价管理服务,加强工程造价动态管理,为推行工程量清单计价创造良好条件,以适应工程造价管理改革与发展的客观需要。

提供工程造价信息服务是工程造价管理部门的重要职责,而工程造价管理信息化是提供工程造价信息服务的重要基础。随着改革的深入和发展,迫切需要转变职能,实现由重管理轻服务到管理与服务并重的转变,工程造价管理信息化建设成为管理部门转变职能的内在要求。要按照政府提供公共服务的要求,大力推进工程造价管理信息化建设,提高工程造价信息服务水平,有效地为政府宏观决策和社会服务。

1.4.2　工程造价管理信息化建设存在的主要问题

随着工程造价管理改革的不断深入,工程造价管理信息化建设也有了一定的基础,但同时也存在一些不容忽视的问题。

(1)工程造价管理信息化建设缺乏系统性

工程造价管理信息化建设是一个系统工程,牵涉管理部门、建设市场主体、软件开发企业、造价信息用户等多个方面,需要统一规划、分步实施。然而,目前全国工程造价管理信息化建设规划体系尚不完善,各地工程造价信息化建设缺乏统一规划、建设地点不同、发展不平衡、实施进度不一致,市场培育也相差较大,没有形成统一的体系。

(2)工程造价管理信息化工作机制尚不健全

由于全国工程造价信息管理办法尚未出台,缺乏统一的工程造价管理工作机制。工程造价信息管理缺乏宏观指导和有效协调,各地管理方式各有差异,综合管理层次不高,管理手段较为单一,职责分工不明确,保障措施不得力,信息资源相互封闭。

(3)工程造价管理信息标准体系有待完善

目前全国各地在工程造价信息分类、材料编码、造价文件数据交换标准等方面进行了积极的探索,对工程造价信息管理发挥了积极的作用。但由于全国建设工程人工、材料、机械设备价格信息数据标准尚未实施,全国工程造价数据文件交换标准缺失,各地区工程定额库数据、工程量清单计价中的数据无法实现交换与共享,工程造价信息资源开发与使用者之间的数据交换、共享也无法实现,工程造价管理信息化建设进度和规模受到很大影响。

(4)工程造价信息开发和利用水平不高

目前工程造价信息管理技术手段仍显得比较落后,主要通过书面、电子邮件等方式进行信息采集、手工方式进行数据处理,没有实现对信息资源的远程传递、信息系统自动加工处理,采集点少,信息量小,缺乏分析预测,工作效率低下。信息发布大多依靠纸质媒介,发布数量有限,信息更新滞后,工程数据接口缺乏,造价信息无法为软件用户直接使用。此外,在造价审查、合同备案等造价管理活动中收集的大量造价信息缺乏有效整合,没有利用计算机系统进行深层次开发,也没有对外发布供建设市场使用。

(5)工程造价管理信息化建设资金投入不足

长期以来,建设领域比较注重城市规划、建筑设计、施工生产等方面信息化建设的投入,而忽视了对工程造价管理信息化建设的投入,使得其信息化建设基础相对薄弱。

(6)工程造价管理信息化专业人才缺乏

随着工程造价管理信息化建设的深入,信息系统专业化程度的提高,信息系统的运行、维护和使用需要配备信息化专业人员,而工程造价管理人员中熟悉计算机的不熟悉工程造价,精通工程造价的又不精通计算机技术,且缺乏相应的专业培训,工程造价管理信息技术在实际工作中使用不足,阻碍了工程造价管理信息化建设的步伐。

1.4.3 工程造价管理信息化建设应遵循的基本原则

(1)统一原则

由于工程造价管理信息化建设政策性、专业性强,因此,必须加强组织领导,打破部门与地方界线,统一规划、统一标准、合作开发、信息互通、资源共享。

(2)标准化原则

工程造价管理信息化的建设应采用国家统一的标准分类、编码建库,统一接入口。

(3)网络化原则

应通过建立各层次的造价专业网络,使工程造价信息资源的开发者、使用者、管理者之间通过网络连接起来并通过网络交换数据。

(4)集成化原则

工程造价管理信息化要实现从初始的计算机辅助处理到工程造价信息系统的综合集成,最终实现工程造价信息的互联网集成。

(5)智能化原则

工程造价管理信息系统还应具备数据自动化处理、趋势分析、预测预警功能,为政府部门、管理机构、建设企业科学决策提供支持。

1.4.4 工程造价管理信息化的实现方式

工程造价管理的信息化要以Internet技术为支撑,以网络平台为基础,其核心内容是建立工程造价管理网络平台,从功能上划分为工程造价信息采集系统、分析处理系统、发布系统、查询系统、预警系统与维护系统6大模块。

(1)工程造价信息采集系统

①设计概算审查子系统:收集设计概算阶段的造价信息,建立设计概算经济指标数据库。

②招标控制价监管子系统:实现造价计价监管网上办公自动化,采集招标阶段的造价信息,建立招标控制价数据库。

③合同备案子系统:实现合同备案、履约监管网上办公自动化,收集合同备案阶段的造价信息,建立施工合同价数据库。

④竣工结算备案子系统:实现竣工结算备案业务网上办公,收集竣工结算阶段造价信息,建立竣工结算价数据库。

⑤信用档案子系统:一是采集工程咨询单位、执业人员基本信息,建立信用档案,加强资质管理;二是收集工程造价信息。

⑥劳务用工及材料价格信息上传子系统:建立人工、材料价格信息数据库。

(2)工程造价信息分析处理系统

包含:①劳务用工价格信息数据的分析处理。通过对输入系统的劳务用工价格信息数据进行分析、处理,测算出综合的建设工程各工种和实物工程量人工成本信息及指数表。②工程造价经济指标与造价指数的分析处理。通过对存储数据库中的工程造价数据进行分析、处理,计算出典型房屋建筑工程、市政工程的造价经济指标与指数。③同一建设工程的"四价"对比分析。以"报建号"为主,对采集到的同一工程的设计概算价、招标控制价、合同价、竣工结算价信息进行对比分析,计算出"四价"之间的差异比例,比较同类工程造价的变化情况。

(3)工程造价信息发布系统

发布的内容包括房建工程、市政工程的造价经济指标,建设工程详细造价信息、人工价格指数、材料价格指数及建安费用总和指数等造价指数、劳务用工价格、材料价格信息及走势图的分布。

(4)工程造价信息查询系统

包括人工价格查询子系统、材料价格查询子系统、指数指标查询子系统、类似工程造价信息查询子系统、详细工程造价信息查询子系统、同一工程"四价"对比查询子系统等,供工程造价管理人员查询使用。

(5)工程造价信息预警系统

主要功能是将本期的价格、指标指数与上期的价格、指标指数相比较,计算出波动的幅度,然后对超出限定幅度的人工、材料价格,造价指标指数按照红色、橙色、黄色分级实施预警,帮助管理人员及时把握价格及指数指标的波动情况,分析影响异常波动的不确定因素,加强价格监管工作。

(6)工程造价信息系统维护

主要包括用户管理、内容管理、日志管理以及数据库备份与导入等4个方面的功能。目的是保证信息系统正常、可靠的运行,尽可能延长系统的生命周期,最大程度地发挥信息系统的作用。

1.4.5 加强工程造价管理信息化建设的措施与建议

针对目前信息化建设中存在的问题,工程造价管理部门应侧重于健全工作机制,营造良好环境,搞好基础工作,强化人才培养,循序渐进地推进工程造价管理信息化工作。

(1)健全工程造价信息化管理的工作机制

要加快工程造价管理信息化建设步伐,首先要从建立健全工作机制入手,争取早日出台《建设工程造价信息管理办法》,明确各级工程造价管理机构造价信息管理职责,理顺工作关系,建立协调机制,加强组织领导,安排专人负责,实现资源共同开发、利益共享,建立考评制度,落实工程造价管理信息化建设专项资金。

(2)制订工程造价管理信息化的总体规划

工程造价管理信息化是建设领域信息化和工程造价管理改革的重要组成部分。要与《建设事业"十二五"规划》《工程造价管理改革发展"十二五"规划》同步制订《工程造价管理信息化"十二五"规划》及配套实施工作方案,明确工程造价管理信息化的阶段性目标及具体任务,分阶段、分层次加快信息化基础设施建设。在制订规划时应明确工程造价管理信息化建设的总体框架、关键技术、主要指标体系,便于分解落实。

(3)完善工程造价管理信息化建设标准体系

工程造价信息标准体系是工程造价管理信息化的基础,应结合工程造价管理工作实际,拟订相关技术政策和技术要求,制订工程造价数据标准,建立工程造价数据标准体系。首先,要颁布实施国家标准《建设工程工料机价格信息数据标准》,引导各地按照全国统一的数据标准,调整本地区的定额库,为实现各地区定额库的数据交换创造条件。其次,要完善《城市住宅建筑工程造价信息数据标准》、尽快制订《城市基础设施工程造价信息数据标准》《全国工程造价成果文件交换数据标准》,为工程造价信息跨行业、跨地区以及不同软件格式的数据交换与共享奠定基础。

(4)加快工程造价管理网络平台的建设

网络平台是信息传输、共享的基础。首先,各级工程造价管理机构都要监理工程造价管理内部网络平台,实现办公自动化,提高工作效率。其次,不断完善工程造价信息资源数据库,丰富工程造价信息库内容,注重工程造价信息的深度加工整理,加强工程造价信息的开发和利用,更好地满足工程造价信息用户的需求。再次,要不断完善工程造价信息网的功能,带动工程造价行业信息化整体发展。最后,充分利用互联网构件覆盖全国的工程造价专业网络,实现全国工程造价信息互通互联,加快资源整合与共享。

(5)加强信息化专业人才的培养

实现工程造价管理信息化,迫切需要培养造就一大批既懂信息技术,又懂工程造价业务的复合型人才队伍。要建立科学的人才培养机制,需采取多种有效形式,培养大量的各类层次的适应工程造价管理信息化发展的人才,满足工程造价管理信息化建设的需要。

(6)加大工程造价信息的开发和利用

工程造价信息的开发和利用是实现工程造价信息价值的重要途径,是工程造价信息化建设的出发点和落脚点。因此,要创新工程造价信息的开发和利用技术,开发专业的软件,为工程造价信息用户提供询价服务;开发工程数据接口技术,使工程造价信息与造价计价软件无缝对接,使软件用户可以直接使用造价信息;开发远程数据交换技术,使工程管理信息系统与工程辅助招标投标系统实现远程访问,发挥工程造价信息对工程评标的参考作用。通过工程造价信息的远程访问、远程交换、自动分析处理、网络发布,实现工程造价信息资源收集、处理、发布、使用的自动化。

1.5 工程造价信息管理发展历史及趋势

1.5.1 我国工程造价信息管理发展历史

改革开放以前,我国工程造价管理模式一直沿用苏联模式——基本建设概预算制度。改革开放以后,工程造价管理历经了计划经济时期的概预算管理、工程定额管理的“量价统一”、工程造价管理的“量价分离”,目前逐步过渡到以市场机制为主导、由政府职能部门实行协调监督、与国际惯例全面接轨的新管理模式。为适应20世纪50年代初期大规模的基础建设而建立工程造价体制,并经过长期的工程实践,形成了具有计划经济特色的工程造价管理体制并且日臻完善,对合理确定和有效控制造价起到了积极的作用。

新中国成立以来,我国的工程造价管理经历了以下 4 个阶段:

第一阶段,从新中国成立初期到 20 世纪 50 年代中期,是没有统一预算定额与单价情况下的工程造价计价模式。这一时期主要是通过设计图计算出的工程量来确定工程造价。当时计算工程量没有统一的规则,只是由估价员根据企业的累积资料和本人的工作经验,结合市场行情进行工程报价,经过和业主洽商,达成最终工程造价。

第二阶段,从 20 世纪 50 年代到 20 世纪 90 年代初期,是由政府统一预算定额与单价情况下的工程造价计价模式,基本属于政府决定造价。这一阶段延续的时间最长,并且影响最为深远。当时的工程计价基本上是在统一预算定额与单价情况下进行的,因此工程造价的确定主要是按设计图及统一的工程量计算规则计算工程量,并套用统一的预算定额与单价,计算出工程直接费,再按规定计算间接费及有关费用,最终确定工程概算造价或预算造价,并在竣工后编制决算,经审核后的决算即为工程的最终造价。

第三阶段,从 20 世纪 90 年代至 2003 年,这段时间造价管理沿袭了以前的造价管理方法,同时随着我国社会主义市场经济的发展,国家建设部对传统的预算定额计价模式提出了"控制量,放开价,引入竞争"的基本改革思路。各地在编制预算定额的基础上,明确规定了预算定额中的人工、材料、机械价格作为编制期的基准价,并定期发布当月市场价格信息进行动态指导,在规定的幅度内予以调整,同时在引入竞争机制方面作了新的尝试。

第四阶段,2003 年 3 月有关部门颁布《建设工程工程量清单计价规范》,2003 年 7 月 1 日起在全国实施,工程量清单计价是在建设施工招投标时招标人依据工程施工图纸、招标文件要求,以统一的工程量计算规则和统一的施工项目划分规定,为投标人提供实物工程量项目和技术性措施项目的数量清单;投标人在国家定额指导下、在企业内部定额的要求下,结合工程情况、市场竞争情况和本企业实力,并充分考虑各种风险因素,自主填报清单开列项目中包括的工程直接成本、间接成本、利润和税金在内的综合单价与合计汇总价,并以所报综合单价作为竣工结算调整价的一种计价模式。

1.5.2 国外工程造价信息管理发展历史

国际上,工程项目的造价通常是建立在对项目结构分解和工程项目进度计划的分析上。通过项目结构分解对工程项目进行全面、详细的描述,结合这些活动的进度安排确定各项活动的所需资源(人工、各种材料、生产或功能设施、施工设备),将其最低级别项目单元的估算成本通过汇总来确定工程项目的总造价。在建设工程造价管理领域主要有 3 种模式:以英国和中国香港为代表的工料测量体系,以美国为代表的造价工程管理体系及以日本为代表的工程积算制度。

(1)英国的工程造价信息管理

英国是工程造价管理历史较长,体系较完整的一个国家。由政府颁布统一的工程量规则,并定期公布各种价格指数,工程造价师依据这些规则计算工程量,价格则采用咨询公司提供的信息价和市场价进行计价,没有统一的定额标准套用。工程价格是通过自由报价和竞争最后形成的。英国工程计价的一个重要特点就是工料测量师的使用,无论是政府工程还是私人工程,无论是采用传统的管理模式还是非传统的模式都有工料测量师参与。

(2)美国的工程造价信息管理

美国在工程估价体系中,有一套前后连贯统一的工程成本编码,即将一般工程按其工艺特点分为若干分部分项工程,并给每个分部分项工程编个专用的号码,作为该分部分项工程的代码,以便在工程管理和成本核算中,区分建筑工程的各个分部分项工程。

(3)日本的工程造价信息管理

日本的工程积算是一套独特的量价分离的计价模式,其量和价是分开的。量是公开的,价是保密的。日本的工程量计算类似我国的定额取费模式,建设省制订一整套工程计价标准,即"建筑工程积算基准"。其内容包括"建筑积算要领"(预算的原则规定)和"建筑工事标准步挂"(人工、材料消耗定额),其中"建筑工事标准步挂"的主要内容包括分部分项工程的人工、材料消耗定额。"建筑数量积算基准解说"则明确了承发包工程计算工程量时需共同遵循的统一性规定。

1.5.3 我国未来工程造价信息管理的发展

我国的工程造价信息管理主要以国家和地方政府主管部门为主,通过各种渠道进行工程造价信息的搜集、处理和发布。随着我国的建设市场越来越成熟,企业规模不断扩大,一些工程咨询公司和工程造价软件公司也加入了工程造价信息管理的行列,因此,开创和拓宽民间工程造价信息的发布渠道,是我国今后工程造价管理体制改革的重要内容之一。

同时,随着计算机网络技术及因特网的普及,计算机和网络技术的发展也为信息化管理提供了一个好的环境和基础。国家建立工程造价信息网,定期发布价格信息及其产业政策,为各地主管部门、咨询机构、造价编制和审定单位提供基础数据。国家或省级相关机构应重点建设好建设工程造价信息网,不断完善工程造价咨询企业、注册造价师、工程造价员网络管理和诚信信息服务平台,提高工程造价信息化水平,促进信息的广泛交流和资源共享。及时调整发布建筑工程人工费价格信息及反映建筑生产要素的价格信息,引导市场计价行为。例如,四川省为适应社会主义市场经济发展和工程造价动态管理要求,使建设工程造价的计价信息能及时、准确、客观地反映市场价格情况,便于工程建设发承包双方及相关单位确定价格。根据《建设工程施工发包与承包价格管理暂行办法》,制定了《四川建设工程造价信息管理方法》。为加大信息化建设的力度,应使全国工程造价信息网站与各省信息网联网,这样全国造价信息网联成一体,用户可以很容易地查阅到全国、各省、各市的数据,从而大大地提高了各地造价信息网的使用效率。只有联合才能形成规模的优势,更好地为建筑市场和社会服务。建设工程造价信息种类众多,要实现全国联网,就要加强全国建设工程造价信息系统的规范化、标准化工作。例如,建立全国统一的人工、材料、机械、设备的分类及标准编码,工程项目分类标准编码,各类信息采集和传输格式等,否则各地的编码、格式不统一,彼此之间便难以连通,不便于全国造价信息的传输、整理、使用及网站的维护。

各省市的造价信息网应加强要素价格信息发布工作、工程造价指标发布工作、工程造价指数发布工作。加强要素价格信息发布工作就是要提高信息的全面性(扩大人工、材料、机械设备价格的种类和覆盖面,机械设备租赁价格,人工价格分工种发布价格)、及时性(主要人工、材料、机械设备价格根据市场情况每月发布,次要的每季发布)、真实性(对采集的各类信息认真加工,进行筛选、整理、分析、综合,提高信息质量)。加强工程造价指标发布工作是指通过典型工程案例分析,建立各类建筑、构筑物指标库,编制建筑、市政、安装工程单方指标,以及人工、材料、机械设备平方米消耗量指标等各种技术经济指标。加强工程造价指数发布工作主要是加强人工价格指数、材料价格指数、招投标价格指数、结算价格指数等各种指数的发布工作,编制指数曲线及走势图。

总之,面对工程造价管理的现状及工程造价管理信息化、网络化的日益加强,必须充分发挥现代化管理手段,加快全国工程造价信息网的建设,搞好全国工程造价信息系统标准化工作,突出造价信息网站特色,提高管理工程造价信息与工程造价信息网络的水平,使我国的工程造价管理事业更上一层楼。

课后练习

1.什么是信息?

2.工程造价信息的含义是什么?

3.工程造价信息具有什么特点?

4.请简述工程造价信息管理的概念。

5.对工程造价信息进行管理时应遵循的基本原则是什么?

6.工程造价管理信息化建设存在的主要问题有哪些?应遵循的基本原则是什么?

7.如何实现工程造价管理信息化?

定额信息管理

2.1 定额信息

2.1.1 定额信息的发展历程

(1)我国定额的产生与发展

工程定额是指在合理的劳动组织和合理地使用材料与机械的条件下,完成一定计量单位质量合格建筑产品所消耗资源的数量标准。

我国定额的产生由来已久,北宋李诫于1 100年修编的《营造法式》是土木工程技术的巨著,也是工料计算方面的巨著;清朝的《工程做法则例》也有许多内容是说明工料计算方法的,甚至可以说它主要是一部算工算料的书。可见我国古代已经很重视材料的计算,并已形成了许多则例,这些则例可看作是材料、人工定额的原始形态。但直到新中国成立后,我国的定额才逐渐建立并日趋完善发展起来。最初我国吸取了苏联定额工作的经验,20世纪70年代后期又参考了欧洲多国和美、日等国家有关定额方面的相关经验,1995年建设部颁发《全国建筑安装工程统一劳动定额》《全国统一建筑工程基础定额》(土建部分)和《全国统一建筑工程预算工程量计算规则》,我国定额工作开始走上科学化、制度化、规范化的发展轨道,2002年建设部组织编制和颁发《全国统一建筑装饰工程消耗量定额》,为实行量价分离、工程实体消耗和施工措施消耗定额提供依据,2003年建设部发布《建设工程工程量清单计价规范》,实现工程造价模式从定额计价向清单计价的转变,2008年住房和城乡建设部发布《建设工程工程量清单计价规范》(GB 50500—2008),进一步规范工程量清单计价。2013年《建设工程工程量清单计价规范》(GB 50500—2013)的出现,又修改更新、深化和完善了2008年规范,为我国的计量计价提供了更为实际和完整的依据。总之在各个时期,结合我国建筑工程施工的实际情况,编制了适合我国国情的切实可行的定额。

(2)国外定额的产生与发展

定额管理成为科学是从泰勒制开始的。美国工程师泰勒(F.w.Taylor)制订出工时定额,将其作为评价工人工作的尺度,并发表了《科学管理原理》一书,由此被尊称为"科学管理之父"。继泰勒之后,一方面管理科学从操作方法、作业水平的研究向科学组织的研究上扩展;另一方面也利用现代自然科学和技术科学的新成果—运筹学、系统工程、电子计算机等作为科学管理的手段。20世纪20年代出现的行为科学,从社会学和心理学角度研究管理,强调重视社会环境、人际关系对人的行为的影响,弥补了泰勒等人科学管理的某些不足。随着管理科学的发展,定额也有了进一步的发展。制订定额的范围突破了工时定额的内容。20世纪40年代出现的事前工时定额,将工时定额的制订提前到工艺和操作方法的设计过程中,以加强预先控制。20世纪70年代产生的系统论,将管理科学和行为科学结合起来,从事物的整体出发进行研究以实现整体最优,为定额理论提供了更加广阔的发展空间。

(3)其他国家地区定额发展情况

日本采用建筑工程积算计价。日本也有定额,但量与价分开,工程量是公开公布的,但价格是不公开需要保密的。日本建设省编制建筑工程积算基准,并将其作为工程计价标准。其工程量计算规则依据建筑积算研究会编制的《建筑数量积算基准》。同时《建设省建筑工程积算基准》中制订了一套"建筑工程标准定额",列明每一细目的人、材、机械的消耗量及其他经费。

在美国,实行标准的市场价格,既没有全国统一的标准定额,也没有全国统一的工程量计算规则。通常是由工程咨询公司制订各种工程造价的定额、指标、费用标准等,并根据这些标准结合本地区的实际情况,编制单位面积的消耗量和基价。

在中国香港地区,只有统一的工程量计算规则,施工项目投标报价采用跟随市场的自由价格制度。招标时给出统一的工程量清单,承包商根据给定的工程量清单,根据自身情况结合市场行情进行报价。

2.1.2 定额信息的种类、特点

1)定额信息的种类

(1)按定额反映的物质消耗内容分类

按定额反映的物质消耗内容分类,可分为劳动消耗定额、机械消耗定额和材料消耗定额3种。

①劳动消耗定额简称为劳动定额,是指活劳动的消耗。劳动消耗定额是完成一定的合格产品(工程实体或劳务)规定活劳动消耗的数量标准。劳动定额主要表现形式是时间定额,但同时也表现为产量定额。

②机械消耗定额简称为机械定额,又称为机械台班定额。机械消耗定额是指为完成一定合格产品(工程实体或劳务)所规定的施工机械消耗的数量标准。机械消耗定额的主要表现形式是机械时间定额,但同时也以机械产量定额表现。

③材料消耗定额简称为材料定额，是指完成一定单位的合格产品所需消耗材料的数量标准。这里的材料是指工程建设中使用的原材料、成品、半成品、构配件、燃料以及水、电等动力资源的统称。

(2)按照定额的编制程序和用途分类

按定额编制程序和用途分类，可以把工程建设定额分为施工定额、预算定额、概算定额、概算指标和投资估算指标。

①施工定额以同一性质的施工过程——工序作为研究对象，表示生产产品数量与时间消耗综合关系的定额，是施工企业(建筑安装企业)组织生产和加强管理，在企业内部使用的一种定额，属于企业定额的性质。它由劳动定额、机械定额和材料定额3个相对独立的部分组成。施工定额的项目划分很细，是工程建设定额中分项最细、定额子目最多的一种定额，也是工程建设定额中的基础性定额。施工定额的劳动、机械、材料消耗的数量标准，是计算预算定额中劳动、机械、材料消耗数量标准的重要依据。

劳动定额是指在一定的施工技术和组织条件下，某工种的工人班组完成符合质量要求的单位产品所必需的劳动消耗量标准。

材料定额是指在节约和合理使用材料的情况下，生产符合质量要求的单位产品所必需的建筑材料的数量标准。

机械台班消耗定额是指在正常施工条件和合理使用机械的条件下，利用某种机械完成符合质量要求的单位产品所必需的机械工作时间消耗量标准。

②预算定额是以建筑物或构筑物各分部分项工程为对象编制的定额。预算定额是以施工定额为基础综合扩大编制的，同时也是编制概算定额的基础。这是在编制施工图预算时，计算工程造价和计算工程中劳动、机械台班、材料需要量时使用的一种定额，预算定额是一种计价性的定额。

③概算定额是以扩大的分部分项工程为对象编制的。这是编制设计概算时，计算和确定工程概算造价，计算劳动、机械台班、材料需要量所使用的定额，它的项目划分粗细与初步设计的深度相适应。它一般是在预算定额基础上编制的，是预算定额的综合扩大定额。

④概算指标是概算定额的扩大与合并，它是以整个建筑物和构筑物为对象，以更为扩大的计量单位来编制的。概算指标的设定和初步设计的深度相适应，一般是在概算定额和预算定额的基础上编制的，是设计单位编制设计概算或建设单位编制年度投资计划的依据。

⑤投资估算指标非常概略，往往以独立的单项工程或完整的工程项目为编制对象，确定生产要素消耗的数量标准或项目费用标准，根据已建工程或现有工程的价格数据和资料，经分析、归纳和整理编制而成的。它是在项目建议书和可行性研究阶段编制投资估算、计算投资需要量时使用的一种指标，是合理确定建设工程项目投资的基础。

(3)按主编单位和管理权限分类

按主编单位和管理权限，可以把工程建设定额分为国家定额、行业定额、地区统一定额和企业定额。

①国家定额是由国家建设行政主管部门组织，依据国家有关标准和规范，综合全国工程建设中技术和施工组织管理的情况编制，并在全国范围内执行的定额，如全国统一安装工程定额。

全国统一定额反映一定时期社会平均水平，作为编制地区单位估价表，确定工程造价，编制招标工程标底及招标控制价的基础,也可作为制订企业定额和投标报价的基础。

②行业定额是指由行业建设行政主管部门组织,依据有关行业标准和规范,考虑到各行业部门专业工程技术特点,以及施工生产和管理水平编制的,如矿井建设工程定额,公路工程定额等,一般是只在本行业和相同专业性质的范围内使用。

③地区统一定额。地区定额是指由地区建设行政主管部门组织,考虑地区工程建设特点和情况指定发布且在本地区内使用的定额,包括省、自治区、直辖市定额。地区统一定额主要是考虑地区性特点和全国统一定额水平作适当调整补充编制的。由于各地区不同的气候条件、经济技术条件、物质资源条件和交通运输条件等的差异,构成对定额项目、内容和水平的影响,是地区统一定额存在的客观依据。

④企业定额是指由施工企业自行组织,考虑本企业自身具体情况,参照国家、部门或地区定额的水平制订的定额,企业定额只在企业内部使用,是企业素质的一个标志。企业定额水平一般应高于国家现行定额,反映平均先进水平,才能满足生产技术发展、企业管理和市场竞争的需要。

(4)按照投资的费用性质分类

按投资费用性质分类,可以把工程建设定额分为建筑工程定额,设备安装工程定额,建筑安装工程费用定额,工、器具定额以及工程建设其他费用定额等。

①建筑工程定额是建筑工程的施工定额、预算定额、概算定额、概算指标的统称。建筑工程一般理解为房屋和构筑物工程,具体包括一般土建工程、电气照明工程、卫生技术(水、暖、通风)工程、工业管道工程、特殊构筑物工程。建筑工程定额在整个建设工程中占有突出的地位。

②设备安装工程定额是安装工程施工定额、安装工程预算定额、安装工程概算定额、安装工程概算指标的统称。设备安装工程是对需要安装的设备进行定位、组合、校正、调试等工作的工程。建筑安装工程定额属于人、材、机费用定额,仅仅包括施工过程中人工、材料、机械台班消耗量的数量标准。以上两者统称为建筑安装工程定额。

③建筑安装工程费用定额一般包括措施费定额、企业管理费定额。

④工具、器具定额是为了新建或扩建项目投产运转首次配置的工具、器具数量标准。工具和器具是指按照国家有关规定不够固定资产标准而起劳动手段作用的工具、器具和生产用家具。

⑤工程建设其他费用定额是独立于建筑安装工程、设备工器具购置之外的其他费用开支的标准。其他费用定额是按各项独立费用分别制订的,以便合理控制这些费用的开支。

2)定额信息的特点

(1)科学性

定额是应用科学的方法,在认真研究客观规律的基础上,通过长期观察、测定、总结生产实践经验及广泛搜集资料而制订的。工程建设定额的科学性包括两种含义:一种含义是指工程建设定额和生产力发展水平相适应,反映出工程建设中生产消费的客观规律;另一种含义是指工程建设定额管理在理论、方法和手段上适应现代科学技术和信息社会发展的需要。

工程建设定额的科学性,首先表现在用科学的态度制订定额,尊重客观事实,力求定额水平合理;其次表现在制订定额的技术方法上,利用现代科学管理的成就,形成一套系统的、完整的,在实践中行之有效的方法;第三,表现在定额制订和贯彻的一体化。制订是提供贯彻的依据,贯彻是实现管理的目标,也是对定额的信息反馈。

(2)系统性

工程建设定额是相对独立的系统。它是由多种定额结合而成的有机整体。它的结构复杂,有鲜明的层次,有明确的目标。

工程建设定额的系统性是由工程建设的特点决定的。按照系统论的观点,工程建设就是庞大的实体系统。工程建设定额是为整个实体系统服务的,因此工程建设本身的多种类、多层次就决定了以它为服务对象的工程建设定额的多种类、多层次。从整个国民经济来看,进行固定资产生产和再生产的工程建设,是由多项工程集合的整体。其中包括农林水利、轻纺、机械、煤炭、电力、石油、冶金、化工、建材工业、交通运输、邮电工程,以及商业物资、科学教育文化、卫生体育、社会福利和住宅工程等。这些工程的建设都有严格的项目划分,如可划分为建设项目、单项工程、单位工程、分部、分项工程。在计划和实施过程中有严密的逻辑,如规划、可行性研究、设计、施工、竣工交付使用以及投入使用后的维修。与此相适应,必然形成工程建设定额的多种类、多层次。

(3)统一性

工程建设定额的统一性,主要是由国家对经济发展计划的宏观调控职能决定的。为了使国民经济按照既定的目标发展,就需要借助于某些标准、定额、参数等,对工程建设进行规划、组织、调节、控制。而这些标准、定额、参数必须在一定范围内是一种统一的尺度,才能实现上述职能,才能利用它对项目的决策、设计方案、投标报价、成本控制进行比较和评价。

工程建设定额的统一性按照其影响力和执行范围来看,有全国统一定额、地区统一定额和行业统一定额等;按照定额的制订、颁布和贯彻使用来看,有统一的程序、统一的原则、统一的要求和统一的用途。

在生产资料私有制的条件下,定额的统一性是很难想象的,充其量也只是工程量计算规则的统一和信息提供的统一。我国工程建设定额的统一性与工程建设本身的巨大投入和巨大产出有关。它对国民经济的影响不仅表现在投资的总规模和全部建设项目的投资效益等方面,而且往往表现在具体建设项目的投资数额及其投资效益方面。因而需要借助统一的工程建设定额进行社会监督。这一点和工业生产、农业生产中的工时定额、原材料定额也是不同的。

(4)权威性

工程建设定额具有很大权威性,这种权威性在一些情况下具有经济法规性质。权威性反映统一的意志和统一的要求,也反映信誉和信赖程度以及反映定额的严肃性。

工程建设定额权威性的客观基础是定额的科学性。只有科学的定额才具有权威。但是在社会主义市场经济条件下,它必须涉及各有关方面的经济关系和利益关系。赋予工程建设定额一定的权威性,就意味着在规定的范围内,对定额的使用者和执行者,不论主观上意愿如何,都必须按定额的规定执行。在当前市场不规范的情况下,赋予工程建设定额以权威性是十分重要的。但在竞争机制引入工程建设的情况下,定额的水平必然会受市场供求状况的影响,从而在执行中可能产生定额水平的浮动。

应该提出的是,在社会主义市场经济条件下,对定额的权威性不应绝对化。定额的科学性会受到人们认识的局限,定额的权威性会受到限制。随着投资体制的改革和投资主体多元化格局的形成,随着企业经营机制的转换,它们都可以根据市场的变化和自身的情况,自主地调整自己的决策行为。一些与经营决策有关的工程建设定额的权威性特征,自然也就弱化了。但直接与施工生产相关的定额,在企业经营机制转换和增长方式的要求下,其权威性还必须进一步强化。

(5)稳定性和时效性

工程建设定额中的任何一种定额都是一定时期技术发展和管理水平的反映,因而在一段时间内都表现出稳定的状态。稳定的时间有长有短,一般在 5~10 年。保持定额的稳定性是维护定额的权威性所必需的,更是有效地贯彻定额所必需的。如果某种定额处于经常修改变动之中,那么必然造成执行中的困难和混乱,使人们感到没有必要去认真对待它,很容易导致定额权威性的丧失。工程建设定额的不稳定也会给定额的编制工作带来极大的困难。但是工程建设定额的稳定性是相对的。当生产力向前发展了,定额就会与已经发展了的生产力不相适应。这样,原有的作用就会逐步减弱以致消失,需要重新编制或修订。

(6)群众性

定额的群众性是指定额的制订和执行都具有广泛的群众基础。定额的制订来源于广大工人群众的施工生产活动,是在广泛听取群众意见并在群众直接参加下,通过广泛的测定,大量数据的综合分析,研究实际生产中的有关数据与资料的基础上制订出来的,因此,它具有广泛的群众性。同时,定额的执行与许多部门单位及企业职工直接相关,随着科技的发展,定额应定期调整,以保证它与实际生产水平的一致,保持定额的先进合理。群众性,使定额能反映国家利益和群众利益的一致性,因此定额的群众性是定额制订与执行的基础。

2.1.3 定额信息在市场经济下的应用

定额是科学管理的基础,也是现代化管理科学中的重要内容和基本环节。定额既不是“计划经济的产物”,更不是中国的专利。建设工程定额在不同制度的国家里都是需要的,并且会在社会与经济的发展中不断地进步和完善。在社会主义市场经济的今天,定额同样具有重要的意义。

首先,企业以定额作为促进工人节约社会劳动、提高劳动效率以及加快工作进度的手段,以增强市场竞争力,获取更多的利润。而作为工程造价依据的各类定额,又促进企业加强管理,把生产的消耗控制在合理的限度内。

其次,定额有利于市场行为的规范化,促进市场公平竞争。建筑产品形成市场公平竞争,进行等价交换的基础则是定额消耗量标准。定额消耗量标准是以资源消耗量的合理配置为基础的。这样,一方面定额制约了建筑产品的价格;另一方面也是企业投标报价的依据。因此,定额规范了市场的经济行为,对我国的招投标市场也起着重要的作用。

最后,工程定额是建筑企业实行科学管理的必要手段。定额提供的人工、材料和机械消耗标准是编制施工进度计划、施工作业计划、下达施工任务、合理组织调配资源、进行成本核算的依据,也是建筑企业推行经济责任制、招标承包制,贯彻按劳分配的原则等的依据。

2.2　定额信息管理概述

2.2.1　定额信息管理的基本内涵

定额信息管理是工程造价信息管理的重要组成部分。定额是企业生产经营活动中，对人力、物力、财力的配备、利用和消耗以及获得的成果等方面所应遵守的标准或应达到的水平。而定额管理则是指利用定额来合理安排和使用人力、物力、财力的一种管理方法。

1）信息管理下的定额

当今时代是信息化的时代，很多工作的完成都离不开计算机技术。早期的定额管理完全依靠人工进行，不仅信息收集工作量大，信息整理工作耗时长，思路模糊，信息的修改、增删等更新操作还严重受阻，频繁的修改工作，最终甚至还会导致部分信息的丢失。计算机的出现，解决了信息管理领域的种种难题。借助计算机，信息管理人员不仅能随时随地快速高效地完成对信息的收集、加工整理、存储、修改等操作，还能通过计算机的分析处理功能实现信息发展趋势的分析、预测，让信息管理人员通过预测结果采取相应的事前主动控制措施，以更有利于目标实现的决策实现管理目的。

信息管理下的定额可认为是全数字化定额信息管理，即定额信息的收集、加工整理、编制、管理与服务等工作的数字化，是以计算机为主要管理手段，开发出具有相应定额管理功能的软件，再结合手工操作来对定额信息进行全面的管理。

2）定额信息管理的内容

①建立和健全定额信息管理体系，明确定额信息管理的范围，确定定额制订依据、程序和方法。

②在技术革新和管理方法改革的基础上，制订和修订各项技术经济定额。

③制订定额执行、考核、奖惩的具体办法等有效措施，保证定额的贯彻执行。

④定期检查分析定额的完成情况，认真总结定额管理经验，研究定额管理工作的内在规律和科学方法，以求不断改进工作，不断谋求提高经济效益。

3）定额信息管理制度

（1）定义

定额信息管理制度是指确定定额制订依据、制订程序、考核方法、奖惩措施等。其内容应包括：

①定额信息管理范围，如工时定额、物资消耗定额、成本费用定额、人员定额、用工定额等。

②制订和修订定额的依据、方法、程序。

③明确定额的执行、考核、奖惩的具体办法等。

（2）定额信息收集的原则

有关部门在收集定额信息时，应经常深入车间、工段、班组和各工作地点，熟悉和了解各生产工艺、技术要求、产品性质、设备能力、资金使用、物质储备、消耗、能耗利用等情况，掌握第一手资料作为制订定额的依据。

加强对各种原始记录的工作管理,实行统一管理,分工负责,凡属业务范围内的各部门,应对本部门的原始记录及时进行检查、分析、整理、汇总、确保统计数字的真实性、可靠性,作好统计资料的积累。

对定额信息进行收集时要本着科学性、先进性、群众性的原则。所谓科学性,就是以有代表性资料作根据,有数据论证,不凭主观臆断;先进性就是具有同行业先进水平,确实达到先进合理,积极可靠,留有余地,便于调动职工积极性的目的;群众性就是广泛发动职工讨论,积极争取各部门意见,反复酝酿,上下协商,有利于职工自觉接受,积极争取,努力实现。

对于核定的各类定额信息,经过在实施考核过程中,确与实际情况有偏差,有出入时,有关部门必须经过认真审查,指明原因,确立调整尺寸,及时提出调整方案和意见。

由于工艺改变,采用新技术、新工艺调整产品品种等诸因素时,对各类定额要立即作发展性修改,以便适应客观条件变化后的实际情况。

(3)形成定额信息的依据

①技术依据。第一,生产条件。如设备和工具的技术性能、原材料的物理化学性质、工艺加工的特点等。第二,对工作地的供应服务和组织的状况。第三,操作者的技术水平、经验和技术等。充分把生产的技术潜力、工艺潜力和组织潜力估计在内的劳动定额,才是有技术依据的定额。

②经济依据。劳动者在一定的工作时间内的工作负荷程度,如工作范围和职务范围是扩大了还是减少了、是否兼职兼岗作业、是否实现多机台看管。尽可能地把提高劳动经济效益考虑在内的劳动定额,才是有经济根据的劳动定额。

③心理、生理依据:a.劳动环境和生产环境条件对操作者的影响,如劳动者的负重、体态、神经紧张程度、工作地照明度、操作速度,温度、湿度、热辐射、噪声、振动等。b.工作时间的长度和休息时间的比重。劳动分工和协作的状况。如工作单调性会引起劳动生产率下降。只有采用有效的措施,减少上述不利的因素对人体的影响,建立必要的劳动休息制度,保护劳动者心理、生理健康,提高工作兴趣,使劳动者的积极性和创造性得以发挥的劳动定额,才是有心理、生理科学依据的劳动定额。

企业在制订劳动定额时,必须从上述3点科学依据出发,才能保证劳动定额的先进合理。

(4)形成定额信息的要求

在对定额信息进行收集和整理加工的过程中,必须满足“快、准、全”3个方面的要求。“快”是时间上的要求,即定额的制订应该迅速及时,以满足生产和管理的需要。“准”是质量上的要求,即制订的劳动定额应该先进合理,同时在不同产品、不同车间和工种之间保持水平平衡。只有这样,才能使劳动定额在生产和分配中发挥积极的作用。“全”是定额制订范围上的要求,即制订劳动定额应该完整齐全,凡需要和可能制订劳动定额的产品、车间、工种、岗位都要有定额,即使是一些临时性任务,也应该尽可能地制订劳动定额。只有这样,才能使得所有能计算和考核作业量的人员和班组,都实行劳动定额。

2.2.2 定额信息管理的意义

建设工程定额是指在正常的施工条件和合理施工组织设计、合理分配材料及机械的条件下,完成单位合格产品所需消耗的人工、材料、机械台班和资金的数量标准。

建筑安装工程定额是国家控制基本建设规模,利用经济杠杆对建筑安装企业加强宏观管理,促进企业提高自身素质,加快技术进步,提高经济效益的立法性文件。因此,无论是设计、计划、生产、分配、预算、结算、奖励、财务等各项工作,各个部门都应以它作为自己工作的主要依据。其作用主要表现在以下方面:

(1)定额信息是计划管理的重要基础

建筑安装企业在计划管理中,为了组织和管理施工生产活动,必须编制各种计划,而计划的编制又依据各种定额和指标来计算人力、物力、财力等需用量,因此定额是计划管理的重要基础。

(2)定额信息是提高劳动生产率的重要手段

施工企业要提高劳动生产率,除了加强政治思想工作,提高群众积极性外,还要贯彻执行现行定额,把企业提高劳动生产率的任务具体落实到每个工人身上,促使他们采用新技术和新工艺,改进操作方法,改善劳动组织,减少劳动强度,使用更少的劳动量,创造更多的产品,从而提高劳动生产率。

(3)定额信息是衡量设计方案的尺度和确定工程造价的依据

同一工程项目的投资多少,是使用定额和指标,对不同设计方案进行技术经济分析与比较之后确定的。因此定额是衡量设计方案经济合理性的尺度。

工程造价是根据设计规定的工程标准和工程数量,并依据定额指标规定的劳动力、材料、机械台班数量,单位价值和各种费用标准来确定的,因此定额是确定工程造价的依据。

(4)定额信息是推行经济责任制的重要环节

推行的投资包干和以招标承包为核心的经济责任制,其中签订投资包干协议,计算招标标底和投标标价,签订总包和分包合同协议,以及企业内部实行适合各自特点的各种形式的承包责任制等,都必须以各种定额为主要依据,因此定额是推行经济责任制的重要环节。

(5)定额信息是科学组织和管理施工的有效工具

建筑安装是多工种、多部门组成的一个有机整体而进行的施工活动,在安排各部门各工种的活动计划中,要计算平衡资源需用量,组织材料供应;要确定编制定员,合理配备劳动组织,调配劳动力,签发工程任务单和限额领料单,组织劳动竞赛,考核工料消耗。计算和分配工人劳动报酬等都要以定额为依据,因此定额是科学组织和管理施工的有效工具。

(6)定额信息是企业实行经济核算制的重要基础

企业为了分析比较施工过程中的各种消耗,必须用各种定额为核算依据,因此,工人完成定额的情况,是实行经济核算制的主要内容。以定额为标准,来分析比较企业各种成本,并通过经济活动分析,肯定成绩,找出薄弱环节,提出改进措施,以不断降低单位工程成本,提高经济效益,因此定额是实行经济核算制的重要基础。

2.2.3 定额信息管理的现状、困境及其原因

1)定额信息管理现状

我国推行工程量清单计价体系后,对工程定额管理信息化提出了更迫切的要求。目前,我国的工程定额信息管理主要以国家和地方政府主管部门为主,通过各种渠道进行工程定额信息的收集、处理和发布。同时鼓励和指导施工企业根据本企业的实际情况建立自己的定额

资料数据库。国家对工程定额的管理逐渐由强制性转变为指导性,各地区针对各自生产力水平编制不同工程消耗量定额,定期公布人工、材料、机械等价格的信息。施工企业迫切需要利用计算机软件及网络平台建立自己的企业定额,但由于大多数施工企业在规模和能力上都达不到这一要求,因此,这些工作在很大程度上委托给了工程造价咨询公司或工程造价软件公司完成。

2)定额信息管理的困境

(1)数据信息难定

定额信息来源于施工现场,其结果表示的是完成某一项工作需要消耗的各项指标。不同的企业、不同的人员使用不同的机械设备、施工机具等,所需消耗量是不一样的。企业应根据自己的实际情况制订符合自身实际的工艺规程文件,以客观实际地反映企业自身的生产水平。

但是少数企业工艺管理水平低下,工艺规程不完整、不规范,有的工序工艺文件过于简单,有的仅以一份信息不全的工艺路线表或者工艺过程卡来充作生产指导,还有的甚至在工作图样上标注“按图加工”就不再给出任何工艺说明的做法。此种状况使得定额员制订定额时,缺乏必要的原始依据,不得不自己动手来完善或拟订工序的具体步骤和工艺参数。这样,由本来只需认识、理解工艺到被迫设计、编制工艺,对于定额员在知识与能力上提出了更高的要求,也在时间与精力上带来了额外的负担。

(2)数据信息难齐

定额制订是一个跨部门的协调作业,由于涉及部门多,要整理一个产品的数据很难在短时间内完成,往往需要经过反复的协调和核对才能将数据准备完成,增加企业管理成本。

(3)数据信息难变

产品结构状态的频繁变动,导致制造流程和具体工艺也在不断地发生变化,直接导致了消耗量的变化,给劳动的管理带来了非常大的难度。产品制造定额是一个变量,是随着企业生产能力的提高,原材料市场、劳动力市场、设备新旧程度变化而变化的。但由于定额制订涉及部门多、牵涉利益多、协调难、耗时长、精确度要求高等原因,要及时地收集与产生新定额信息,其难度也随着上述影响因素的变化而增加了。

(4)数据信息难找

由于定额管理没有专用的软件进行辅助,找一个数据往往要从一大堆的文档(有可能是电子文档)中去查找,效率低下。由于数据难以及时更新,还有存在查到的是一个过期了的错误数据的现象。

(5)信息资料的积累和整理不完善

定额信息数据的收集是一个延续的过程,企业定额信息来源于企业内部,社会定额的编制要以企业定额为基础,社会定额信息绝大部分来自于企业定额信息。而企业定额信息又因为企业内部人员的不稳定性、企业对定额信息的重视程度不够等原因,导致收集来的定额信息存在一定的偏差和波动。

目前,国内只有少数几家施工单位有自己的企业定额,而其定额基本都是为了海外工程投标而设,编制方法与定额构成基本是按传统造价理论中所介绍的模式来进行制订的,编制过程与社会定额的编制过程类似,只是企业定额基础数据收集和调查对象只限于企业内部的项目,因此以其作为依据而收集到的其他定额信息同样也存在着一定的偏差。

2.2.4 定额信息管理的方法

1)定额信息管理基本原则

(1)标准化原则

定额信息收集之前,应制订统一的信息收集表格;信息收集之时,应按统一的标准进行数据的筛选。按统一的分类标准、处理原则、处理流程等对信息进行处理,用格式化和标准化的文本将信息表达出来。

(2)有效性原则

不同层次的管理者所需要的信息是不同的,定额信息应针对不同层次管理者的要求进行适当加工,针对不同管理层提供不同要求和浓缩程度的信息,以保证信息产品对于决策支持的有效性。

(3)高效处理原则

定额反映的是完成某一单位工作内容所需的各消耗量标准,组成定额的基础数据,基本是定额管理人员通过现场实际测算出来的。在对基础数据进行处理的时候,如果完全依靠人工来进行,不可能在短时间内得到准确、合理、能反映实际情况的结果,鉴于此,在对定额的基础数据进行处理的时候,我们应选择更快捷、准确的处理方式,即采用高性能的信息处理工具,如定额信息管理系统等对其进行数据的整理、加工、分析和处理。

(4)时效性原则

定额中所规定的各种活劳动与物化劳动消耗量的多少是由一定时期社会生产力水平所确定的,随着科技的进行,新技术、新工艺、新材料、新设备等也不断地涌现,这势必也会影响相关的消耗量标准。当完成统一工作内容消耗量标准发生改变时,必须重新编制适应目前社会生产力实际水平的定额。因此,在对定额进行管理的时候,应注意定额的时效,对于不符合目前情况的消耗量应给予及时更新,使其更能反映实际情况,更好地为用户服务。

(5)定量化原则

定额信息不应是项目实施过程中产生数据的简单记录,应该是经过信息处理人员的比较与分析,采用定量工具对有关数据进行分析和比较而得出的具体的量化结论。

2)定额信息管理方法

①定额信息管理实行按归口管理

a.劳动定额由经营管理部牵头组织编制并进行管理。

b.物耗定额由生产技术部牵头组织编制并进行管理。

c.物资储备定额由生产技术部牵头组织编制,供销部进行管理。

d.费用限额由经合部牵头组织编制并进行管理。

②定额需要保持相对的稳定性,但也要随着企业生产技术条件、管理条件的变化,及时地进行修订、补充,以保持定额的平均先进水平。

③若由于产品设计、工艺改变或材料质量改变、设备或工艺装备改变、生产组织形式改变等方面的原因,确需修订,可由相关单位提出申请,归口管理部门审核确认,经定额管理小组同意后,由归口管理部门组织修订。

④定额在执行过程中,必须经常检查,以了解定额的执行情况及取得的效果,检查定额在执行过程中的缺点和不足,找出问题,及时采取措施,改进定额。检查的方法以统计分析和实际查定相结合的办法为主,在检查定额的基础上,进行定额分析,揭露矛盾,找出节约和浪费的原因,从而采取有效措施,推动设计、工艺、操作、管理等方面的改进。

2.3 社会定额信息管理

2.3.1 社会定额概述

社会定额主要包括以下内容:

(1)预算定额

预算定额是计算和确定一个规定计量单位的分项工程或结构构件的劳动力(工日)、材料和施工机械(台班)消耗的数量标准。预算定额是以建筑物或构筑物各个分部分项工程为对象编制的定额,是以施工定额为基础综合扩大编制的,同时也是编制概算定额的基础。

(2)概算定额

概算定额又称为扩大结构定额,规定了完成单位扩大分项工程或单位扩大结构构件所必须消耗的人工、材料和机械台班的数量标准。

(3)概算指标

概算指标是在概算定额的基础上进一步综合扩大,以 100 m^2 建筑面积为单位,构筑物以座为单位,规定所需人工、材料及机械台班消耗数量及资金的定额指标。

(4)投资估算指标

投资估算指标是在编制项目建议书可行性研究报告和编制设计任务书阶段进行投资估算、计算投资需要量时使用的一种定额。具有较强的综合性、概括性,往往以独立的单项工程或完整的工程项目为计算对象。

2.3.2 编制社会定额的作用

(1)预算定额的作用

①预算定额是编制施工图预算、确定和控制建筑安装工程造价的基础。

②预算定额是对设计方案进行技术经济比较、技术经济分析的依据。

③预算定额是施工企业进行经济活动分析的参考依据。

④预算定额是编制标底、投标报价的基础。

⑤预算定额是编制概算定额和估算指标的基础。

(2)概算定额的作用

①概算定额是扩大初步设计阶段编制设计概算和技术设计阶段编制修正概算的依据。

②概算定额是对设计项目进行技术经济分析和比较的基础资料之一。

③概算定额是编制建设项目主要材料计划的参考依据。

④概算定额是编制概算指标的依据。

⑤概算定额是编制招标控制价和投标报价的依据。

(3)概算指标的作用

①作为编制初步设计概算的主要依据。

②作为基本建设计划工作的参考。

③作为设计机构和建设单位选厂和进行设计方案比较的参考。

④作为投资估算指标的编制依据。

(4)投资估算指标的作用

①编制建设项目建议书、可行性研究报告等前期工作阶段投资估算的依据,也可以作为编制固定资产长远规划投资额的参考。

②为完成项目建设的投资估算提供依据和手段,它在固定资产的形成过程中起着投资预测、投资控制、投资效益分析的作用,是合理确定项目投资的基础。

③投资估算指标中的主要材料消耗量也是一种扩大材料消耗量指标,可以作为计算建设项目主要材料消耗量的基础。

④估算指标的正确制订对于提高投资估算的准确度、对建设项目的合理评估、正确决策具有重要意义。

2.3.3 社会定额信息的收集

1)收集原则

社会定额信息收集需满足时效性、全面性、相关性等原则。定额反映了一定时期的社会生产力水平,随着社会的进步,社会生产水平不断上升,完成单位产品所需消耗的各种资源也不断减少,不同时点所对应的消耗量水平会有所差异,因此,在收集社会定额信息时需注意其所反映的时间范围。各行业发展迅速,技术的快速更新,必然导致施工方式、工艺等的快速变化,这就要求定额的编制既要能涵盖行业所涉及全部专业的施工内容,又要时刻跟踪技术的变化,对新技术、新工艺、新材料等及时进行补充,在进行定额信息收集时注意信息的全面性。定额是企业合理组织劳动生产等活动的依据,其消耗量所包括的工作内容应与相应项目的工作内容相关,能正确反映社会或企业的平均或先进水平,这就需要信息采集员在收集定额信息时注意内容的相关性。

2)收集步骤

(1)制订收集计划

只有制订出周密、切实可行的信息收集计划,才能指导整个信息收集工作正常开展。

(2)设计收集提纲和表格

为了便于以后的加工、储存和传递,在进行信息收集以前,要按照信息收集的目的和要求设计出合理的收集提纲和表格。

(3)明确信息收集的方式和方法

在采取实际行动之前,我们应明确信息收集的方法。常用的信息收集方法包括现场测定法、统计分析法、比例类推法、经验估算法和实验法。每种方法均有其各自的适用范围和优缺点,我们应根据实际情况和信息处理需求,选择适合、高效的信息处理方法。

(4)提供信息收集的成果

要以调查报告、资料摘编、数据图表等形式把获得的信息整理出来,并将这些信息资料与收集计划进行对比分析,如不符合要求,还要进行补充收集。

3)收集范围

(1)内容范围

内容范围是指根据信息内容与信息收集目标和需求相关性特征所确定的范围,包括本身内容范围和环境内容范围。

(2)时间范围

时间范围是指在信息发生的时间上,根据与信息收集目标和需求具有一定相关性的特征所确定的范围,这是由信息的历史性和时效性所决定的。

(3)地域范围

地域范围是指在信息发生的地点上,根据与信息收集目标和需求具有一定相关性的特征所确定的范围。这是由信息的地域分布特征和信息收集的相关性要求所决定的。

2.3.4 社会定额信息的编制

1)工作时间分类

研究施工中的工作时间最主要的目的是确定施工的时间定额和产量定额,其前提是对工作时间按其消耗性质进行分类,以便研究工时消耗的数量及其特点。

工作时间,指的是工作班延续时间。例如8小时工作制的工作时间就是8 h,午休时间不包括在内。对工作时间消耗的研究,可以分为两个系统进行,即工人工作时间的消耗和工人所使用的机器工作时间的消耗。

(1)工人工作时间消耗的分类

工人在工作班内消耗的工作时间,按其消耗的性质,基本可以分为两大类:必须消耗的时间和损失时间。工人工作时间的分类一般如图2.1所示。

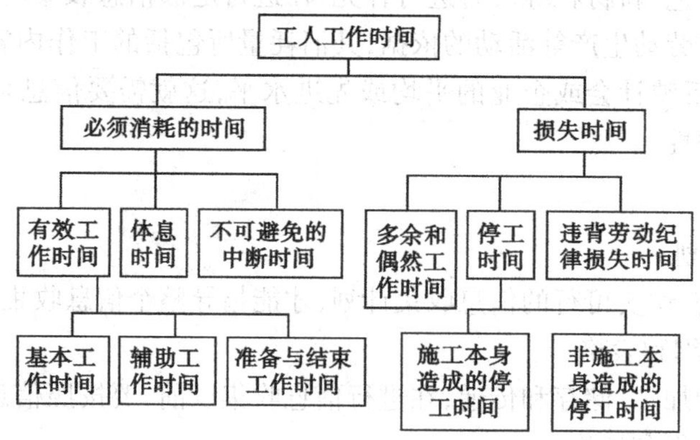

图2.1 工人工作时间分类图

①必需消耗的工作时间是工人在正常施工条件下,为完成一定合格产品(工作任务)所消耗掉的时间,是制订定额的主要依据,包括有效工作时间、休息时间和不可避免中断时间的消耗。

a.有效工作时间是从生产效果来看与产品生产直接有关的时间消耗。其中,包括基本工作时间、辅助工作时间、准备与结束工作时间的消耗。

●基本工作时间是工人完成能生产一定产品的施工工艺过程所消耗的时间。通过这些工艺过程可以使材料改变外形,如钢筋撼弯等;可以改变材料的结构与性质,如混凝土制品的养护干燥等;可以使预制构配件安装组合成型;也可以改变产品外部及表面的性质,如粉刷、油漆等。基本工作时间所包括的内容根据工作性质各不相同。基本工作时间的长短和工作量的大小成正比。

●辅助工作时间是为保证基本工作能顺利完成所消耗的时间。在辅助工作时间里,不能使产品的形状大小、性质或位置发生变化。辅助工作时间的结束,往往就是基本工作时间的开始。辅助工作一般是手工操作。但如果在机手并动的情况下,辅助工作是在机械运转过程中进行的,为避免重复则不应再计算辅助工作时间的消耗。辅助工作时间的长短与工作量大小有关。

●准备与结束工作时间是执行任务前或任务完成后所消耗的工作时间。如工作地点、劳动工具和劳动对象的准备工作时间;工作结束后的整理工作时间等。准备和结束工作时间的长短与所担负的工作量大小无关,但往往和工作内容有关。这项时间消耗可以分为班内的准备与结束工作时间和任务的准备与结束工作时间。其中,任务的准备和结束时间是在一批任务的开始与结束时产生的,如熟悉图纸、准备相应的工具、事后清理场地等,通常不反映在每一个工作班里。

b.休息时间是工人在工作过程中为恢复体力所必需的短暂休息和生理需要的时间消耗。这种时间是为了保证工人精力充沛地进行工作,因此在定额时间中必须进行计算。休息时间的长短和劳动条件、劳动强度有关,劳动越繁重紧张、劳动条件越差(如高温)则所需休息时间越长。

c.不可避免的中断所消耗的时间是由于施工工艺特点引起的工作中断所必需的时间。与施工过程工艺特点有关的工作中断时间,应包括在定额时间内,但应尽量缩短此项时间消耗。

②损失时间是与产品生产无关,而与施工组织和技术上的缺点有关,与工人在施工过程中的个人过失或某些偶然因素有关的时间消耗,损失时间中包括有多余和偶然工作、停工、违背劳动纪律所引起的工时损失。

a.多余工作,就是工人进行了任务以外而又不能增加产品数量的工作。如重砌质量不合格的墙体。多余工作的工时损失,一般都是由于工程技术人员和工人的差错而引起的,因此,不应计入定额时间中。偶然工作也是工人在任务外进行的工作,但能够获得一定产品。如抹灰工不得不补上偶然遗留的墙洞等。由于偶然工作能获得一定产品,拟订定额时要适当考虑它的影响。

b.停工时间,是工作班内停止工作造成的工时损失。停工时间按其性质可分为施工本身造成的停工时间和非施工本身造成的停工时间两种。施工本身造成的停工时间,是由于施工组织不善、材料供应不及时、工作面准备工作做得不好、工作地点组织不良等情况引起的停工时间。非施工本身造成的停工时间,是由于水源、电源中断引起的停工时间。前一种情况在拟订定额时不应该计算,后一种情况定额中则应给予合理的考虑。

c.违背劳动纪律造成的工作时间损失,是指工人在工作班开始和午休后的迟到、午饭前和工作班结束前的早退、擅自离开工作岗位、工作时间内聊天或办私事等造成的工时损失。由于个别工人违背劳动纪律而影响其他工人无法工作的时间损失也包括在内。

(2)机器工作时间消耗的分类

在机械化施工过程中,对工作时间消耗的分析和研究,除了要对工人工作时间的消耗进行分类研究之外,还需要分类研究机器工作时间的消耗。

机器工作时间的消耗,按其性质也分为必需消耗的时间和损失时间两大类。如图 2.2 所示。

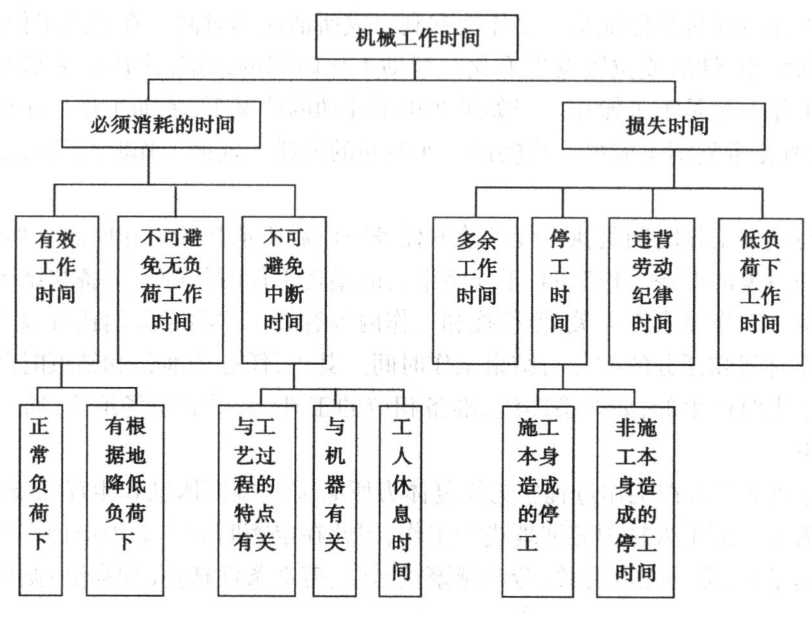

图 2.2　机器工作时间分类图

①在必须消耗的工作时间里,包括有效工作、不可避免的无负荷工作和不可避免的中断 3 项时间消耗。而在有效工作的时间消耗中又包括正常负荷下,有根据地降低负荷下的工时消耗。

a.正常负荷下的工作时间,是机器在与机器说明书规定的额定负荷相符的情况下进行工作的时间。

b.有根据地降低负荷下的工作时间,是在个别情况下由于技术上的原因,机器在低于其计算负荷下工作的时间。例如,汽车运输重量轻而体积大的货物时,不能充分利用汽车的载重吨位因而不得不降低其计算负荷。

c.不可避免的无负荷工作时间,是由施工过程的特点和机械结构的特点造成的机械无负荷工作时间。例如,筑路机在工作区末端调头等,就属于此项工作时间的消耗。

d.不可避免的中断工作时间是与工艺过程的特点、机器的使用和保养、工人休息有关的中断时间。

● 与工艺过程的特点有关的不可避免中断工作时间,有循环的和定期的两种。循环的不可避免中断,是在机器工作的每一个循环中重复一次。如汽车装货和卸货时的停车。定期的不可避免中断,是经过一定时期重复一次。如把灰浆泵由一个工作地点转移到另一工作地点时的工作中断。

● 与机器有关的不可避免中断工作时间,是由于工人进行准备与结束工作或辅助工作时,机器停止工作而引起的中断工作时间。它是与机器的使用与保养有关的不可避免中断时间。

• 工人休息时间,前面已经作了说明。这里要注意的是,应尽量利用与工艺过程有关的和与机器有关的不可避免中断时间进行休息,以充分利用工作时间。

②损失的工作时间包括多余工作、停工、违背劳动纪律所消耗的工作时间和低负荷下的工作时间。

a.机器的多余工作时间,一是机器进行任务内和工艺过程内未包括的工作而延续的时间。如工人没有及时供料而使机器空运转的时间。二是机械在负荷下所做的多余工作,如混凝土搅拌机搅拌混凝土时超过规定搅拌时间,即属于多余工作时间。

b.机器的停工时间,按其性质也可分为施工本身造成和非施工本身造成的停工。前者是由于施工组织得不好而引起的停工现象,如由于未及时供给机器燃料而引起的停工。后者是由于气候条件所引起的停工现象,如暴雨时压路机的停工。上述停工中延续的时间,均为机器的停工时间。

c.违反劳动纪律引起的机器的时间损失,是指由于工人迟到、早退或擅离岗位等原因引起的机器停工时间。

d.低负荷下的工作时间,是由于工人或技术人员的过错所造成的施工机械在降低负荷的情况下工作的时间。例如,工人装车的砂石数量不足引起的汽车在降低负荷情况下工作所延续的时间。此项工作时间不能作为计算时间定额的基础。

2)定额测定方法

定额测定是制订定额的一个主要步骤。测定定额是用科学的方法观察、计量、整理、分析施工过程,为制订建筑工程定额提供可靠依据。

(1)计时观察法

计时观察法,是研究工作时间消耗的一种技术测定方法。此方法是在先进合理的技术、组织及施工条件下,在充分发挥生产潜力的基础上,详细地记录施工过程各组成部分的工时、材料、机械台班消耗,完成产品数量及各种影响因素,并对记录进行整理,科学地分析各因素对消耗量的影响,从而获得编制定额的技术资料和基础数据。

①计时观察法的具体用途

a.取得编制施工的劳动定额和机械定额所需要的基础资料和技术根据。

b.研究先进工作法和先进技术操作对提高劳动生产率的具体影响,并应用和推广先进工作法和先进技术操作。

c.研究减少工时消耗的潜力。

d.研究定额执行情况,包括研究大面积、大幅度超额和达不到定额的原因,积累资料、反馈信息。

计时观察法能够把现场工时消耗情况和施工组织技术条件联系起来加以考察,它不仅能为制订定额提供基础数据,而且也能为改善施工组织管理、改善工艺过程和操作方法、消除不合理的工时损失和进一步挖掘生产潜力提供技术根据。计时观察法的局限性,是考虑人的因素不够。

②计时观察前的准备工作

a.确定需要进行计时观察的施工过程。计时观察之前的第一个准备工作,是研究并确定有哪些施工过程需要进行计时观察。对于需要进行计时观察的施工过程要编出详细目录,拟订工作进度计划,制订组织技术措施,并组织编制定额的专业技术队伍,按计划认真开展工作。在选择观察对象时,必须注意所选择的施工过程要完全符合正常施工条件。所谓施工的正常条件,是指绝大多数企业和施工队、组,在合理组织施工的条件下所处的施工条件。与此同时,还需调查影响施工过程的技术因素、组织因素和自然因素。

b.对施工过程进行预研究。对于已确定的施工过程的性质应进行充分的研究,目的是为了正确地安排计时观察和收集可靠的原始资料。研究的方法,是全面地对各个施工过程及其所处的技术组织条件进行实际调查和分析,以便设计正常的(标准的)施工条件和分析研究测时数据。

- 熟悉与该施工过程有关的现行技术规范和技术标准等文件和资料。
- 了解新采用的工作方法的先进程度,了解已经得到推广的先进施工技术和操作,还应了解施工过程存在的技术组织方面的缺点和由于某些原因造成的混乱现象。
- 注意系统地收集完成定额的统计资料和经验资料,以便与计时观察所得的资料进行对比分析。
- 把施工过程划分为若干个组成部分(一般划分到工序)。施工过程划分的目的便于计时观察。如果计时观察法的目的是为了研究先进工作法,或是分析影响劳动生产率提高或降低的因素,则必须将施工过程划分到操作甚至动作。
- 确定定时点和施工过程产品的计量单位。所谓定时点,即是上下两个相衔接的组成部分之间的分界点。确定定时点,对于保证计时观察的精确性是不容忽略的因素;确定产品计量单位,要能具体地反映产品的数量,并具有最大限度的稳定性。

c.选择观察对象。所谓观察对象,就是对其进行计时观察完成该施工过程的工人。所选择的建筑安装工人,应具有与技术等级相符的工作技能和熟练程度,所承担的工作与其技术等级相符,同时应该能够完成或超额完成现行的施工劳动定额。

d.其他准备工作。此外,还必须准备好必要的用具和表格。如测时用的秒表或电子计时器,测量产品数量的工器具,记录和整理测时资料用的各种表格等。若有条件且有必要,还可配备电影摄像和电子记录设备。

③计时观察法的分类。对施工过程进行观察、测时,计算实物和劳务产量,记录施工过程所处的施工条件和确定影响工时消耗的因素,是计时观察法的3项主要内容和要求,计时观察法的种类很多,主要有以下3类:

a.测时法。用测时法研究施工过程某些重复的循环工作的工时消耗,不研究工人休息、准备与结束及其他非循环的工作时间。测时法是精确度比较高的一种计时观察法,一般可达0.2~15 s。主要适用于施工机械,可为制订劳动定额提供单位产品所必需的基本工作时间的技术数据。根据记录时间及使用秒表的不同,又可分为选择法测时和接续法测时。

- 选择法测时。选择法测时是间隔选择施工过程中非紧连接的组成部分(工序或操作)测定工时,精确度可达0.5 s。

选择法测时也称为间隔法测时,采用此方法测时是从被观测对象某一循环工作组成部分开始,即开动秒表,当该组成部分终止时,立即停表,然后记录延续时间,并将秒表归零,再记录下一个组成部分,如此依次记录延续时间。

测时时,应特别注意掌握定时点。记录时间仍在进行的工作组成部分,应不予观察。当所测定的各工序或操作的延续时间较短时,连续测定比较困难,用选择法测时比较方便简单。

● 接续法测时。接续法测时是连续测定一个施工过程各工序或操作的延续时间。接续法测时每次要记录各工序或操作的终止时间,并计算出本工序的延续时间。

接续法测时也称为连续法测时。它比选择法测时准确、完善,但观察技术也较之复杂。接续法测时是在工作进行中和非循环组成部分出现之前,一直不停止秒表,观测者根据各组成部分之间的定时点,在秒针走动过程中记录它的终止时间,再用定时点终止时间之间的差表示各组成部分的延续时间。

由于测时法是属于抽样调查的方法,因此为了保证选取样本的数据可靠,需要对同一施工过程进行重复测时。一般来说,观测的次数越多,资料的准确性越高,但要花费较多的时间和人力,这样既不经济,也不现实。确定观测次数较为科学的方法,应该是依据误差理论和经验数据相结合的方法来判断。表 2.1 给出了测时法下观察次数的确定方法。很显然,需要的观察次数与要求的算术平均值精确度及数列的稳定系数有关。

表 2.1 测时法所必需的观察次数表

稳定系数 $K_p = \frac{t_{max}}{t_{min}}$	要求的算术平均值精确度 $E = \pm\frac{1}{\bar{X}}\sqrt{\frac{\sum\Delta^2}{n(n-1)}}$				
	5%以内	7%以内	10%以内	15%以内	25%以内
	观察次数				
1.5	9	6	5	5	5
2	16	11	7	5	5
2.5	23	15	10	6	5
3	30	18	12	8	6
4	39	25	15	10	7
5	47	31	19	11	8

注:表中符号的意义:t_{max} 为最大观测值,t_{min} 为最小观测值,$\bar{X}$ 为算术平均值,n 为观察次数,Δ 为每次观察值与算术平均值之差。

在选择法测时和接续法测时中,对观测过程中因受偶然因素影响而产生的误差,应进行分析,对实测数据中明显存在问题的数据应予以剔除,然后对测时数据进行修正,计算出平均修正值。计算公式为:

$$平均修正值 = \frac{延续时间总和}{修正次数} \tag{2.1}$$

b.写实记录法。写实记录法是一种研究各种性质的工作时间消耗的方法,包括基本工作时间、辅助工作时间、不可避免中断时间、准备与结束时间以及各种损失时间。采用这种方法,可以获得分析工作时间消耗和制订定额所必需的全部资料。这种测定方法比较简便、易于掌握,并能保证必需的精确度。因此,写实记录法在实际中得到了广泛应用。

写实记录法的观察对象,可以是一个工人,也可以是一个工人小组。当观察一个人单独操作或产品数量可单独计算时,采用个人写实记录。如果观察工人小组的集体操作,而产品数量又无法单独计算时,可采用集体写实记录。

写实记录法按其记录时间方法的不同,可分为数示法、图示法和混合法 3 种。

● 数示法。数示法是用数字记录工时消耗,是 3 种方法中精确度较高的一种,其精确度可达5~10 s,但其登记手续较麻烦。其特点是用数字表示时间,只限于对两名或两名以下的工人进行观测,适用于组成部分较少而且比较稳定的施工过程。数示法用来对整个工作班或半个工作班进行长时间观察,因此能反映工人或机器工作日全部情况,见表 2.2。

表 2.2　数示法写实记录表

<table>
<tr><td colspan="3">工地名称</td><td></td><td>开始时间</td><td></td><td colspan="2">延续时间</td><td colspan="2"></td><td colspan="2">调查号次</td><td colspan="2"></td></tr>
<tr><td colspan="3">施工单位名称</td><td></td><td>终止时间</td><td></td><td colspan="2">记录时间</td><td colspan="2"></td><td colspan="2">页次</td><td colspan="2"></td></tr>
<tr><td colspan="3">工地地址</td><td></td><td>施工季节</td><td></td><td colspan="2">实时天气</td><td colspan="2"></td><td colspan="2">实时温度</td><td colspan="2"></td></tr>
<tr><td colspan="3">施工过程:
双轮车运土方
(运距 200 m)</td><td colspan="5">观察对象:工人甲</td><td colspan="6">观察对象:工人乙</td></tr>
<tr><td rowspan="2">序号</td><td rowspan="2">施工过程组成部分名称</td><td rowspan="2">时间消耗量</td><td rowspan="2">组成部分序号</td><td rowspan="2">起止时间</td><td rowspan="2">延续时间</td><td colspan="2">完成产品</td><td rowspan="2">组成部分序号</td><td rowspan="2">起止时间</td><td rowspan="2">延续时间</td><td colspan="2">完成产品</td><td rowspan="2">附注</td></tr>
<tr><td>计量单位</td><td>数量</td><td>计量单位</td><td>数量</td></tr>
<tr><td></td><td></td><td></td><td></td><td></td><td></td><td></td><td></td><td></td><td></td><td></td><td></td><td></td><td></td></tr>
<tr><td></td><td></td><td></td><td></td><td></td><td></td><td></td><td></td><td></td><td></td><td></td><td></td><td></td><td></td></tr>
<tr><td></td><td></td><td></td><td></td><td></td><td></td><td></td><td></td><td></td><td></td><td></td><td></td><td></td><td></td></tr>
<tr><td></td><td></td><td></td><td></td><td></td><td></td><td></td><td></td><td></td><td></td><td></td><td></td><td></td><td></td></tr>
</table>

● 图示法。图示法是在规定格式的图表上用时间进度线条表示工时消耗量的一种记录方法。它可以在同一时间对 3 个及 3 个以下的工人进行观测记录。此法精确度较数示法低,为 0.5~1 min,但登记、整理较简便,时间一目了然,因此应用范围广。

● 混合法。混合法吸取数示和图示两种方法的优点,以图示法中的时间进度线条表示工序的延续时间,在进度线上部加写数字表示各时间区段的工人数。此法可同时对 3 个以上的工人进行观测。混合法采用的记录表格与图示法相同。

写实记录法的延续时间与确定测时法的观察次数相同,为保证写实记录法的数据可靠性,需要确定写实记录法的延续时间。延续时间的确定,是指在采用写实记录法中任何一种方法进行测定时,对每个被测施工过程或同时测定两个以上施工过程所需的总延续时间的确定。

延续时间的确定,应立足于既不能消耗过多的观察时间,又能得到比较可靠和准确的结果。同时还必须注意:所测施工过程的广泛性和经济价值;已经达到的功效水平的稳定程度;同时测定不同类型施工过程的数目;被测定的工人人数以及测定完成产品的可能次数等。写实记录法所需的延续时间见表 2.3,必须同时满足表中 3 项要求,如其中任一项达不到最低要求,应酌情增加延续时间。

表 2.3 写实记录法确定延续时间表

序号	项目	同时测定施工过程的类型数	测定对象		
			单人的	集体的	
				2~3 人	4 人以上
1	被测定的个人或小组的最低数	任一数	3 人	3 个小组	2 个小组
2	测定总延续时间的最小值/h	1	16	12	8
		2	23	18	12
		3	28	21	24
3	测定完成产品的最低次数	1	4	4	4
		2	6	6	6
		3	7	7	7

c.工作日写实法。工作日写实法是研究整个工作日内各类工时消耗的方法,是按照时间消耗的顺序进行实地的观察、记录和分析研究的一种测定方法。根据工作日写实的记录资料,可以分析哪些工时消耗是合理的、哪些工时消耗是无效的,并找出工时损耗的原因,拟订措施,消除引起工时损失的因素,从而进一步促进劳动生产率的提高。

运用工作日写实法主要有两个目的:一是取得编制定额的基础资料;二是检查定额的执行情况,找出缺点,改进工作。当用于第一个目的时,工作日写实的结果要获得观察对象在工作班内工时消耗的全部情况,以及产品数量和影响工时消耗的影响因素。其中,工时消耗应该按工时消耗的性质分类记录。在这种情况下,通常需要测定 3~4 次。当用于第二个目的时,通过工作日写实应该做到:查明工时损失量和引起工时损失的原因,制订消除工时损失,改善劳动组织和工作地点组织的措施,查明熟练工人是否能发挥自己的专长,确定合理的小组编制和合理的小组分工;确定机器在时间利用和生产率方面的情况,找出使用不当的原因,制订出改善机器使用情况的技术组织措施,计算工人或机器完成定额的实际百分比和可能百分比。在这种情况下,通常需要测定 1~3 次。

工作日写实法与测时法、写实记录法相比较,具有技术简便、费力不多、应用面广和资料全面的优点,是我国采用得较为广泛的一种编制定额的方法。工作日写实法的缺点:由于有观察人员在场,即使在观察前作了充分准备,仍不免在工时利用上有一定的虚假性;工作日写实法的观察工作量较大,费时较多,费用也高。

工作日写实法,利用写实记录表记录观察资料。记录时间时不需要将有效工作时间分为各个组成部分,只需划分适合于技术水平和不适合于技术水平两类。但是工时消耗还需按性质分类记录。

工作日写实根据观察对象和目的的不同可分为 5 种,即个人工作日写实、工组工作日写实(同工种、异工种)、多机床看管工作日写实、自我工作日写实和特殊工作日写实。

● 个人工作日写实。个人工作日写实以某一作业者为对象,由观察人员实施的工作日写实，是工作日写实的一种基本形式。个人工作日写实的目的侧重于调查工时利用，确定定额时间，总结先进工作方法和经验等，见表2.4。

表2.4　个人工作日写实观测记录表

<table>
<tr><td>车间</td><td>班组</td><td>日期</td><td>开始时间</td><td>结束时间</td><td>延续时间</td><td>写实人员</td></tr>
<tr><td></td><td></td><td></td><td></td><td></td><td></td><td></td></tr>
<tr><td>内容描述</td><td colspan="6"></td></tr>
<tr><td>姓名</td><td>性别</td><td>工种</td><td>工号</td><td colspan="2">技术等级</td><td>工龄</td></tr>
<tr><td></td><td></td><td></td><td></td><td colspan="2"></td><td></td></tr>
<tr><td colspan="7">设备工具信息</td></tr>
<tr><td>名称</td><td colspan="2">型号</td><td colspan="2">编号</td><td colspan="2">状况</td></tr>
<tr><td></td><td colspan="2"></td><td colspan="2"></td><td colspan="2"></td></tr>
<tr><td colspan="7">工作地组织与服务信息</td></tr>
<tr><td>材料提供方式</td><td colspan="2">设备维护方式</td><td colspan="2">产品质量检验方式</td><td colspan="2">工作指导方式</td></tr>
<tr><td></td><td colspan="2"></td><td colspan="2"></td><td colspan="2"></td></tr>
<tr><td>序号</td><td colspan="2">作业事项</td><td colspan="2">开始时间（精确到分钟）</td><td>交叉序号</td><td>备注</td></tr>
<tr><td></td><td colspan="2"></td><td colspan="2"></td><td></td><td></td></tr>
<tr><td></td><td colspan="2"></td><td colspan="2"></td><td></td><td></td></tr>
<tr><td></td><td colspan="2"></td><td colspan="2"></td><td></td><td></td></tr>
<tr><td></td><td colspan="2"></td><td colspan="2"></td><td></td><td></td></tr>
</table>

●工组工作日写实。工组工作日写实以工组为对象，由观察人员实施的工作日写实，见表2.5，可细分为两类：

同工种工组工作日写实：被观察的工组为相同工种的作业者（如都是车工、都是造型工）。此种写实可以获得反映同类作业者在工时利用以及在生产效率等方面的优劣和差距资料，发现先进工作方法以及引起低效或时间浪费的原因。

异工种工组工作日写实：被观察的工组为不同工种工人构成（如兼有基本工人和辅助工人之工组，兼有多种技术工种之工组）。此种写实可以获得反映组内作业者负荷、配合等情况的资料，为改善劳动组织，确定合理定员等提供依据。

表2.5　工组工作日写实记录表

<table>
<tr><td>车间</td><td>班组</td><td>产品名称</td><td>工种名称</td><td>工序名称</td><td>写实时间</td><td>写实人员</td></tr>
<tr><td></td><td></td><td></td><td></td><td></td><td></td><td></td></tr>
<tr><td colspan="3">作业内容概述</td><td colspan="4"></td></tr>
<tr><td colspan="3">操作者姓名</td><td colspan="4"></td></tr>
</table>

续表

设备名称	设备型号	设备编号	设备状况	材料供应方式	设备维护方式	产品质量检验

工时分类 / 观察时间	操作者 A	操作者 B	操作者 C	操作者 D	操作者 E	操作者 F

注意:此表只记录操作者发生作业内容的时间消耗分类并记入相应操作者,观察时间间隔以能够全面观察工组成员活动并记录相关内容为限,不宜过长,一般以 2~5 min 为宜。

• 多机床看管工作日写实。以多机床看管工人为对象,由观察人员实施的工作日写实。此种写实主要用于研究多机床看管工人作业内容、操作方法、巡回路线等的合理性,以及机器设备运转,工作地的布置、供应、服务等情况,以发现并解决多台看管存在的问题,为充分地发挥工人和设备的效能提供依据。

• 自我工作日写实。以作业者本人为对象,由作业者自己实施的工作日写实。此种写实,有特定的写实记录表格,由作业者作原始记录,专业人员作分析改进。主要用于研究由组织原因造成的工时损失的规模和原因,目的是为改进企业管理,减少停工时间和非生产时间提供依据,见表 2.6。

表 2.6 班组长(作业长)自我写实表

<table>
<tr><td colspan="2">车间</td><td></td><td>姓名</td><td colspan="2"></td><td>设备</td><td></td></tr>
<tr><td colspan="2">工段</td><td></td><td>工种</td><td colspan="2"></td><td rowspan="2">设备工作情况</td><td rowspan="2"></td></tr>
<tr><td colspan="2">班组</td><td></td><td>技术等级</td><td colspan="2"></td></tr>
<tr><td colspan="3">工作内容描述</td><td colspan="5"></td></tr>
<tr><td>序号</td><td colspan="2">发生非生产、停工时间工时消耗内容</td><td>工时消耗原因</td><td>开始时间</td><td>终止时间</td><td>延续时间</td><td>占工作班时间的比重/%</td></tr>
<tr><td></td><td colspan="2"></td><td></td><td></td><td></td><td></td><td></td></tr>
<tr><td></td><td colspan="2"></td><td></td><td></td><td></td><td></td><td></td></tr>
<tr><td></td><td colspan="2"></td><td></td><td></td><td></td><td></td><td></td></tr>
</table>

注意:班组长或作业长工作日写实仅限客观填写工作班中发生的非生产和停工时间,并注明该时间消耗引起的原因是个人或组织。

• 特殊工作日写实。以研究特定现象为目的,以个人或工组为对象,由观察人员实施的工作日写实。特点是只观察记录、分析研究工作班内与研究目的有关的事项及其消耗时间。例如,调查繁重体力劳动工人的休息与生理需要时间,调查材料、能源缺乏引起的停工时间损失,调查长期完不成生产定额者的工作状态等,都可通过特殊工作日写实获得所需的情况和资料。

(2)统计分析法

此法是根据已完工的同类工程或工序的实际耗用工时、材料和机械台班的统计资料,通过整理、分析,并结合技术组织条件确定定额的方法。该法简单,工作量小,但容易受过去统计资料准确程度的影响。它适用于施工(生产)条件正常,产品稳定,批量大,统计工作制度健全的施工(生产)过程。

(3)比较类推法

此法是以同类型的工程或工序的定额作依据,通过对比、分析,推算出另一工程或工序的定额。这种方法工作量小,编制速度快,适用于工程种类多、变化大的情况。但应注意用来对比的两工程必须是同类型的,具有可比性,否则定额不准确。

(4)经验估计法

此法是由定额编制人员、技术人员、生产工人相结合,总结以往施工中的生产、管理经验,参照图纸、规范等资料进行讨论、研究、计算来制订定额。此法简单、快速、易于掌握、工作量小,但技术根据不足,有主观性、偶然性因素,准确、可靠性较差,一般用于一次性定额的制订。

3)人工定额消耗量的确定方法

时间定额和产量定额是人工定额的两种表现形式。拟订出时间定额,也就可以计算出产量定额。

在全面分析各种影响因素的基础上,通过计时观察资料,可以获得定额的各种必须消耗时间。将这些时间进行归纳,有的是经过换算,有的是根据不同的工时规范和附加,最后把各种定额时间加以综合和类比就是整个工作过程的人工消耗的时间定额。

(1)确定工序作业时间

根据计时观察资料的分析和选择,可以获得各种产品的基本工作时间和辅助工作时间。将这两种时间合并称之为工序作业时间。它是产品主要的必需消耗的工作时间,是各种因素的集中反映,决定着整个产品的定额时间。

①拟订基本工作时间。基本工作时间在必需消耗的工作时间中占的比重最大。在确定基本工作时间时,必须细致、精确。基本工作时间消耗一般应根据计时观察资料来确定。其做法是:首先确定工作过程每一组成部分的工时消耗,然后再综合出工作过程的工时消耗。如果组成部分的产品计量单位和工作过程的产品计量单位不符,就需先求出不同计量单位的换算系数,进行产品计量单位的换算,然后再相加,求得工作过程的工时消耗。

a.各组成部分与最终产品单位一致时的基本工作时间计算。此时,单位产品基本工作时间就是施工过程各个组成部分作业时间的总和,计算公式为:

$$T_1 = \sum_{i=1}^{n} t_i \tag{2.2}$$

式中 T_1——单位产品基本工作时间;

t_i——各组成部分的基本工作时间;

n——各组成部分的个数。

b.各组成部分单位与最终产品单位不一致时的基本工作时间计算。此时,各组成部分基本工作时间应分别乘以相应的换算系数。计算公式为:

$$T_1 = \sum_{i=1}^{n} k_i \times t_i \tag{2.3}$$

式中 k_i——对应于t_i的换算系数。

【例 2.1】砌砖墙勾缝的计量单位是平方米,但若将勾缝作为砌砖墙施工过程的一个组成部分看待,即将勾缝时间按砌砖墙厚度按砌体体积计算,设每平方米墙面所需的勾缝时间为10 min,试求各种不同墙厚每立方米砌体所需的勾缝时间。

【参考答案】

一砖厚的砖墙,其每立方米砌体墙面面积的换算系数为 1/0.24=4.17 m^2,则每立方米砌体所需的勾缝时间为:4.17×10=41.7 min。

标准砖规格为 240 mm×115 mm×53 mm,灰缝宽 10 mm,故一砖半厚墙的厚度=0.24+0.115+0.01=0.365 m,一砖半厚的砖墙,其每立方米砌体墙面面积的换算系数为 1/0.365=2.74 m^2,则每立方米砌体所需的勾缝时间=2.74×10=27.4 min。

②拟订辅助工作时间。辅助工作时间的确定方法与基本工作时间相同。若在计时观察时不能取得足够的资料,也可采用工时规范或经验数据来确定。如有现行的工时规范,可以直接利用工时规范中规定的辅助工作时间的百分比来计算。见表 2.7。

表 2.7 木作工程各类辅助工作时间的百分率参考表

工作项目	磨刨刀	磨槽刨	磨凿子	磨线刨	锉 锯
占工序作业时间/%	12.3	5.9	3.4	8.3	8.2

(2)确定规范时间

规范时间内容包括工序作业时间以外的准备与结束时间、不可避免中断时间。

①确定准备与结束时间。准备与结束工作时间分为工作日和任务两种。任务的准备与结束时间通常不能集中在某一个工作日中,而要采取分摊计算的方法,分摊在单位产品的时间定额里。如果在计时观察资料中不能取得足够的准备与结束时间的资料,也可根据工时规范或经验数据来确定。

②确定不可避免的中断时间。在确定不可避免中断时间的定额时,必须注意由工艺特点所引起的不可避免中断才可列入工作过程的时间定额。

不可避免中断时间也需要根据测时资料通过整理分析获得,也可根据工时规范或经验数据,以占工作日的百分比表示此项工时消耗的时间定额。

③拟定休息时间。休息时间应根据工作班作息制度、经验资料、计时观察资料,以及对工作的疲劳程度作全面分析来确定。同时,应考虑尽可能利用不可避免中断时间作为休息时间。

规范时间均可利用工时规范或经验数据确定,常用的参考数据见表 2.8。

表 2.8　准备与结束、休息、不可避免中断时间占工作班时间的百分率参考表

序号	时间分类 / 工种	准备与结束时间占工作时间/%	休息时间占工作时间/%	不可避免中断时间占工作时间/%
1	材料运输及材料加工	2	13~16	2
2	人力土方工程	3	13~16	2
3	架子工程	4	12~15	2
4	砖石工程	6	10~13	4
5	抹灰工程	6	10~13	3
6	手工木作工程	4	7~10	3
7	机械木作工程	3	4~7	3
8	模版工程	5	7~10	3
9	钢筋工程	4	7~10	4
10	现浇混凝土工程	6	10~13	3
11	预制混凝土工程	4	10~13	2
12	防水工程	5	25	3
13	油漆玻璃工程	3	4~7	2
14	钢制品制作安装工程	4	4~7	2
15	机械土方工程	2	4~7	2
16	石方工程	4	13~16	2
17	机械打桩工程	6	10~13	3
18	构建运输及吊装工程	6	10~13	3
19	水暖电气工程	5	7~10	3

(3)拟订定额时间

确定的基本工作时间、辅助工作时间、准备与结束工作时间、不可避免中断时间与休息时间之和，就是劳动定额的时间定额。根据时间定额可计算出产量定额，时间定额和产量定额互成倒数。

利用工时规范，可以计算劳动定额的时间定额。计算公式如下：

$$\text{规范时间}=\text{准备与结束工作时间}+\text{不可避免的中断时间}+\text{休息时间} \tag{2.4}$$

$$\text{工序作业时间}=\text{基本工作时间}+\text{辅助工作时间} \tag{2.5}$$

$$=\frac{\text{基本工作时间}}{1-\text{辅助时间}\%} \tag{2.6}$$

$$\text{定额时间}=\frac{\text{工序作业时间}}{1-\text{规范时间}\%} \tag{2.7}$$

【例 2.2】通过计时观察资料得知：人工挖二类土 1 m^3 的基本工作时间为 6 h，辅助工作时间占工序作业时间的 2%，准备与结束工作时间、不可避免的中断时间、休息时间分别占工作

日的3%,2%,18%。该人工挖二类土的时间定额是多少?

【参考答案】

基本工作时间=6 h/m³=0.75 工日/m³

工序作业时间=0.75/(1-2%)=0.765 工日/m³

时间定额=0.765/(1-3%-2%-18%)=0.994 工日/m³

4)机械台班消耗量的确定方法

(1)确定机械 1 h 纯工作正常生产率

机械纯工作时间指机械的必需消耗时间。机械 1 h 纯工作正常生产率就是在正常施工组织条件下,具有必需的知识和技能的技术工人操纵机械 1 h 的生产率。

根据机械工作特点的不同,机械 1 h 纯工作正常生产率的确定方法也有所不同。

①循环动作机械,确定 1 h 纯工作正常生产率的计算公式如下:

$$\text{机械一次循环的正常延续时间} = \sum(\text{循环各组成部分正常延续时间}) - \text{交叠时间} \tag{2.8}$$

$$\text{机械纯工作 1 h 循环次数} = \frac{60 \times 60(\text{s})}{\text{一次循环的正常延续时间}} \tag{2.9}$$

$$\text{机械纯工作 1 h 的正常生产率} = \text{机械纯工作 1 h 正常循环次数} \times \text{一次循环生产的产品数量} \tag{2.10}$$

②连续动作机械,确定机械纯工作 1 h 正常生产率要根据机械的类型和结构特征,以及工作过程的特点来进行。计算公式如下:

$$\text{连续动作机械纯工作 1 h 正常生产率} = \frac{\text{工作时间内生产的产品数量}}{\text{工作时间(h)}} \tag{2.11}$$

工作时间内的产品数量和工作时间的消耗,要通过多次现场观察和机械说明书来取得数据。

(2)确定施工机械的正常利用系数

确定施工机械的正常利用系数,是指机械在工作班内对工作时间的利用率。机械的利用系数和机械在工作班内的工作状况有着密切关系。因此,要确定机械的正常利用系数,首先要拟订机械工作班的正常工作状况,保证合理利用工时。机械正常利用系数计算公式如下:

$$\text{机械正常利用系数} = \frac{\text{机械在一个工作班内纯工作时间}}{\text{一个工作班延续时间(8 h)}} \tag{2.12}$$

(3)计算施工机械台班定额

计算施工机械定额是编制机械定额工作的最后一步。在确定了机械正常工作条件、机械1h 纯工作正常生产率和机械正常利用系数之后,采用下列公式计算施工机械的产量定额:

$$\text{施工机械台班产量定额} = \text{机械 1 h 纯工作正常生产率} \times \text{工作班纯工作时间} \tag{2.13}$$

$$\text{施工机械台班产量定额} = \text{机械 1 h 纯工作正常生产率} \times \text{工作班延续时间} \times \text{机械正常利用系数} \tag{2.14}$$

$$\text{施工机械台班时间定额} = \frac{1}{\text{机械台班产量定额}} \tag{2.15}$$

【例 2.3】某工程现场采用出料容量 500 L 的混凝土搅拌机,每次循环中,装料、搅拌、卸料、中断需要的时间分别为 1 min、3 min、1 min、1 min，机械正常利用系数为 0.9，求该机械的台班产量定额。

【参考答案】

该搅拌机一次循环的正常延续时间 = 1+3+1+1 = 6 min = 0.1 h

该搅拌机纯工作 1h 循环次数 = 10 次

该搅拌机纯工作 1h 正常生产率 = 10×500 = 5 000 L = 5 m^3

该搅拌机台班产量定额 = 5×8×0.9 = 36 m^3/台班

5）材料消耗量的确定方法

（1）材料的分类

合理确定材料消耗定额，必须研究和区分材料在施工过程中的类别。

①根据材料消耗的性质划分。施工中材料的消耗可分为必需消耗的材料和损失的材料两类。

必需消耗的材料，是指在合理用料的条件下，生产合格产品所需消耗的材料。它包括：直接用于建筑和安装工程的材料；不可避免的施工废料；不可避免的材料损耗。

必需消耗的材料属于施工正常消耗，是确定材料消耗定额的基础数据。其中：直接用于建筑和安装工程的材料，编制材料净用量定额；不可避免的施工废料和材料损耗，编制材料损耗定额。

②根据材料消耗与工程实体的关系划分。施工中的材料可分为实体材料和非实体材料两类。

a.实体材料，是指直接构成工程实体的材料。它包括工程直接性材料和辅助材料。工程直接性材料主要是指一次性消耗、直接用于工程上构成建筑物或结构本体的材料，如钢筋混凝土柱中的钢筋、水泥、砂、碎石等；辅助性材料主要是指虽也是施工过程中所必需，却并不构成建筑物或结构本体的材料，如土石方爆破工程中所需的炸药、引信、雷管等。主要材料用量大，辅助材料用量少。

b.非实体材料，是指在施工中必须使用但又不能构成工程实体的施工措施性材料。非实体材料主要是指周转性材料，如模板、脚手架等。

（2）确定材料消耗量的基本方法

确定实体材料的净用量定额和材料损耗定额的计算数据，可通过以下方法获得：

①观察法。通过对施工现场的实地考察，在施工技术、组织及产品质量均符合技术规范的要求，材料的品种型号、质量也符合设计要求，操作工人能合理使用材料和保证产品质量时，测定完成某一合格单位产品的施工过程所需的材料消耗量。

但需注意，观测成果中包括必要的材料消耗量和可避免的材料消耗量，但是只有必要的材料消耗量才可以用于定额的编制中，并且要对其进行分析整理，以确定较为准确的材料消耗量。

②实验室试验法。在实验室通过专门的仪器设备确定材料消耗量比施工现场测定的数据要精确，这是因为实验室的条件比施工现场的工作设备条件好。但是对于从实验室取得的数据并不能直接用于定额的编制，因为实际的施工现场的条件与实验室还是有一定的差别的，因此所取得的数据要与施工现场的条件相结合，考虑在施工现场的影响因素。

③统计法。指根据分部分项工程材料的发、退料数量和完成产品数量以及本企业已完工程的历史材料进行统计和计算来编制材料消耗量的方法。这种方法比较简单,不需要组织专人测定或试验。但是这种方法依赖于公司的历史数据和在建工程,因此,对于常见的项目准确性可能会较高,对于不常见的项目或是变化较多的项目,因为样本数据有限,其准确性程度可能会较低。

④理论计算法。理论计算法是运用一定的数学公式计算材料消耗量的一种方法。

a.标准砖用量的计算。如每立方米砖墙的用砖数和砌筑砂浆的用量,可用下列理论计算公式计算各自的净用量:

$$用砖数:A=\frac{墙厚的砖数\times 2}{墙厚\times(砖长+灰缝)\times(砖厚+灰缝)} \tag{2.16}$$

$$砂浆用量:B=1-砖数\times砖块体积 \tag{2.17}$$

材料的损耗一般以损耗率表示。材料的损耗率可以通过观察法或统计法确定,材料损耗率及材料损耗量可通过以下公式计算:

$$损耗率=\frac{损耗量}{净用量}\times 100\% \tag{2.18}$$

$$总损耗量=净用量+损耗量=净用量\times(1+损耗率) \tag{2.19}$$

【例 2.4】计算 1.5 标准砖外墙每 m^3 砌体中砖和砂浆的消耗量(砖和砂浆损耗率均为 1%)。

【参考答案】

$$砖的净用量:A=\frac{1.5\times 2}{(0.24+0.01)\times(0.053+0.01)\times 0.365}=522\ 块$$

砖的消耗量:$522\times(1+1\%)=527$ 块

砂浆的净用量:$B=1-522\times 0.24\times 0.115\times 0.053=0.236\ m^3$

砂浆的消耗量:$0.236\times(1+1\%)=0.238\ m^3$

b.块料面层的材料用量计算。每 100 m^2 面层块料数量、灰缝及结合层材料用量公式如下:

$$块料净用量=\frac{100}{(块料长+灰缝宽)\times(块料宽+灰缝宽)} \tag{2.20}$$

$$灰缝材料净用量=[100-(块料长\times块料宽\times块料用量)]\times灰缝深 \tag{2.21}$$

$$结合层材料用量=100\times结合层厚度 \tag{2.22}$$

【例 2.5】某彩色地面砖规格为 200 mm×200 mm×5 mm,灰缝为 1 mm,结合层为 20 厚 1:2 水泥砂浆,试计算 100 m^2 地面中面砖和砂浆的消耗量(面砖和砂浆损耗率均为 1.5%)。

【参考答案】

$$面砖净用量:\frac{100}{(0.2+0.001)\times(0.2+0.001)}=2\ 476\ 块$$

面砖的消耗量:$2476\times(1+1.5\%)=2\ 514$ 块

灰缝砂浆的净用量:$(100-2476\times 0.2\times 0.2)\times 0.005=0.005\ m^3$

结合层砂浆净用量:$100\times 0.02=2\ m^3$

砂浆的消耗量:$(0.005+2)\times(1+1.5\%)=2.035\ m^3$

2.3.5 社会定额信息的管理

(1)社会定额信息管理的意义

①定额管理是实行计划管理,进行成本核算、成本控制和成本分析的基础。

②实行定额管理,对于节约使用原材料,合理组织劳动,调动劳动者的积极性,提高设备利用率和劳动生产率,降低成本,提高经济效益,都有重要的作用。

(2) 社会定额信息管理的内容

①建立和健全定额体系。

②在技术革新和管理方法改革的基础上,制订和修订各项技术经济定额。

③采取有效措施,保证定额的贯彻执行。

④定期检查分析定额的完成情况,认真总结定额管理经验等。

2.4 企业定额信息管理

2.4.1 企业定额概述

所谓企业定额,是指建筑施工企业根据本企业的技术水平和管理水平,编制的完成单位合格产品所必须消耗的人工、材料、施工机械台班及其他生产要素的数量标准,是施工企业根据国家政策、法规,以及市场需求和竞争环境,依据企业自身条件和可挖潜力,自行编制的内部定额。

在工程量清单计价模式下,实行"政府宏观调控、企业自主报价、市场形成价格、社会全面监督"的计价思路,实行量价分离的原则,投标人站在"统一量、市场价、竞争费"的平台上,依据企业自身施工水平,以体现企业个别成本的价格进行自由组价,即企业自主报价,因此各企业之间的竞争是围绕着价的竞争,而价之间的竞争主要体现在自身企业定额之间的竞争。施工企业要想在激烈的市场竞争中获胜,必须依据企业自身的技术力量、机械装备、管理水平制订体现自身特点的企业定额。根据企业定额编制出来的投标报价,才是企业完成某项工程任务的底线,而以不低于成本底线的价格投标,施工企业才有可能获得利润,这也是企业保质保量完成施工任务的经济基础,只有这样,才能体现企业在施工和管理上的自身优势,在报价中提高竞争力。

企业定额是工程建设定额体系中的基础,也是建筑安装企业管理的各个环节中不可缺少的要素。企业定额与生产密切结合,直接反映施工企业的综合管理水平和生产技术水平,决定了概预算定额和指标消耗水平的基础。企业定额作为衡量施工企业综合管理水平和竞争力的重要标准,其作用越来越重要,因此企业定额的编制和使用极具紧迫性和重要性。

(1)企业定额的特点

①企业定额中各项平均消耗比社会平均水平低,因此体现了其先进性,提高了在投标报价中的取胜机会。

②企业定额中所有与之匹配的单价都是动态的,具有市场性。

③企业定额要能体现企业在某方面的技术优势和本企业全面管理的优势。

④编制企业定额时要结合施工方案,能与施工方案全面接轨。

⑤企业定额反映企业的实力、管理现状和劳动生产率,因此不同的施工企业所编制的企业定额也不同。

(2)企业定额的分类

企业定额的构成及表现形式因企业的性质不同、取得资料的详细程度不同、编制的目的不同、编制的方法不同而不同。其构成及表现形式主要有以下7种:

①企业人工定额。

②企业材料消耗定额。

③企业机械台班定额。

④企业施工定额。

⑤企业单位估价表。

⑥企业产品出厂价格。

⑦企业机械台班租赁价格。

施工企业根据自身的技术、财务、管理能力进行投标报价,对于同一个建设项目,同样的工程数量,各投标单位以各企业内部定额为基础所报的价格是不同的。这反映了企业之间个别成本的差异,也是企业之间整体竞争实力的体现。因此,企业定额最主要的作用是提高企业的生产率和竞争力,促进企业长期稳定的发展。虽然企业定额是工程准备、成本核算等的重要依据,但现阶段我国广大施工企业没有形成自己的企业定额体系,并且在今后较长的时间内很多企业仍难以较快地形成自己的企业定额,因此制约了施工企业的长远发展。

在我国加入世贸组织、经济全球化的今天,竞争更加激烈,降低成本,提高效益对企业显得更为重要。随着大批的国外建筑企业进入我国的建筑市场,这些国外建筑企业经过多年国际市场的磨炼,不仅具有先进的技术、雄厚的资金,又有多年国际工程的承包经验。国内施工企业要在这日趋激烈的环境中站稳脚跟,快速发展,只有自主编制体现自身水平的企业定额,才能摆脱对社会平均定额的依赖,才能在国内建筑市场中立于不败之地。另外,我国建筑市场也要进入国际市场,要适应国际的规则。因此,施工企业如何结合本企业特色和经营状况快速而准确地编制一套体现自身优势的企业定额,已经成为国内各建筑施工企业的当务之急。

但是,现阶段我国施工企业投标报价,主要依据还是各地政府建设部门颁发的预算定额。在这种模式下,企业对外报价时一般不太关心自己的成本。在编标过程中,技术标和商务标经常分离。一般情况下,各地的预算定额反映社会平均消耗水平,几年修订一次,并且现在科技水平的发展突飞猛进,从而带动施工水平和工作效率的提高,因此,从这些看来,依据预算定额进行组价不能反映企业的真实生产力水平。这样做的结果就是企业间激烈的竞争并没有推动施工企业的技术和管理水平的进步,也没有带来工程质量的提升。面对新形势的机遇和挑战,建筑施工企业应该准确判断本企业的经营状况,适时确立正确的思路、科学决策,寻求强化管理提高竞争力的突破口。具体应从编制符合实际、科学、合理的企业内部定额,加强企业成本核算、降低消耗、加快企业科技进步步伐等方面开展工作。

2.4.2 企业定额的编制

1)企业定额与施工定额、基础定额的区别和联系

(1)相互联系

基础定额一般以施工定额为基础进行编制,而企业定额编制时往往以基础定额作为控制的参考依据。企业定额的编制水平一般高于基础定额的水平,它们之间有一定的关联性,都规定了完成单位合格产品所需要的人工、材料和机械台班消耗的数量标准。施工定额是企业定额中的一种,主要是指施工现场中的人工、材料和机械的消耗量标准。企业施工定额是根据企业目前采用的施工工艺技术和组织管理方式,按照平均先进水平,各工艺施工过程在现场消耗工料机的标准数量,它不反映价格因素,只是基础量的定额。然后在施工定额的基础上,考虑预算定额的范围和各分项工程工作内容,编制企业预算定额,企业预算定额除了要反映各分项工程工料机消耗量标准外,为便于快速报价,还可以按企业内部人工单价、机械台班单价和材料、构件可能渠道的价格信息,测算出单位分项工程的工料机单价。

因此,企业定额至少应包括两个层次:施工定额和预算定额。企业施工定额是管理性定额,主要用于企业内部编制成本计划,进行成本核算和成本控制,以及落实内部经济责任制;而企业预算定额是计价性定额,主要用于企业对外投标报价,参与市场竞争。企业层面的这两种定额与社会意义上的这两种定额所不同的主要是定额水平,而不是定额的范围和构成。理解这一点,对于合理编制和灵活运用企业定额很有意义。

(2)相互区别

①研究对象不同。基础定额以可计价的分部分项工程为研究对象,施工定额以工种工程为研究对象。前者在后者的基础上,在研究对象上进行了科学的综合扩大。

②编制单位和使用范围不同。基础定额由国家、行业或地区建设主管部门编制,是国家、行业或地区建设工程造价计价的法规性标准。企业定额是由企业编制,是企业内部使用的定额。用于施工现场的定额一般称为施工定额,它是企业定额的重要组成部分。

③编制时考虑的因素不同。基础定额综合考虑了众多企业的一般情况,考虑了施工过程中,对前面施工工序的检验,对后继施工工序的准备,以及相互搭接中的技术间歇、零星用工及停工损失等人工、材料和机械台班消耗量的增加因素。

企业定额是依据本企业的技术经济状况和施工水平编制的,考虑的是本企业施工的情况。施工定额考虑更多的是现场工程的具体施工技术水平。例如保温的问题,混凝土中要加防冻剂,现浇混凝土构件外要加草袋等。

雨季施工时要考虑从施工现场抽排水的问题。不同的施工环境和条件对人工、机械、现场的安全防护措施、资源调配等有不同的要求。以北京为例,施工现场处于四环以内和四环以外的要求就有很大的差别,在四环以内必须使用商品混凝土,使用商品混凝土就要充分考虑从其运输费用到其消耗量及价格的问题,虽然四环以外就不再受此限制,但是却要考虑混凝土的搅拌方式及消耗量的问题。偏远地区的原材料、燃料和协作件的质量及供应情况也要考虑。因此不同的施工环境与条件也会引起企业定额相应部分消耗量的变化。

④编制水平不同。基础定额采用社会平均水平编制,反映的是行业平均水平;企业定额,包括施工定额,采用企业自身水平编制,反映的是社会先进水平和个别成本。

总之，在编制企业定额时要考虑来自各方面的影响因素，每一个因素都有可能引起企业定额中消耗量的变化，而消耗量是编制企业定额的重要测定因素。

2）企业定额编制的原则要求

（1）平均先进水平原则

定额水平是编制定额的核心问题。平均先进水平是指在正常施工条件下，经过努力，多数生产者或班组能够达到或超过的水平，少数生产者或班组可以接近的水平。一般来说它低于先进水平，而略高于平均水平。因为要通过执行企业定额达到提高企业生产力水平的目的，所以只有采用平均先进水平才能促进企业生产力水平的提高，才能增强企业的竞争能力。要使企业定额达到平均先进水平，要做好以下工作：

①要处理好数量与质量的关系。要在生产合格产品的前提下，规定必要的资源消耗量标准；生产技术必须是成熟的并得到了推广应用；产品质量必须符合现行质量及验收规范的要求。

②对技术测定的原始资料要进行分析整理，剔除个别、偶然、不合理的数据，尽可能使计算数据具有代表性、实践性和可靠性。

③要选择正常的施工条件、正确的施工方法和方案，劳动组织要适合劳动者的操作和劳动生产率的提高。

④要合理选择观察对象，规定该施工过程选用的机具、设备和操作方法，明确规定原材料和构件的规格、型号、运距和质量要求。

⑤从实际出发，调整定额子目之间和水平的平衡，处理好自然条件带来的劳动生产率水平不平衡因素。

总之，所编制的企业定额应达到本企业劳动生产率的平均先进水平。在确定企业定额水平时，既要考虑本企业的实际情况，又要考虑市场竞争的环境。

（2）简明适用原则

企业定额编制的内容和形式，要方便于定额的贯彻与执行。制订企业定额的目的就在于适用于企业内部管理，具有可操作性。定额的简明性和适用性，是既有联系又有区别的两个方面。当两者发生矛盾的时候，定额的简明性应服从适应性的要求。贯彻定额的简明适用性原则，关键是要做到定额项目设置完全，项目划分粗细适当。还应正确选择产品和材料的计量单位，适当利用系数，并辅以必要的说明和附注。总之，贯彻简明适用性原则，要努力使施工定额达到项目齐全、粗细适当、步距合理的效果。

（3）独立自主的原则

施工企业是具有法人地位的经济实体。国家允许企业根据自己的具体情况和市场竞争法则，以企业盈利为目的，自主地编制企业定额，作为工程投标报价的计算依据。贯彻这一原则，能更好地在建筑市场竞争中，不断提高本企业的管理水平和竞争能力。

（4）实效性原则

企业定额是一定时期内技术发展和管理水平的反映，在一定时间内表现出稳定的状态。这种稳定性又是相对的，它还有显著的时效性。如果企业定额不再适应市场竞争和成本监控的需要，就要重新编制和修订，否则就会挫伤群众的积极性，甚至产生负效应。

(5)保密原则

企业定额的指标体系及标准要严格保密。建筑市场强手如林,竞争激烈。就企业现行的定额水平,工程项目在投标中如被竞争对手获取,会使本企业陷入十分被动的境地,给企业带来不可估量的损失。因此,企业要有自我保护意识和相应的加密措施。

(6)以专业人员为主与群众相结合的原则

编制企业定额是一项技术性很强的工作,需要对项目进行大量现场测定和数据整理、分析,业务要求较高。因此,必须由专业技术人员来完成。工人群众是执行定额的主体,又是测定定额的对象。他们对施工生产中实际发生的各种消耗量最了解,对定额执行情况和其中的问题最清楚。因此,在编制定额过程中要注意征求他们的意见,取得工人群众的支持和配合。贯彻专家与群众相结合,以专家为主编制定额的原则,提高定额的编制质量和水平,有利于定额的贯彻执行。

(7)区分工程实体性消耗与施工措施性消耗

就具体项目而言,定额中的消耗量又包括工程实体性消耗和施工措施性消耗两大类。在编制企业定额时,应当区别对待。工程实体性消耗即构成工程实体的人工和材料的定额消耗量。这一部分在实际施工中变化不大,因此,在编制这一部分企业定额时,可在国家和地区统一定额的基础上,分析项目划分和编制结构是否适应报价的需要,并结合企业自身的水平来进行编制。

3)企业定额编制的结构分析

(1)基本要求

首先,结构形式清晰直观。定额结构形式要求清晰直观,层次清晰,各章节划分明了,便于使用。除此以外,要将成熟的新工艺、新技术、新结构、新机具等内容编排进去,要研究合理划分定额项目,编排好章节以及选定好合适的计量单位等问题。其次,在划分定额项目时,应注意新旧项目的恰当处理。随着施工生产的发展,各种新工艺、新技术、新的操作方法、新机具总是要不断出现。针对这一情况的处理原则是,凡是实践中已经证明是可行的先进经验,都应划分项目,列入定额内,但也要注意,不要把那些正在推行中,消耗水平不稳定的项目,列入定额内。对那些已经被淘汰的项目,要予以删除。有些先进的生产工艺,虽然目前还未普遍推广,但定额水平已基本稳定,并且具有方向性和指导意义的项目,则应列入定额。例如,钢筋接头的新工艺等。最后,要防止用提高劳动强度的方法提高定额水平。

(2)企业定额的影响因素分析

企业定额作为企业的内部参考,在其编制过程中会受到许多来自企业自身条件和招标人要求以及工程现场自然环境的限制和影响。

①招标人对质量要求的影响。不同的招标人会因工程的重要性对工程质量提出不同的要求,有的招标人只要求达到工程质量合格,有的要求达到优秀甚至要求达到鲁班奖,此时施工企业就要根据招标人的要求调整企业定额进行投标报价。因为对于质量要求高的工程,无论是从建筑材料还是施工人员配备方面都要与之相适应,采用优良的建材、严谨的施工管理和良好的施工技术才能保证优秀的工程质量,而这些可能会导致企业定额相应部分消耗量的变化。

②不同施工方案和措施的影响。不同的施工方案和措施对人工、机械的配置、进场先后顺序、工作时间、使用数量等方面都有不同的要求,比如手工操作与机械操作的功效差别就很

大,这就导致完成相同的工作量可能会有不同的资源配置要求,不同的资源配置可能引起企业定额相应部分的消耗量的变化。

③施工企业自身条件的影响。不同等级的施工企业的技术人员素质和机械装备水平是有很大差异的。技术人员的业务素质直接影响工艺规程完备的程度、生产组织和劳动组织的合理性,同时劳动者的技术熟练程度、综合素质等状况、机械装备水平会制约企业的施工水平,这些来自企业自身条件的差异都会影响施工管理水平和企业定额编制的水平。

④施工季节、环境和条件的影响。施工季节不同对施工过程的要求不同。比如在北方进行冬季施工时,就要考虑防冻。在分析和确定使用一般工具的手工操作定额水平时,要特别注意防止用提高工人劳动强度的方法来提高定额水平。特别是笨重的体力劳动,更要持慎重态度。定额水平的提高要立足于采用科学管理和先进的生产技术、手段上,诸如合理的生产组织、先进的生产工具以及各种技术革新成果等。

(3)定额项目划分

主要依据定额的具体内容和工效的差别情况来划分定额项目。总的要求是,定额项目齐全、使用方便、步距大小适宜。步距大小是定额项目划分的重要因素。其一般原则是,应该以定额项目的步距的水平相差 10%左右为宜。

①按机具和机械施工方法划分。由于不同的施工方法对定额的水平影响较大,比如手工操作与机械操作的工效差别很大。因此,项目划分时要根据手工操作和使用机具情况划分为手工、机械和部分机械定额项目。例如,钢筋制作可以划分为机械制作、部分机械制作和手工绑扎等定额项目。

②按产品的结构特征和繁简程度划分。在施工内容上虽然属于同一类型的施工过程,但由于工程结构的繁简程度不同,对定额水平有较大影响。因此,要根据产品的结构特征、复杂程度及几何尺寸的大小划分定额项目。例如,现浇混凝土设备基础模板的制作安装,就需要根据其复杂程度和几何尺寸的大小,划分为一般的、复杂的、体积在多少立方米以内或多少立方米以上的项目。

③按使用的材料划分。在完成某一产品时,使用的材料不同,对工程的影响也很大。例如,不同材质、不同管径的各种管材,对管道安装的工效影响就很大。因此,在划分管道安装项目时,应按不同材质的不同管径来划分项目。

④按工程质量的不同要求划分。不同的工程质量要求,对单位产品的工时消耗也有较大的差别。例如,砖墙面抹石灰砂浆,按施工及质量验收规范规定,有不同等级不同抹灰遍数的质量要求。因此,可以按高级、中级、普通抹灰质量要求分别划分定额项目。

⑤按工作高度划分。一般来说,工作高度越高,操作越困难,安全要求也越高,其运输材料的工时消耗也越多,操作的工作时间也必然增加。操作高度或建筑物的高度,对工时消耗都有不同程度的影响,因此,要按不同高度对定额水平的影响程度来划分项目。另外,在这种情况下也可以采取增加工时或乘系数的办法来调整。

除了上述划分方法外,还有很多,如土的分类,工作物的长度、宽度、直径,设备的型号、容量大小的分类等。其总的原则就是以工效的差别来划分项目,充分体现企业的施工技术和生产力水平。

(4)定额章节的编排

定额章节的编排是拟订定额结构形式的一项重要工作,其编排、划分的合理性,关系到定额是否方便好用。

首先,章有以下划分方式:

①按不同的分部划分。例如,装饰工程可以按不同分部划分为楼地面、墙柱面、天棚、门窗、油漆涂料等各章。

②按不同工种和劳动对象划分。例如,建筑工程可按工种和劳动对象划分为土石方、砌筑、脚手架、混凝土及钢筋混凝土、门窗、抹灰、装饰等各章。

其次,节有以下划分方式:

①按不同的材料划分。例如,抹灰工程可以按不同材料划分为石灰砂浆、水泥砂浆、混合砂浆等各节。

②按分部分项工程划分。例如,现浇构件这一章,可以按分部分项的工效不同划分为基础、地面、柱、梁、墙、板等各小节。

③按不同构造划分。例如,屋面防水这一章,可以按构造划分为柔性防水层、刚性防水层、瓦屋面、铁皮屋面等各小节。

各章节的划分方法要根据各章节的具体情况进行分析,上述章节的划分方法,仅为一般常用的方法。此外在各章节的编排中还要包括文字说明,文字说明的主要内容包括工程内容、质量要求、劳动组织、操作方法、使用机具以及有关规定等。企业定额中的文字说明要简单明了,每种定额应有“总说明”,两章及两章以上的共性问题,编制在总说明中。每章应写章说明,将两节及两节以上的共性问题编制在章说明中。

(4)计量单位的确定

在许多情况下,一种产品可以采用几种计量单位。因此,在编制定额时,首先确定项目的计量单位。确定计量单位应遵循以下原则:

①能够准确地、形象地反映产品的形态特征。物体的长、宽、高都发生变化时,应采用 m^3 为计量单位。如土石方、砖石、混凝土构件等项目。当物件厚度相对固定,而它的长和宽两个度量所决定的面积发生变化时,宜采用 m^2 为计量单价。如屋面保温、散水、装饰抹灰等项目。若物体截面形状及大小固定,长度不固定时,应以 m 为计量单位。如楼梯扶手,给排水管道、导线敷设等项目。

当项目体积、面积固定,但质量和价格差异较大,应当以 kg 或 t 为计量单位,如钢筋等项目。还有一些项目可以按个、组、套等自然计量单位计算。如衣柜、洗脸盆等项目。

②利于定额的综合。施工过程各组成部分的计量单位要尽可能相同。例如,人工挖土方,其组成部分的人工挖方、人工运土、人工回填土项目都应以 m^3 为单位,便于定额的综合。

③计量单位的大小要适当。计量单位不能过大或过小,做到既方便使用,又能保证定额的精确度。例如,人工挖土方以 10 m^3 为单位,人工运土以 100 m^3 为单位,机械运土方以 1 000 m^3为单位。

④以国家法定的计量单位为准。定额中计量单位的名称和书写都应采用国家法定的计量单位。各专业有特殊计量单位的,再另外加以说明。计量单位的确定方法要根据项目的具体情况进行分析,以上的确定方法,仅为一般常用的方法。

4)企业定额的编制依据

(1)企业标准

企业标准是编制企业定额的重要依据,企业应参照国家、行业的施工规范、施工技术、施工工艺等标准,结合企业的实际施工技术水平制订企业标准,这个标准既要遵循国家、行业标准,又要能体现自身的技术实力、管理水平和工艺水平。通常企业标准高于国家、行业标准。

(2)国家标准

国家标准《建设工程工程量清单计价规范》(GB 50500—2013)及国家、地区和行业标准是编制企业定额必须遵循的依据。企业在编制企业定额时,项目编号、项目名称、计价单位、工程量计算规则等应与国家标准(GB 50500—2013)保持一致。同时,定额子目设置也应与国家、地区和行业定额保持一致,但也要具备一定的灵活性,这样既便于定额水平的分析对比,又方便使用,并能保证投标报价在最高限价内。

(3)历史资料和数据

在企业定额编制中工程竣工结算资料、成本资料及施工方案是不可缺少的依据。

5)企业定额的编制步骤

对于许多企业来说,编制企业定额还是空白,编制一套系统、完善的定额的工作量大、周期长。因此,企业要结合企业的实际情况、技术力量、施工机械装备程度、内部管理水平等,完成对企业定额的编制。编制企业定额的阶段可以分为:

(1)准备阶段

企业在编制定额之前要明确编制企业定额的目的、适用性和其表现形式,以及定额的编制水平、编制方法,然后成立企业定额的编制机构,提交参编人员名单。

(2)搜集阶段

在做好这些准备工作之后,企业以依据《建设工程工程量清单计价规范》(GB 50500—2013)为基础,分析筛选出适用于本企业施工资质的定额子目。根据这些定额子目,进行普通资料搜集、专题资料搜集、现行资料搜集、积累资料收集和专项查定及科学试验等资料的搜集。

(3)编制阶段

收集整理好相关资料后,编制人员根据整理研究、分析各项资料,确定工料机消耗量,编制企业定额单位估算表和定额说明。

(4)审核阶段

确定好编制细则、项目划分及工程量计算规划,定额耗量的计算后,对这些资料数据进行复核和测算,立档成卷。

(5)定稿阶段

将审核完的企业定额整理、打印装订成册,组织实施。

6)企业定额的编制方法

(1)技术测定法

技术测定法是根据先进合理的技术文件、组织条件对定额各部分的人工、材料和机械台班消耗等进行实地观察和计算,然后通过分析计算测定的资料从而制订、修改定额的一种方法。技术测定通常采用的方法有写实记录法、测时法、工作日写实法 3 种。采用技术测定法测定定额,数据准确可靠,因素分析细致,定额水平的精确度高,适用于生产技术组织条件比较正常、稳定，产品批量大的施工过程，是制订定额的主要方法。但采用此法，技术要求高，工作量较大且比较复杂。

(2)统计分析法

统计分析法是指依据数学中统计分析原理，根据过去施工中同类工程或生产同类产品的工时消耗、材料消耗、机械台班消耗的统计资料，对过往的实际典型工程的实际消耗的统计资料和原始记录进行整理、分析和研究，考虑当前施工技术、施工条件、施工组织的变化因素来研究制定工程定额的方法。

该方法相对其他方法简单易行，工作量小，且所确定的定额消耗水平与实际的消耗量水平非常接近。但是使用该方法要求搜集到大量的典型工程的结算资料及其他相关资料，所选择的工程项目也要有代表性、典型性，并且要求该工程的资料一定要完整。由于过于依赖过去的记录和统计资料，容易受到统计资料准确程度的影响，此方法一般适用于施工条件正常、产品稳定、批量大、统计工作制度健全的施工过程和施工企业，通常与技术测定法并用。对于还不存在企业定额的企业来说，这是一条编制企业定额的捷径。

(3)经验估计法

经验估计法是由定额管理专业人员、工程技术人员和老工人结合在一起，根据个人或集体在从事生产、组织生产、管理生产和贯彻定额中所积累的经验，参考有关的技术资料，通过座谈讨论、反复平衡制订定额的一种方法。这种方法简单易行，工作量小，速度快，可以缩短制订定额的时间。但由于受到估工人员的经验和水平的局限，又缺乏科学资料依据，估工定额往往容易出现偏高或偏低现象。因而它只适用于产品品种多，批量小，不易计算工作量的施工(生产)作业，通常作为一次性定额使用。

(4)比较类推法

比较类推法，也称为典型定额法，是以同类型或相似类型产品或工序的典型定额项目的定额水平或技术测定的实耗工时为依据，经过分析比较，类推出同一组定额中各相邻项目定额水平的方法。其具体方法包括比例数示法和坐标图示法两种。这种方法简便，工作量小，只要典型定额选择恰当，切合实际，具有代表性，类推出的定额水平一般比较合理，也符合制订定额全面和快速的要求。这种方法适用于同类产品品种规格多、批量小的施工(生产)过程消耗量定额的确定。

2.4.3 中小型施工企业定额快速编制策略

作为中小企业，如何根据自身企业特点来编制自己的施工企业定额，是中小企业管理者应该思考的问题。首先要弄清企业定额的特点以及定位，不要盲从政府定额及大型企业的模式。企业定额的编制是一项长期的，并由专门人员组成的耗费大量时间和资金的工作，显然中小企业在这点上与大企业是不能相提并论的。但是中小企业也有着自身的特点，那就是施工项目单一、地域性小(可能就是本地的市政工程)，这样编制企业定额的工作量就会大大减少，只需要编制本地本行业与企业相关的项目来组成企业定额即可。

1)定额消耗量的快速确定

(1)对同类工程的比较类推

中小型施工企业在进行定额消耗量测定时可以考虑采用典型定额法。这种方法适用于同类型产品规格多、批量小的施工生产过程。

典型定额法是以同类型工序、同类型产品的典型定额项目水平为标准,经过分析比较,类推出同一组定额中相邻项目定额水平的一种方法。这种方法简便易行,工作量小,只要典型定额选择恰当,切合实际,具有代表性,类推出的定额水平一般比较合理。

采用这种方法制订定额时,要特别注意掌握施工工艺过程和劳动组织类似或近似的特征,认真分析这种影响因素,防止将因素变化很大的项目作为典型定额来进行类推。根据类推关系得到公式如下:

$$t=P\times t_0 \tag{2.23}$$

式中 t——需要计算项目的人工定额;

P——需计算项目人工消耗量的比例;

t_0——典型定额项目的人工定额。

【例 2.6】已知某企业人工挖地槽的一类土时间定额及一类土与二、三、四类土的劳动消耗量比例见表 2.9,试计算挖二、三、四类土的时间定额。

表 2.9 某企业人工挖地槽时间定额表

项 目	耗工时比例	挖地槽深在 1.5 m 以内 上口宽度在( )m 以内		
		0.8	1.5	3
一类土	1.00	0.133	0.115	0.108
二类土	1.43			
三类土	2.50			
四类土	3.76			

【参考答案】

根据以上公式 $t=P\times t_0$,可得:

当地槽上口宽在 0.8 m 以内的时间定额为:

挖二类土:$t=1.43\times0.133=0.190$(工时/m^3)

挖三类土:$t=2.50\times0.133=0.333$(工时/m^3)

挖四类土:$t=3.76\times0.133=0.500$(工时/m^3)

同理,可以根据公式分别计算出地槽上口宽在 1.5 m、3.0 m 以内的时间定额,填入表2.9 的最终结果见表 2.10。

表 2.10 某企业人工挖地槽时间定额表

项 目	耗工时比例	挖地槽深在 1.5 m 内 上口宽度在( )m 以内		
		0.8	1.5	3
一类土	1.00	0.133	0.115	0.108
二类土	1.43	0.190	0.164	0.154
三类土	2.50	0.333	0.288	0.270
四类土	3.76	0.500	0.432	0.406

(2)技术测定法的简化使用

技术测定法主要包括测时法、写实记录法和工作日写实法。这 3 种方法虽然均可以满足技术测定的精确度要求,但都需要花费较多的人力、物力和时间。考虑到中小企业的技术和财力情况,在实际工作中可以采用技术测定的简易测定法,来取得所需要的各种技术资料。

所谓简易测定法,是指采用以上 3 种方法中的某一种方法在现场观察时,将观察的组成部分简化,只测定组成时间中的某一种定额时间,如基本工作时间(含辅助工作时间),然后借助“工时消耗规范”,见表 2.11,计算出所需数据的一种简易方法。简易测定法省去了技术测定前诸多的准备工作,减少了现场取得资料的过程,节省了人力和时间。基本工作时间的消耗可用以下的公式求得:

$$T_{基本} = \sum T_{工序} \tag{2.24}$$

式中 $T_{基本}$——基本工作时间消耗;

$T_{工序}$——以工序组成的工时消耗。

计算出基本工作时间消耗后,借助“工时消耗规范”中有关工种的规定时间,采用定额时间计算公式,即可计算出某项定额指标。其计算公式如下(单位:工日):

$$时间定额=作业时间(基本工作时间)\times(1+规范时间\%) \tag{2.25}$$

表 2.11 工时消耗规范表

序号	时间分类 / 工程类别	准备与结束占工作时间比例/%	休息时间占工作时间比例/%	不可避免中断时间占工作时间比例/%
1	材料运输及材料加工	2	13~16	2
2	人力土石方工程	3	13~16	2
3	架子工程	4	12~15	2
4	砖石工程	6	10~13	4
5	抹灰工程	6	10~13	3
6	手工木作工程	4	7~10	3
7	机械木作工程	3	4~7	3
8	模板工程	5	7~10	3
9	钢筋工程	4	7~10	4
10	现浇混凝土工程	6	10~13	3
11	预制混凝土工程	4	10~13	2
12	防水工程	5	25	3
13	油漆玻璃工程	3	4~7	2
14	钢制品制作及安装工程	4	4~7	2

2)建立企业定额快速报价的等比系数表

(1)综合单价分析

编制企业定额的目的之一就是为企业的投标报价服务,企业投标报价时填写的单价均为综合单价,综合单价包括人工费、材料费、施工机具使用费、企业管理费、利润以及一定范围内的风险费用。

以混凝土为例,当其强度等级发生变化时,人工费和机械费保持不变,材料费发生变化,最终将影响整个报价。为便于分析观察,现将某工程的单价分析表进行合并归类得到表2.12,通过以下数据来分析不同的混凝土构件综合单价之间的比例关系,以此用于企业的快速投标报价。某工程综合单价合并见表2.12。

表 2.12 某工程混凝土构件综合单价表

项目名称		工程内容	单 位	综合单价/元
现浇板	现浇有梁板	板厚 150,混凝土 C30	m^3	382.43
		板厚 200,混凝土 C30	m^3	382.43
		板厚 300,混凝土 C30	m^3	382.43
		板厚 140,混凝土 C40	m^3	416.08
		板厚 180,混凝土 C40	m^3	416.08
	现浇混凝土悬挑板	板厚 150,混凝土 C40	m^3	416.08
		板厚 200,混凝土 C40	m^3	416.08
		板厚 280,混凝土 C40	m^3	416.08
现浇柱	现浇混凝土矩形柱	截面 400×400,混凝土 C30	m^3	395.87
		截面 800×800,混凝土 C30	m^3	395.87
		截面 600×600,混凝土 C40	m^3	431.11
		截面 1 000×1 000,混凝土 C50	m^3	480.79
	现浇混凝土圆柱	直径 600,混凝土 C30	m^3	395.87
现浇墙	现浇混凝土墙	墙厚 100,混凝土 C30	m^3	384.26
		墙厚 200,混凝土 C30	m^3	384.26
		墙厚 200,混凝土 C40	m^3	415.91
		墙厚 200,混凝土 C50	m^3	469.08
		墙厚 350,混凝土 C50	m^3	469.08

由表2.12可知:在不同混凝土强度等级的各种现浇构件中,板的综合单价分别为382.43元(C30)、416.08元(C40);柱的综合单价分别为395.87元(C30)、431.11元(C40)、480.79元(C50);墙的综合单价分别为384.26元(C30)、415.91元(C40)、469.08元(C50)。

(2)等比系数表的确定分析

根据对表2.12的分析总结可得出不同混凝土等级的不同构件相对应的等比系数,见表2.13。

表 2.13 某工程混凝土综合单价等比系数表

构件名称	板	柱	墙
等比系数	C40＝1.088C30	C40＝1.086C30	C40＝1.088C30
	—	C50＝1.125C40	C50＝1.127C40

从结果可以看出:虽然混凝土构件不同,其综合单价不相同,但是其不同的强度等级之间存在一个极为相近的比例关系。这个比例在不同的施工企业内不一定相同,这正体现了各施工企业的自身特点。

因此,在利用企业定额快速报价时,可以先编制一个等比系数表。等比系数的确定可以两个相邻的强度等级之间以强度等级低的为计算基础,等比系数表中的系数均为两个相邻的强度等级之间的比例系数,投标报价时,只需先确定每种混凝土构件常用强度等级的综合单价,然后根据表中的比例系数,很方便地推出其他强度等级的各种混凝土构件的综合单价,这样不仅方便,而且由于该系数表是经过对本企业资料详细分析以后得出的,因此报价也比较准确,不易出现错误。

(3)等比系数表的使用要求

①施工企业的材料配合比、损耗率要通过施工现场测定而得,体现的是企业的材料实际利用情况,不能直接套用基础定额所规定材料的配合比。

②单价等比系数表只适用于相同产地相同品牌的产品,一旦材料产地或者品牌发生变化,以上的等比系数表就需要重新制订。

2.4.4 企业定额信息化维护

1)企业定额管理系统

企业定额管理系统包括定额数据库、价格信息数据库、企业数据库以及定额维护数据库 4 个部分(见图 2.3)。

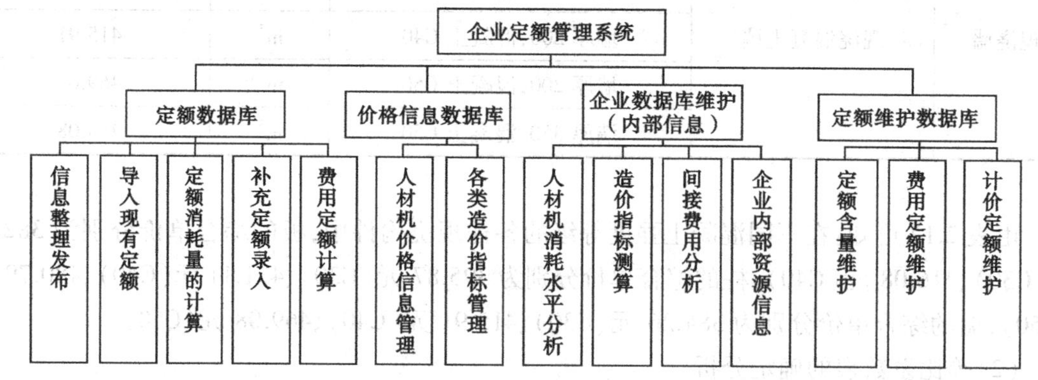

图 2.3 企业定额管理系统结构图

(1)定额数据库

①导入现有定额:导入政府部门编制的地区定额和专业定额是生成企业数据库的主要手段,通常企业定额的水平要略高于政府定额,对导入的定额含量可以批量乘以约定的调整系数,也可以对指定的人材机含量进行批量修正。

② 补充定额录入:由于新工艺、新技术的产生需要补充新的定额子目,或者是在本企业个别专业工序没有相近的参考定额的情况下,需要编制录入补充定额。

③定额消耗量计算:对于需要重新测算人材机消耗量的定额子目,提供针对具体测算方法的测算消耗量的计算模板,输入原始数据,根据约定的计算公式计算出定额用量。

④费用定额计算:提供计算费用的计算模板,输入原始数据,根据约定的计算公式计算出费用定额的数据。

(2) 价格信息数据库(外部信息)

①人材机价格信息管理:定期采集政府部门和各媒体发布的人材机价格信息,定点人材机供应商的价格信息,其他价格管理系统提供的价格信息,经过加工处理生成可以在投标报价和成本预测时直接使用的价格,广义的价格信息还包括专业分包商提供的分包价格。本功能主要分为两个子功能,其中一个功能是数据采集手段:可以有手工录入、导入数据库、网上下载,协作单位定期传送等;另一个功能是数据加工,对于具体的企业承包的工程,在专业和地区上都有相对的稳定性,特殊的材料有固定的供应商,特殊工种的施工有固定的分包商和协作单位,所以材料的包装运输费用等都有比较固定的有针对性的计算公式和计算模板。

② 各类造价指标信息管理:定期采集政府部门和各媒体发布的各类造价指标如单方造价,概算指标等,经过分析处理,归类整理,成为企业定额数据库的重要组成部分,本功能同样包含数据采集和数据加工两部分。

③ 信息整理发布:经过整理的价格信息和造价指标,与单位估价表一样具有同等的重要性,可以直接提供给用户。本系统发布的信息与价格管理系统的不同之处,在于数据加工的深度不同,在于具有较强的针对性,是直接针对指定的施工现场或指定的工程项目的价格。本系统整理发布的价格信息同样属于内部数据库性质,根据用户所在岗位的不同设定相应的权限控制。

(3) 企业数据库维护(内部信息)

①人材机消耗水平分析:根据企业内部历史工程积累的成本核算数据,经过分析对比,找出与定额不相符的地方。分析得出的结论可分为两部分:产生差异的因素和差异的幅度。根据分析结论可选择相应的功能对定额数据库进行修正,系统提供两种修正方式:一种方式是直接修改定额含量,适用于确认定额含量不准确的情况;另一种方式是由于具体的地区或具体的工程项目引起的差异,针对产生差异的因素和差异幅度做成模板备用(类似于定额本的附注换算信息)。

②造价指标测算:根据企业内部历史工程积累的造价数据,分析生成造价指标,与通过外部信息得到的造价指标有同等的参考价值。由于内部数据比较完整可靠,在成本估算过程中比外部数据具有更高的可操作性和可靠性。

③间接费用分析:根据企业内部实际发生的间接费用成本,修正费用定额的计算模板和分摊比例,修正的方法同样有直接修改原模板和另外生成新的模板两种方法。

④企业内部资源信息管理:企业自己的劳动力队伍和机械设备的资源使用价格,机械的租赁费用,相对固定的供应商和分包商或协作单位信息管理以及材料价格和分包价格的信息管理。包括信息录入和信息维护两个功能。

(4)定额维护数据

①定额含量维护:直接对定额含量编辑维护。

③费用定额维护:直接对费用定额编辑维护。

③计价定额维护:根据企业定额的定额含量和人材机价格生成定额子目单价;可以根据具体的用途和工程特性调用不同的修正模板对定额单价进行修正:例如某具体工程项目的投标报价,需要根据其风险程度适当提高某一部分子目的报价,这里可能是乘以一个大于 1 的系数,也可能是增加某种机械的台班用量,类似于针对定额附注的换算处理。定额单价的修正可以在本系统中完成,也可以在投标报价系统或成本控制系统中完成,但是相应的调整模板和调整系数表是企业定额数据库不可缺少的组成部分。

2)企业定额的管理与动态维护

由于施工工艺的改进、管理方法的改善等各项影响资源消耗指标因素的变化,企业定额建立后,不应该是一成不变的,而应该对企业定额进行及时的动态维护。施工企业根据具体工程施工情况和自身企业特点,也可编制以下的定额作为企业定额的补充。

(1)工程量部位差系数定额

施工实践证明:每增高一层所耗用的人工量和时间都大于下层。故此,总体上形成了一个部位差,称为工程量部位差系数。

工程量部位差系数定额是在工程量施工工艺技术定额的基础上,用来计算不同位置工程量所耗用实际人工量、机械台班量的依据。其作用是为实事求是地核算出不同位置实际的成本费用。

(2)工程量量差系数定额

不同数量的工程量所发生的综合单价是不一样的。所以,同类的工程量在不同数量的情况下存在着不同综合单价差系数。为了达到贴近实际成本,施工企业在具体施工实践中,通过数据积累测算方式应编制出工程量量差系数定额。目的是体现同类工程不同规模量的实际成本。

企业定额应该是随着企业水平而不断更新的动态定额。因为其编制是在一定时期一定的条件下进行的,当编制时考虑的各种因素发生变化时,应及时针对工作内容对定额进行修改、补充并完善。因此,编制定额固然重要,更重要的是要建立一套有效的更新机制。只有在实际成本控制过程中不断地使用企业定额,再依据企业的实际消耗数据对收存的各种材料及时整理研究,对定额中数据进行修正,对原定额中没有的项目进行完善和补充,企业定额才会真正发挥出作用。

在信息时代的市场经济下,互联网的出现极大地提高了人们获取信息的效率,实现了信息资源的共享。目前我国已经建立了许多工程造价信息网,可以提供多种工程数据库,采集和发布各种工料机的价格信息、指数指标、政策法规等。因此,施工企业应该充分利用现有的信息网络,建立企业的工程造价资料库,全面科学的收集整理各方面信息,并进行深层次的分析加工,积累各种指数指标,对工程项目进行数据分析,准确预测未来,为企业提供决策依据。

定额的管理应充分结合企业的自身特点,充分引入市场概念,形成以市场来组合造价,以市场来检验造价,结合市场来进行新的造价构成体系,建立系统的基础数据库,在市场的基础上进行维护,从而达到测算准确、编制简单、维护方便的动态企业定额管理系统。

课后练习

1.定额信息具有什么特点?
2.请简述定额信息管理的现状。
3.定额信息管理的基本原则有哪些?
4.定额测定方法有哪些?
5.测时法有哪些类型? 各方法测时的基本思路是什么?
6.写实记录法有哪些类型? 各方法的适用情况是什么?
7.工作日写实法有哪些类型? 各方法分别以什么作为观察对象?
8.若你打算编制企业定额,你会怎样安排该企业定额的结构?
9.中小型施工企业可怎样快速编制企业定额?
10.怎样进行企业定额信息化维护?

价格信息管理

3.1 价格信息管理概述

3.1.1 价格信息概述

从广义上说，所有对工程造价的确定和控制过程起作用的资料都可以成为价格信息。例如各种定额资料、标准规范、正常文件等。但最能体现信息动态性变化特征，并且在工程价格的市场机制中起重要作用的价格信息可以从以下3方面进行论述。

1)价格信息

价格包括各种建筑材料、装修材料、安装材料、人工工资、施工机械等的最新市场价格。这些信息是比较初级的，一般没有经过系统的加工处理，也可以称其为数据。

(1)人工价格信息

根据《关于开展建筑工程实物工程量与建筑工种人工成本信息测算和发布工作的通知》(建办标函〔2006〕765号)，我国自2007年起开展建筑工程实物工程量与建筑工种人工成本信息(也称为人工价格信息)的测算和发布工作。其成果是引导建筑劳务合同双方合理确定建筑工人工资水平的基础，是建筑业企业合理支付工人劳动报酬和调解、处理建筑工人劳动工资纠纷的依据，也是工程招投标中评定成本的依据。

①建筑工程实物工程量人工价格信息　这种价格信息是按照建筑工程的不同划分标准为对象，反映了单位实物工程量的人工价格信息。根据工程不同部位，体现作业的难易，结合不同工种作业情况将建筑工程划分为土石方工程、架子工程、砌筑工程、模板工程、钢筋工程、

混凝土工程、防水工程、抹灰工程、木作与木装饰工程、油漆工程、玻璃工程、金属制品制作及安装、其他工程13项。以混凝土工程为例,其表现形式见表3.1。

表3.1 重庆市2014年一季度混凝土工程实物工程量人工成本信息表

混凝土工程	部　位	人工成本(元/工日)
现浇混凝土工程	墙(商品混凝土)(泵送)	25.00
	地面、道路(现场搅拌)	47.00
	地面、道路(商品混凝土)(泵送)	24.00
	地面、道路(商品混凝土)(非泵送)	36.00
	基础(商品混凝土)(泵送)	20.00
	主体(商品混凝土)(泵送)	25.00
	基础(现场搅拌)	52.00
	主体(现场搅拌)	60.00
预浇混凝土及钢筋混凝土构件	桩、柱、梁(现场搅拌)	59.00
	桩、柱、梁(商品混凝土)	26.00

②建筑工种人工成本信息　这种价格信息是按照建筑工人的工种分类,反映不同工种的单位人工日工资单价。建筑工种是根据《劳动法》和《职业教育法》的有关规定,对从事技术复杂、通用性广、涉及国家财产、人民生命安全和消费者利益的职业(工种)的劳动者实行就业准入的规定,结合建筑行业实际情况确定的。其表现形式见表3.2。

表3.2 重庆市2014年一季度建筑工种人工成本信息

序号	工　种	日工资/元	序号	工　种	日工资/元
1	建筑、装饰普工	88.00	10	防水工	113.00
2	木工(模板工)	144.00	11	油漆工	122.00
3	钢筋工	134.00	12	管　工	112.00
4	混凝土工	113.00	13	电　工	113.00
5	架子工	137.00	14	通风工	111.00
6	砌筑工(砖瓦工)	124.00	15	电焊工	126.00
7	抹灰工(一般抹灰)	123.00	16	起重工	103.00
8	抹灰、镶贴工	132.00	17	玻璃工	112.00
9	装饰 木工	146.00	18	金属制品安装工	111.00

(2)材料价格信息

在材料价格信息发布中,应披露材料类别、规格、单价、供货地区、供货单位及发布日期等信息。其表现形式见表3.3。

表 3.3 ××市 2013 年 12 月即时商品混凝土参考价

序号	名 称	规格型号	单位	零售价/元	发布日期	供货城市	公司名称
1	商品混凝土	5~25 mmC25 塌落度 120 mm±30 mm	m^3	280.00	2013-12-6 17:08:30	××市市辖区	××建工物资公司
2	商品混凝土	5~25 mmC30 塌落度 120 mm±30 mm	m^3	290.00	2013-12-6 16:08:57	××市市辖区	××建工物资公司
3	商品混凝土	5~25 mmC45 塌落度 120 mm±30 mm	m^3	315.00	2013-12-6 16:04:48	××市市辖区	××建工物资公司
4	商品混凝土	5~25 mmC50 塌落度 120 mm±30 mm	m^3	340.00	2013-12-6 16:07:24	××市市辖区	××建工物资公司
5	商品混凝土	5~25 mmC60 塌落度 120 mm±30 mm	m^3	370.00	2013-12-6 16:07:52	××市市辖区	××建工物资公司

(3)机械价格信息

机械价格信息包括设备市场价格信息和设备租赁市场价格信息两部分。相对而言,后者对于工程计价更为重要,发布的机械价格信息应包括机械种类、规格型号、供货厂商名称、租赁单价、发布日期等内容。其表现形式见表 3.4。

表 3.4 2012 年 4 月××市设备租赁参考价

机械设备名称	规格型号	供应厂商名称	租赁单价(元/月)	发布日期
塔式起重机	QTZ4812	中建××局××公司租赁公司	20 000	2012-4-20
塔式起重机	QTZ5012	中建××局××公司租赁公司	23 500	2012-4-20
塔式起重机	QTZ5015	中建××局××公司租赁公司	25 500	2012-4-20
塔式起重机	QTZ5515	中建××局××公司租赁公司	26 500	2012-4-20
塔式起重机	QTZ6012	中建××局××公司租赁公司	28 500	2012-4-20

2)工程造价指数

(1)工程造价指数的概念及编制意义

工程造价指数主要指根据原始价格信息加工整理得到的各种工程造价指数。随着我国经济体制改革,特别是价格体制改革的不断深化,设备、材料价格和人工费的变化对工程造价的影响日益增大。在建筑市场供求和价格水平发生经常性波动的情况下,建设工程造价及其各组成部分也处于不断变化之中,这不仅使不同时期的工程在“量”与“价”两方面都失去可比性,也给合理确定和有效控制造价造成了困难。根据工程建设的特点,编制工程造价指数是解决这些问题的最佳途径。以合理方法编制的工程造价指数,不仅能够较好地反映工程造价的变动趋势和变化幅度,而且可用以提出价格水平变化对造价的影响,正确反映建筑市场的供求关系和生产力发展水平。

工程造价指数是反映一定时期价格变化对工程造价影响程度的一种指标,它是调整工程造价价差的依据。工程造价指数反映了报告期与基期相比的价格变动趋势,利用它来研究实际工作中的下列问题很有意义：

①可以利用工程造价指数分析价格变动趋势及其原因。

②可以利用工程造价指数估计工程造价变化对宏观经济的影响。

③工程造价指数是工程承发包双方进行工程估价和结算的重要依据。

如图3.1所示是重庆市2013—2014年建设工程人工工资价格的指数曲线。

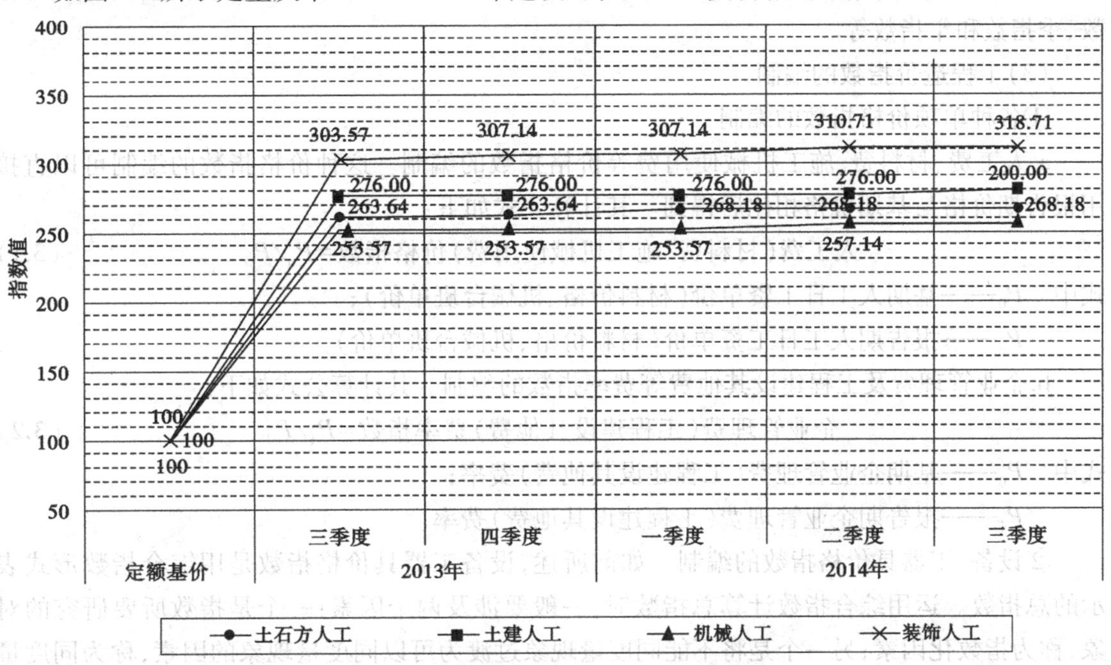

图3.1 重庆市建设工程人工工资价格指数曲线

(2)工程造价指数的内容及特征

根据工程造价的形成，工程造价指数的内容包括以下4种：

①各种单项价格指数。这其中包括了反映各类工程的人工费、材料费、施工机械使用费报告期价格对基期价格的变化程度的指标。可利用它研究主要单项价格变化的情况及其发展变化的趋势：其计算过程可以简单表示为报告期价格与基期价格之比。以此类推，可以把各种费率指数也归于其中。例如措施费指数、间接费指数，甚至工程建设其他费用指数等。这些费率指数的编制可以直接用报告期费率与基期费率之比求得。很明显，这些单项价格指数都属于个体指数，其编制过程相对比较简单。

②设备、工器具价格指数。设备、工器具的种类、品种和规格很多。设备、工器具费用的变动通常是由两个因素引起的，即设备、工器具单件采购价格的变化和采购数量的变化。并且工程所采购的设备、工器具是由不同规格、不同品种组成的，因此设备、工器具价格指数属于总指数。由于采购价格与采购数量的数据无论是基期还是报告期都比较容易获得，因此，设备、工器具价格指数可以用综合指数的形式来表示。

③建筑安装工程造价指数。建筑安装工程造价指数也是一种综合指数，其中包括了人工费指数、材料费指数、施工机械使用费指数以及措施费、间接费等各项个体指数的综合影响。由于建筑安装工程造价指数相对比较复杂，涉及的方面较广，利用综合指数来进行计算分析

难度较大。因此,可以通过对各项个体指数的加权平均,用平均数指数的形式来表示。

④建设项目或单项工程造价指数。该指数是由设备、工器具指数、建筑安装工程造价指数、工程建设其他费用指数综合得到。它也属于总指数,并且与建筑安装工程造价指数类似,一般也用平均数指数的形式来表示。

当然,根据造价资料的期限长短来分类,也可以把工程造价指数分为时点造价指数、月指数、季指数和年指数等。

(3)工程造价指数的编制

①各种单项价格指数的编制

a.人工费、材料费、施工机械使用费等价格指数的编制。这种价格指数的编制可以直接用报告期价格与基期价格相比后得到。其计算公式如下:

$$人工费(材料费、施工机械使用费)价格指数=P_n/P_0 \tag{3.1}$$

式中 P_0——基期人工日工资单价(材料价格、机械台班单价);

P_n——报告期人工日工资单价(材料价格、机械台班单价)。

b.企业管理费及工程建设其他费等费率指数的编制。其计算公式如下:

$$企业管理费(工程建设其他费)费率指数=P_1/P_0 \tag{3.2}$$

式中 P_0——基期企业管理费(工程建设其他费)费率;

P_1——报告期企业管理费(工程建设其他费)费率。

②设备、工器具价格指数的编制。如前所述,设备工器具价格指数是用综合指数形式表示的总指数。运用综合指数计算总指数时,一般要涉及两个因素:一个是指数所要研究的对象,称为指数化因素;另一个是将不能同度量现象过渡为可以同度量现象的因素,称为同度量因素。当指数化因素是数量指标时,这时计算的指数称为数量指标指数;当指数化因素是质量指标时,这时指数称为质量指标指数。很明显,在设备、工器具价格指数中,指数化因素是设备、工器具的采购价格,同度量因素是设备、工器具的采购数量。因此,设备、工器具价格指数是指标指数。

a.同度量因素的选择。既然已经明确了设备、工器具价格指数是一种质量指标指数,那么同度量因素应该是数量指标,即设备、工器具的采购数量。那么就面临一个新的问题,就是应该选择基期计划采购数量为同度量因素,还是选择报告期实际采购数量为同度量因素。因同度量因素选择的不同,可分为拉斯贝尔体系和派许体系。拉斯贝尔体系主张采用基期指标作为同度量因素,而派许体系主张采用报告期指标作为同度量因素。根据统计学的一般原理,确定同度量因素的一般原则是:质量指标指数应当以报告期的数量指标作为同度量因素,即使用派氏公式。派氏质量指标 K_p 计算公式为:

$$K_p=\frac{\sum q_1p_1}{\sum q_1p_0} \tag{3.3}$$

式中 q_1——报告期实际采购数量;

q_0——基期计划采购数量;

p_1——报告期价格;

p_0——基期价格。

而数量指标指数则应以基期的质量指标作为同度量因素,即使用拉氏公式。拉氏数量指标 K_q 计算公式为:

$$K_q=\frac{\sum q_1 p_0}{\sum q_0 p_0} \tag{3.4}$$

b.设备、工器具价格指数的编制。考虑到设备、工器具品种很多,为简化起见,计算价格指数时可选择其中用量大、价格高、变动多的主要设备工器具的购置数量和单价进行计算,按派氏公式进行计算如下:

$$\text{设备、工器具价格指数}=\frac{\sum(\text{报告期设备工器具单价}\times\text{报告期购置数量})}{\sum(\text{基期设备工器具单价}\times\text{报告期购置数量})} \tag{3.5}$$

③建筑安装工程价格指数。与设备、工器具价格指数类似,建筑安装工程价格指数也属于质量指标指数,因此也应用派氏公式计算。但考虑到建筑安装工程价格指数的特点,因此用综合指数的变形,即平均数指数的形式表示。

a.平均数指数。从理论上说,综合指数是计算总指数比较理想的形式,因为它不仅可以反映事物变动的方向与程度,而且可以用分子与分母的差额直接反映事物变动的实际经济效果。然而,在利用派氏公式计算质量指标指数时,需要掌握 $\sum p_0 q_1$(基期价格乘报告期数量之积的和),这是比较困难的。相比而言,基期和报告期费用总值($\sum p_0 q_0$,$\sum p_1 q_1$)却是比较容易获得的资料。因此,我们就可以在不违反综合指数的一般原则的前提下,改变公式的形式而不改变公式的实质,利用容易掌握的资料推算不容易掌握的资料,进而再计算指数,在这种背景下所计算的指数即为平均数指数。利用派氏综合指数进行变形后计算得出的平均数指数称为加权调和平均数指数。其计算过程如下:

设 $K=P_1/P_0$ 表示个体价格指数,则派氏综合指数可以表示为:

$$\text{派氏价格指数}=\frac{\sum q_1 p_1}{\sum q_1 p_0}=\frac{\sum q_1 p_1}{\sum \frac{1}{K} q_1 p_1} \tag{3.6}$$

式中 $\sum q_1 p_1/\sum \frac{1}{K} q_1 p_1$——派氏综合指数变形后的加权调和平均数指数。

b.建筑安装工程造价指数的编制。根据加权调和平均数指数的推导公示,可得建筑安装工程造价指数的公式如下(由于利润率和税率通常不发生变化,可认为其单项价格指数为1):

$$\text{建筑安装工程造价指数}=\frac{\text{报告期建筑安装工程费}}{\frac{\text{报告期人工费}}{\text{人工费指数}}+\frac{\text{报告期材料费}}{\text{材料费指数}}+\frac{\text{报告期施工机具使用费}}{\text{施工机具使用费指数}}+\frac{\text{报告期企业管理费}}{\text{企业管理费指数}}+\text{利润}+\text{规费}+\text{税金}} \tag{3.7}$$

④建设项目或单项工程造价指数的编制。建设项目或单项工程造价指数是由建筑安装工程造价指数,设备、工器具价格指数和工程建设其他费用指数综合而成的。与建筑安装工程造价指数相类似,其计算也采用加权调和平均数指数的推导公式,其计算公式如下:

$$\text{建设项目或单项工程指数}=\frac{\text{报告期建设项目或单项工程造价}}{\dfrac{\text{报告期建筑安装工程费}}{\text{建筑安装工程造价指数}}+\dfrac{\text{报告期设备工器具费}}{\text{设备、工器具价格指数}}+\dfrac{\text{报告期工程建设其他费用}}{\text{工程建设其他费用指数}}} \tag{3.8}$$

编制完成的工程造价指数有很多用途,比如作为政府对建设市场宏观调控的依据,也可以作为工程估算以及概预算的基本依据。当然,其最重要的作用是在建设市场的交易过程中,为承包商投标报价提供依据,此时的工程造价指数也可称为投标价格指数,具体的表现形式见表3.5。

表3.5 ××省2011—2012年住宅建筑工程造价指数表

项　目	2011年1季度	2011年2季度	2011年3季度	2011年4季度	2012年1季度	2012年2季度
多层（6层以下）	107.7	109.2	114.6	110.8	110.2	108.9
小高层（7—12层）	108.4	110.0	114.6	111.4	110.7	109.5
高层（12层以上）	108.4	110.0	114.6	111.4	110.7	109.6
综合	108.3	109.8	114.6	111.3	110.7	109.4

3)已完工程信息

已完或在建工程的各种造价信息,可以为拟建工程或在建工程造价提供依据。这种信息也可称为是工程造价资料。具体表现形式见表3.6—3.9。

表3.6 人工、材料、机械数量及价格汇总表

工程名称:××房地产开发公司××住宅预算书　　　　单位:元

序号	名称、规格及型号	单　位	数　量	单价/元	合价/元
一	人工				
1	综合工日	工日	398.71	65	25 916.33
2	土石方综合工日	工日	52.22	65	3 393.99
	小计				29 310.32
二	材料				
1	水泥32.5	kg	7 080.7	0.25	1 770.17
2	商品混凝土	m^3	69.08	320	22 107.07
3	沥青砂浆1:2:7	m^3	0.03	808.17	21.5
4	缆风桩木	m^3	0	600	0.9
5	锯材	m^3	2.16	850	1 833.54
6	竹脚手板	m^2	4.8	25	119.89
7	钢丝绳 $\phi8$	kg	0.26	5	1.28
8	特细砂	t	28.17	60	1 690.09

续表

序号	名称、规格及型号	单　位	数　量	单价/元	合价/元
9	碎石 5~31.5 mm	t	5.47	50	273.61
10	碎石 5~40 mm	t	3.18	50	158.82
11	标准砖 240×115×53	千块	47.68	370	17 640.23
12	石灰膏	m^3	3.53	90	318.11
13	塑钢窗	m^2	13.76	160	2 201.47
14	加工铁件	kg	13.18	4	52.74
15	胶合板	m^2	22.48	15	337.2
16	单层玻璃	m^2	6.04	15	90.66
17	防锈漆	kg	5.35	12.5	66.82
18	临设摊销钢材	t	0.06	2 600	145.86
19	临设摊销原木	m^3	0.11	600	67.26
20	临设摊销水泥	t	0.2	250	50.05
21	临设摊销标准砖	千块	1.03	180	184.93
22	组合钢模板	kg	411.86	3.5	1 441.52
23	复合木模板	m^2	9.01	15	135.17
24	混凝土地模	m^2	0.07	75.59	5.1
	小计				52 735.29
三	机械				
1	汽车式起重机 5 t	台班	0.7	500.92	351.09
2	门式起重机 10 t	台班	0.05	350.89	16.46
3	载重汽车 6 t	台班	1.52	487.06	740.33
4	机动运输车 1 t	台班	0.12	160.74	18.95
5	皮带运输机长 15 m×宽 0.5 m	台班	0.05	200.7	9.41
6	双锥反转出料混凝土搅拌机 350 L	台班	0.46	145.35	66.38
7	灰浆搅拌机 200 L	台班	3.51	108.92	382.54
8	木工圆锯机 ϕ500	台班	0.36	21.45	7.69
9	木工平刨床刨削宽度 500 mm	台班	0.4	26.14	10.45
10	木工压刨床刨削宽度单面 600 mm	台班	0	32.37	0.08
11	木工压刨床刨削宽度三面 400 mm	台班	0.38	74.65	28.52
12	木工开榫机榫头长度 160 mm	台班	0.43	56.64	24.43
13	木工打眼机 MK212	台班	0.48	11.33	5.46
14	木工裁口机宽度多面 400 mm	台班	0.16	33.6	5.45
15	安拆费及场外运费	元	24.21	1	24.21
16	柴油	kg	51.24	8	409.89
17	电	kW·h	108.83	0.6	65.3
18	大修理费	元	43.5	1	43.5

续表

序号	名称、规格及型号	单 位	数 量	单价/元	合价/元
19	经常修理费	元	141.58	1	141.58
20	其他费用	元	121.05	1	121.05
21	汽油	kg	16.33	8	130.65
22	人工	工日	8.29	65	538.66
23	折旧费	元	192.4	1	192.4
	小计				1 667.24
	合计				83 712.85

表 3.7 ××搬迁改建工程费用汇总表

序号	类 型		楼 座	建筑面积/m²	土建造价/万元	安装造价/万元	合计/万元	单方指标	备注
一	建安费用								
1	A.住宅	多层剪力墙	20#,27#,28#	6 833.79	1 514.32	305.19	1 819.52	2 662.53	地上部分面积
2			24#,30#,31#	10 040.73	2 222.00	452.88	2 674.88	2 664.03	
3			21#,22#,23#	10 819.08	2 386.42	486.78	2 873.20	2 655.68	
4			29#	2 789.56	618.00	124.43	742.43	2 661.47	
5			小计	30 483.16	6 740.74	1 369.28	8 110.02	2 660.49	
6		多层砖混	4#,6#,10#,14#,18#,39#,43#	16 024.54	3 225.36	710.38	3 935.73	2 456.07	含半储藏室 10 082.64 m²
7			1#,2#,5#,7#,9#,15#,37#,41#,49#,50#	33 622.25	6 745.59	1 505.28	8 250.87	2 453.99	
8			12#,13#,17#,35#,48#,51#	21 759.12	4 397.07	975.98	5 373.05	2 469.33	
9			11#,38#,40#,44#	11 216.00	2 272.32	496.70	2 769.02	2 468.81	
10			3#,42#,45#,46#,47#	11 706.15	235 4.11	519.79	2 873.90	2 455.03	
11			36#	3 241.57	649.77	145.40	795.17	2 453.03	
12			小计	97 569.63	19 644.22	4 353.52	23 997.74	2 459.55	
13			多层合计	128 052.79	26 384.96	5 722.80	32 107.76	2 507.38	
14		高层住宅	52#	7 942.38	1 910.37	392.22	2 302.59	2 899.12	地上部分面积（含应该计算的水箱间、消防控制室、网店）

续表

序号	类型		楼座	建筑面积/m²	土建造价/万元	安装造价/万元	合计/万元	单方指标	备注
15	A.住宅	高层住宅	53#	7 797.69	1 891.53	416.31	2 307.83	2 959.63	地上部分面积（含应该计算的水箱间、消防控制室、网店）
16			54#	8 814.14	2 162.52	437.13	2 599.65	2 949.41	
17			55#	16 175.92	3 929.10	836.01	4 765.12	2 945.81	
18			56#	13 404.91	3 225.46	664.43	3 889.89	2 901.84	
19			57#,58#	34 402.62	8 347.98	1 718.30	10 066.28	2 926.02	
20			59#	17 583.60	4 268.86	882.76	5 151.62	2 929.79	
21			60#	8 911.33	2 165.88	444.42	2 610.29	2 929.19	
22			61#	14 065.90	3 408.36	721.67	4 130.03	2 936.20	
23			小计	129 098.49	31 310.07	6 513.24	37 823.31	2 929.80	
24			住宅合计	257 151.28	57 695.03	12 236.04	69 931.07	2 719.45	
25	B.商业配套	网点	16#商业邮局	1 855.49	371.22	55.46	426.68	2 299.57	设计图纸面积
26			19#商店	205.31	41.98	5.16	47.14	2 295.80	
27			32#商店文化中心变电所	4 454.55	898.73	166.76	1 065.49	2 391.92	
28			33#商店配电所、换热站	748.41	153.33	21.45	174.78	2 335.33	
29			34(A)#商店	1 862.90	374.11	56.04	430.16	2 309.07	
30			34(B)#商店	1 308.66	264.53	37.65	302.18	2 309.12	
31			62#商店	569.77	118.71	17.17	135.88	2 384.76	
32			63#商店、配电所	504.80	105.84	14.20	120.04	2 377.89	
33			25#商业网点	2 751.72	552.80	115.70	668.49	2 429.37	
34		办公楼	25#	3 958.52	754.67	182.68	937.36	2 367.95	
35		农贸市场	8#	7 071.73	980.65	285.09	1 265.74	1 789.86	地上建筑面积
36		幼儿园	26#	3 992.15	897.53	175.10	1 072.63	2 686.86	全面积
37		商务酒店及超市	64#	19 166.09	3 838.75	1 491.90	5 330.64	2 781.29	地上面积
38		小计		48 450.10	9 352.84	2 624.37	11 977.21	2 472.07	

续表

序号	类型		楼座	建筑面积/m²	土建造价/万元	安装造价/万元	合计/万元	单方指标	备注
39	C.地库	地库 A		23 160.00	7 386.23	1 447.66	8 833.89	3 814.29	地下
40		地库 B		53 385.00	17 012.33	3 034.17	20 046.49	3 755.08	地下
41		地库—酒店		5 330.14	1 298.77	370.89	1 669.66	3 132.48	地下部分
42		地库—农贸市场		2 737.35	543.28	149.63	692.91	2 531.33	地下部分
43		地库合计		84 612.49	26 240.60	5 002.35	31 242.95	3 692.48	
	工程造价工程小计			390 213.87	93 288.48	19 862.76	113 151.24		
44	D.其他	土石方与基坑支护工程			3 150.00		3 150.00		
45	E.室外费用	道路、铺装工程	m²	85 513.63			2 394.38	280.00	
46		雨污水、给水配套工程	m²	155 524.80			1 555.25	100.00	
47		室外消防报警	m²	155 524.80			622.10	40.00	
48		供热工程	m²	155 524.80			933.15	60.00	
50		环卫工程	m²	155 524.80			155.52	10.00	
51		景观绿化工程	m²	70 011.17			2 100.34	300.00	
52		照明	m²	155 524.80			622.10	40.00	
53		智能化系统工程	m²	155 524.80			777.62	50.00	
54		室外电动大门	处	6.00			42.00	70 000.00	
56		室外围墙	m	2 500.00			200.00	800.00	
57		小计					9 402.46		
建安费用合计					96 438.48	19 862.76	125 703.70		
二	设备购置费								

续表

序号	类型		楼座	建筑面积/m²	土建造价/万元	安装造价/万元	合计/万元	单方指标	备注
58	F.设备费用	楼座内设备购置费					1 723.52		
59		电梯	48				1 785.00	住宅及公租房32部,每部按45万元估算;超市4部、农贸市场3部,每部按25万元估算,扶梯4部,每部按10万元估算;商务酒店4部,每部按30万元估算,幼儿园货梯1部,按10万元估算	
60		太阳能设备	1 308				327.00	多层按每户2 500元估算	
61		换热站	2				350.00	2处	
62		物业配电设备	6				1 500.00	6处	
63		无负压供水设备					150.00		
64		发电机组					130.00		
65		临时箱变	3				120.00		
		其他政府采购项目					120.00	含雨棚、标线、标牌、信报箱及岗亭等	
		内配费	9				270.00	幼儿园9班,按每班30万元估算	
66		小计					6 475.52		
三	合计			390 213.87	96 438.48	19 862.76	132 179.22		

表3.8 ××市公司商业会展中心工程造价指标分析表

序号	单项工程	单位工程	建筑面积/m²	工程造价/元	平方米指标/m²	备注
1	地下车库工程	建筑工程	12 204.45	32 048 594.03	2 625.98	其中人防:5 866 m²,非人防4 274.45 m²,通道:2 064 m²
2		装饰工程	12 204.45	3 652 989.62	299.32	
3		小计		35 701 583.65	2 925.29	

续表

序号	单项工程	单位工程	建筑面积/m^2	工程造价/元	平方米指标/m^2	备 注
4	会议会展工程	建筑工程	6 598.96	10 321 515.53	1 564.11	其中,会议部分 4 655.77 m^2;会展部分 1 943.19 m^2
5		装饰工程	6 598.96	1 312 388.65	198.88	
6		小计	6 598.96	11 633 904.18	1 762.99	
7	地上酒店工程	建筑工程	16 441.73	20 750 583.43	1 262.068 13	其中,酒店:16 164.47 m^2;配电室 277.26 m^2
8		装饰工程	16 441.73	3 247 344.11	197.506 230 2	
9		小计		23 997 927.54	1 459.574 36	
10		合计		71 333 415.37	1 657.080 59	

表 3.9 ××市公司商业会展中心工程材料指标表

项目名称	地下车库工程	会议会展工程	地上酒店工程
建筑面积	12 204.45	6 598.96	16 441.73
钢筋	1 974.74	580.79	1 151
钢筋含量	161.80	88.01	70.00
主体混凝土	16 162.60	2 897.76	5 923.9
二次混凝土	45.18	406.09	783.1
混凝土合计	16 207.78	3 303.85	6 707
混凝土含量	1.33	0.50	0.41
模板	41 246.18	23 845.98	48 157
模板含量	3.88	3.61	2.93
砌块	454.43	1 632.00	3 344.77
砌块含量	0.04	0.25	0.20
外墙抹灰含量	5 672.80	5 611.14	913.11
外墙抹灰指标	0.46	0.85	0.56
内墙抹灰		2.56	2.95
天棚抹灰	1.58	1.35	0.99
措施费平方米造价	407.25	471.41	419

3.1.2 价格信息组成

1)按费用构成要素划分

建筑安装工程费按照费用构成要素划分,由人工费、材料(包含工程设备,下同)费、施工机具使用费、企业管理费、利润、规费和税金组成。其中人工费、材料费、施工机具使用费、企业管理费和利润包含在分部分项工程费、措施项目费、其他项目费中(见图3.2)。

(1)人工费

人工费是指按工资总额构成规定,支付给从事建筑安装工程施工的生产工人和附属生产单位工人的各项费用。内容包括:

①计时工资或计件工资:是指按计时工资标准和工作时间或对已做工作按计件单价支付给个人的劳动报酬。

②奖金:是指对超额劳动和增收节支支付给个人的劳动报酬。如节约奖、劳动竞赛奖等。

③津贴补贴:是指为了补偿职工特殊或额外的劳动消耗和因其他特殊原因支付给个人的津贴,以及为了保证职工工资水平不受物价影响支付给个人的物价补贴。如流动施工津贴、特殊地区施工津贴、高温(寒)作业临时津贴、高空津贴等。

④加班加点工资:是指按规定支付的在法定节假日工作的加班工资和在法定日工作时间外延时工作的加点工资。

⑤特殊情况下支付的工资:是指根据国家法律、法规和政策规定,因病、工伤、产假、计划生育假、婚丧假、事假、探亲假、定期休假、停工学习、执行国家或社会义务等原因按计时工资标准或计时工资标准的一定比例支付的工资。

(2)材料费

材料费是指施工过程中耗费的原材料、辅助材料、构配件、零件、半成品或成品、工程设备的费用。内容包括:

①材料原价:是指材料、工程设备的出厂价格或商家供应价格。

②运杂费:是指材料、工程设备自来源地运至工地仓库或指定堆放地点所发生的全部费用。

③运输损耗费:是指材料在运输装卸过程中不可避免的损耗。

④采购及保管费:是指为组织采购、供应和保管材料、工程设备的过程中所需要的各项费用。包括采购费、仓储费、工地保管费、仓储损耗。

工程设备是指构成或计划构成永久工程一部分的机电设备、金属结构设备、仪器装置及其他类似的设备和装置。

(3)施工机具使用费

施工机具使用费是指施工作业所发生的施工机械、仪器仪表使用费或其租赁费。

①施工机械使用费:以施工机械台班耗用量乘以施工机械台班单价表示,施工机械台班单价应由下列7项费用组成:

a.折旧费:指施工机械在规定的使用年限内,陆续收回其原值的费用。

b.大修理费:指施工机械按规定的大修理间隔台班进行必要的大修理,以恢复其正常功能所需的费用。

c.经常修理费:指施工机械除大修理以外的各级保养和临时故障排除所需的费用。包括为保障机械正常运转所需替换设备与随机配备工具附具的摊销和维护费用,机械运转中日常保养所需润滑与擦拭的材料费用及机械停滞期间的维护和保养费用等。

d.安拆费及场外运费:安拆费指施工机械(大型机械除外)在现场进行安装与拆卸所需的人工、材料、机械和试运转费用以及机械辅助设施的折旧、搭设、拆除等费用;场外运费指施工机械整体或分体自停放地点运至施工现场或由一施工地点运至另一施工地点的运输、装卸、辅助材料及架线等费用。

e.人工费:指机上司机(司炉)和其他操作人员的人工费。

f.燃料动力费:指施工机械在运转作业中所消耗的各种燃料及水、电等。

g.税费:指施工机械按照国家规定应缴纳的车船使用税、保险费及年检费等。

②仪器仪表使用费:是指工程施工所需使用的仪器仪表的摊销及维修费用。

(4)企业管理费

企业管理费是指建筑安装企业组织施工生产和经营管理所需的费用。内容包括:

①管理人员工资:是指按规定支付给管理人员的计时工资、奖金、津贴补贴、加班加点工资及特殊情况下支付的工资等。

②办公费:是指企业管理办公用的文具、纸张、账表、印刷、邮电、书报、办公软件、现场监控、会议、水电、烧水和集体取暖降温(包括现场临时宿舍取暖降温)等费用。

③差旅交通费:是指职工因公出差;调动工作的差旅费;住勤补助费,市内交通费和误餐补助费,职工探亲路费,劳动力招募费,职工退休、退职一次性路费,工伤人员就医路费,工地转移费以及管理部门使用的交通工具的油料、燃料等费用。

④固定资产使用费:是指管理和试验部门及附属生产单位使用的属于固定资产的房屋、设备、仪器等的折旧、大修、维修或租赁费。

⑤工具用具使用费:是指企业施工生产和管理使用的不属于固定资产的工具、器具、家具、交通工具和检验、试验、测绘、消防用具等的购置、维修和摊销费。

⑥劳动保险和职工福利费:是指由企业支付的职工退职金、按规定支付给离休干部的经费,集体福利费、夏季防暑降温、冬季取暖补贴、上下班交通补贴等。

⑦劳动保护费:是企业按规定发放的劳动保护用品的支出。如工作服、手套、防暑降温饮料以及在有碍身体健康的环境中施工的保健费用等。

⑧检验试验费:是指施工企业按照有关标准规定,对建筑以及材料、构件和建筑安装物进行一般鉴定、检查所发生的费用,包括自设试验室进行试验所耗用的材料等费用。不包括新结构、新材料的试验费,对构件做破坏性试验及其他特殊要求检验试验的费用和建设单位委托检测机构进行检测的费用,对此类检测发生的费用,由建设单位在工程建设其他费用中列支。但对施工企业提供的具有合格证明的材料进行检测不合格的,该检测费用由施工企业支付。

⑨工会经费:是指企业按《工会法》规定的全部职工工资总额比例计提的工会经费。

⑩职工教育经费:是指按职工工资总额的规定比例计提,企业为职工进行专业技术和职业技能培训,专业技术人员继续教育、职工职业技能鉴定、职业资格认定以及根据需要对职工进行各类文化教育所发生的费用。

⑪财产保险费:是指施工管理用财产、车辆等的保险费用。

⑫财务费:是指企业为施工生产筹集资金或提供预付款担保、履约担保、职工工资支付担保等所发生的各种费用。

⑬税金:是指企业按规定缴纳的房产税、车船使用税、土地使用税、印花税等。

⑭其他:包括技术转让费、技术开发费、投标费、业务招待费、绿化费、广告费、公证费、法律顾问费、审计费、咨询费、保险费等。

(5)利润

利润是指施工企业完成所承包工程获得的盈利。

(6)规费

规费是指按国家法律、法规规定,由省级政府和省级有关权力部门规定必须缴纳或计取的费用。包括:

①社会保险费

a.养老保险费:是指企业按照规定标准为职工缴纳的基本养老保险费。

b.失业保险费:是指企业按照规定标准为职工缴纳的失业保险费。

c.医疗保险费:是指企业按照规定标准为职工缴纳的基本医疗保险费。

d.生育保险费:是指企业按照规定标准为职工缴纳的生育保险费。

e.工伤保险费:是指企业按照规定标准为职工缴纳的工伤保险费。

②住房公积金:是指企业按规定标准为职工缴纳的住房公积金。

③工程排污费:是指按规定缴纳的施工现场工程排污费。

其他应列而未列入的规费,按实际发生计取。

(7)税金

税金是指国家税法规定的应计入建筑安装工程造价内的营业税、城市维护建设税、教育费附加以及地方教育附加。

2)按造价形成划分

建筑安装工程费按照工程造价形成划分,由分部分项工程费、措施项目费、其他项目费、规费、税金组成,分部分项工程费、措施项目费、其他项目费包含人工费、材料费、施工机具使用费、企业管理费和利润(见图3.3)。

(1)分部分项工程费

分部分项工程费是指各专业工程的分部分项工程应予列支的各项费用。

①专业工程:是指按现行国家计量规范划分的房屋建筑与装饰工程、仿古建筑工程、通用安装工程、市政工程、园林绿化工程、矿山工程、构筑物工程、城市轨道交通工程、爆破工程等。

②分部分项工程:指按现行国家计量规范对各专业工程划分的项目。如房屋建筑与装饰工程划分的土石方工程、地基处理与桩基工程、砌筑工程、钢筋及钢筋混凝土工程等。

各类专业工程的分部分项工程划分见现行国家或行业计量规范。

(2)措施项目费:

措施项目费是指为完成建设工程施工,发生于该工程施工前和施工过程中的技术、生活、安全、环境保护等方面的费用。内容包括:

①安全文明施工费

a.环境保护费:是指施工现场为达到环保部门要求所需要的各项费用。

b.文明施工费:是指施工现场文明施工所需要的各项费用。

c.安全施工费:是指施工现场安全施工所需要的各项费用。

d.临时设施费:是指施工企业为进行建设工程施工所必须搭设的生活和生产用的临时建筑物、构筑物和其他临时设施费用。包括临时设施的搭设、维修、拆除、清理费或摊销费等。

②夜间施工增加费:是指因夜间施工所发生的夜班补助费、夜间施工降效、夜间施工照明

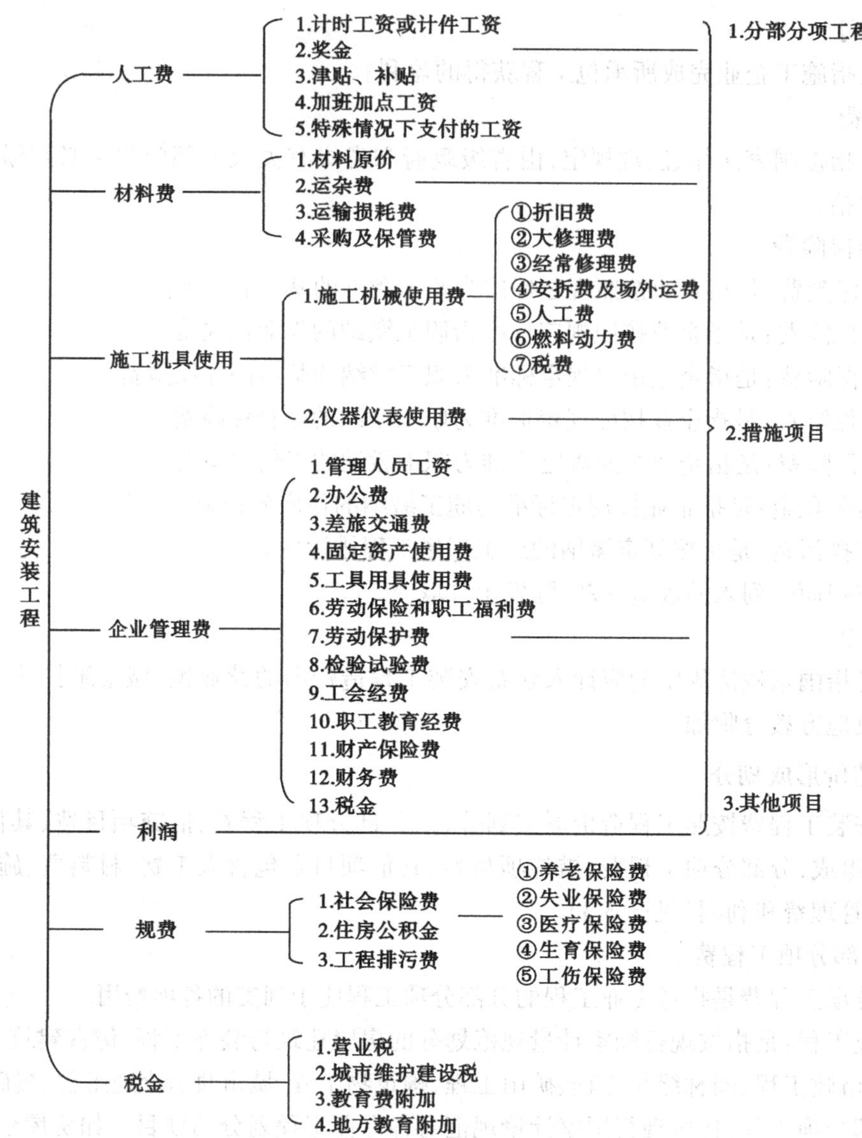

图3.2 建筑安装工程费用项目组成表(按费用构成要素划分)

设备摊销及照明用电等费用。

③二次搬运费:是指因施工场地条件限制而发生的材料、构配件、半成品等一次运输不能到达堆放地点,必须进行二次或多次搬运所发生的费用。

④冬雨季施工增加费:是指在冬季或雨季施工需增加的临时设施、防滑、排除雨雪,人工及施工机械效率降低等费用。

⑤已完工程及设备保护费:是指竣工验收前,对已完工程及设备采取的必要保护措施所发生的费用。

⑥工程定位复测费:是指工程施工过程中进行全部施工测量放线和复测工作的费用。

⑦特殊地区施工增加费:是指工程在沙漠或其边缘地区、高海拔、高寒、原始森林等特殊地区施工增加的费用。

⑧大型机械设备进出场及安拆费:是指机械整体或分体自停放场地运至施工现场或由一

个施工地点运至另一个施工地点,所发生的机械进出场运输及转移费用及机械在施工现场进行安装、拆卸所需的人工费、材料费、机械费、试运转费和安装所需的辅助设施的费用。

⑨脚手架工程费:是指施工需要的各种脚手架搭、拆、运输费用以及脚手架购置费的摊销(或租赁)费用。

措施项目及其包含的内容详见各类专业工程的现行国家或行业计量规范。

(3)其他项目费

①暂列金额:是指建设单位在工程量清单中暂定并包括在工程合同价款中的一笔款项。用于施工合同签订时尚未确定或者不可预见的所需材料、工程设备、服务的采购,施工中可能发生的工程变更、合同约定调整因素出现时的工程价款调整以及发生的索赔、现场签证确认等的费用。

②计日工:是指在施工过程中,施工企业完成建设单位提出的施工图纸以外的零星项目或工作所需的费用。

③总承包服务费:是指总承包人为配合、协调建设单位进行的专业工程发包,对建设单位自行采购的材料、工程设备等进行保管以及施工现场管理、竣工资料汇总整理等服务所需的费用。

(4)规费

定义同上。

(5)税金

定义同上。

3)建筑安装工程计价参考公式

(1)分部分项工程费

$$分部分项工程费=\sum(分部分项工程量\times 综合单价) \tag{3.9}$$

其中,综合单价包括人工费、材料费、施工机具使用费、企业管理费和利润以及一定范围的风险费用(下同)。

(2)措施项目费

①国家计量规范规定应予计量的措施项目,其计算公式为:

$$措施项目费=\sum(措施项目工程量\times 综合单价) \tag{3.10}$$

②国家计量规范规定不宜计量的措施项目计算方法如下:

a.安全文明施工费

$$安全文明施工费=计算基数\times 安全文明施工费费率(\%) \tag{3.11}$$

计算基数应为定额基价(定额分部分项工程费+定额中可以计量的措施项目费)、定额人工费或定额人工费+定额机械费,其费率由工程造价管理机构根据各专业工程的特点综合确定。

b.夜间施工增加费

$$夜间施工增加费=计算基数\times 夜间施工增加费费率(\%) \tag{3.12}$$

c.二次搬运费

$$二次搬运费=计算基数\times 二次搬运费费率(\%) \tag{3.13}$$

d.冬雨季施工增加费

$$冬雨季施工增加费=计算基数\times 冬雨季施工增加费费率(\%) \tag{3.14}$$

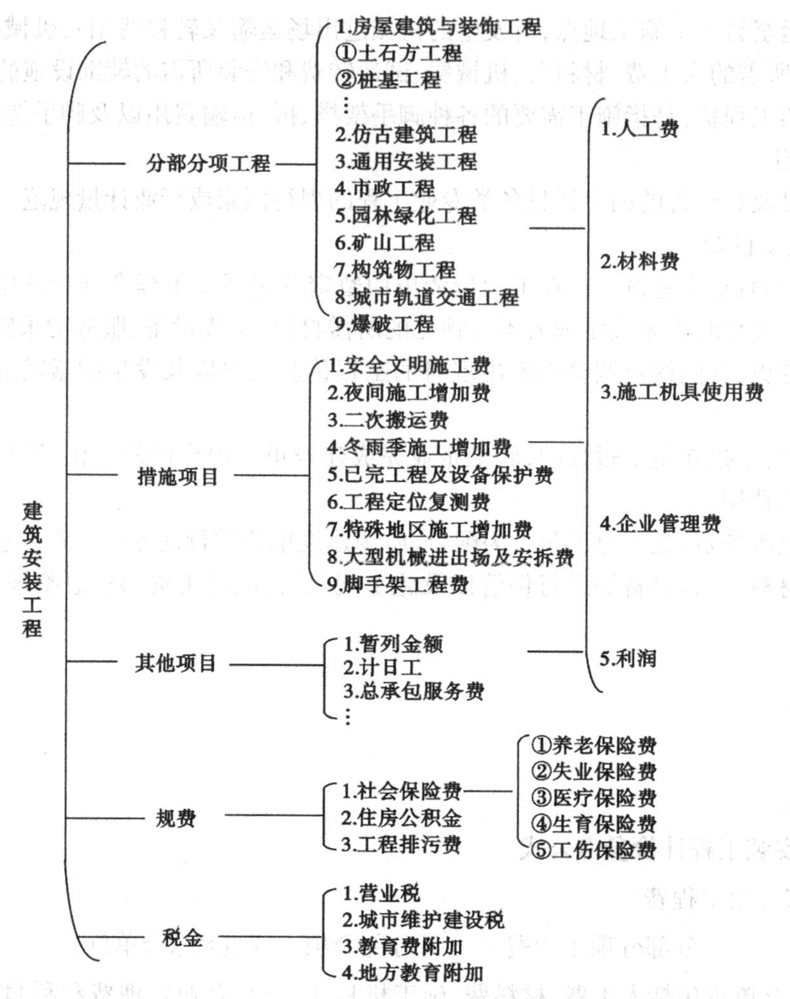

图 3.3 建筑安装工程费用项目组成表(按造价形成划分)

e.已完工程及设备保护费

$$已完工程及设备保护费=计算基数\times已完工程及设备保护费费率(\%) \tag{3.15}$$

上述 b—e 项措施项目的计费基数应为定额人工费或定额人工费+定额机械费,其费率由工程造价管理机构根据各专业工程特点和调查资料综合分析后确定。

(3)其他项目费

①暂列金额由建设单位根据工程特点,按有关计价规定估算,施工过程中由建设单位掌握使用、扣除合同价款调整后如有余额,归建设单位。

②计日工由建设单位和施工企业按施工过程中的签证计价。

③总承包服务费由建设单位在招标控制价中根据总包服务范围和有关计价规定编制,施工企业投标时自主报价,施工过程中按签约合同价执行。

(4)规费和税金

建设单位和施工企业均应按照省、自治区、直辖市或行业建设主管部门发布标准计算规费和税金,不得作为竞争性费用。

4)建筑安装工程计价程序

建筑安装工程计价程序见表3.10—表3.12。

表3.10 建设单位工程招标控制价计价程序

工程名称: 标段:

序 号	内 容	计算方法	金额/元
1	分部分项工程费	按计价规定计算	
1.1			
1.2			
1.3			
1.4			
1.5			
2	措施项目费	按计价规定计算	
2.1	其中:安全文明施工费	按规定标准计算	
3	其他项目费		
3.1	其中:暂列金额	按计价规定估算	
3.2	其中:专业工程暂估价	按计价规定估算	
3.3	其中:计日工	按计价规定估算	
3.4	其中:总承包服务费	按计价规定估算	
4	规费	按规定标准计算	
5	税金(扣除不列入计税范围的工程设备金额)	(1+2+3+4)×规定税率	
招标控制价合计=1+2+3+4+5			

表3.11 施工企业工程投标报价计价程序

工程名称: 标段:

序 号	内 容	计算方法	金额/元
1	分部分项工程费	自主报价	
1.1			
1.2			
1.3			
1.4			
1.5			

续表

序　号	内　容	计算方法	金额/元
2	措施项目费	自主报价	
2.1	其中:安全文明施工费	按规定标准计算	
3	其他项目费		
3.1	其中:暂列金额	按招标文件提供金额计列	
3.2	其中:专业工程暂估价	按招标文件提供金额计列	
3.3	其中:计日工	自主报价	
3.4	其中:总承包服务费	自主报价	
4	规费	按规定标准计算	
5	税金(扣除不列入计税范围的工程设备金额)	(1+2+3+4)×规定税率	
投标报价合计=1+2+3+4+5			

表 3.12　竣工结算计价程序

工程名称:　　　　　　　　　　　　　　标段:

序　号	汇总内容	计算方法	金额/元
1	分部分项工程费	按合同约定计算	
1.1			
1.2			
1.3			
1.4			
1.5			
2	措施项目	按合同约定计算	
2.1	其中:安全文明施工费	按规定标准计算	
3	其他项目		
3.1	其中:专业工程结算价	按合同约定计算	
3.2	其中:计日工	按计日工签证计算	
3.3	其中:总承包服务费	按合同约定计算	
3.4	索赔与现场签证	按发承包双方确认数额计算	

续表

序　号	汇总内容	计算方法	金额/元
4	规费	按规定标准计算	
5	税金(扣除不列入计税范围的工程设备金额)	(1+2+3+4)×规定税率	
竣工结算总价合计=1+2+3+4+5			

3.1.3　价格信息的作用

1)价格信息的一般作用

(1)价格信息为宏观经济决策提供依据

价格形成的过程十分复杂,各种经济活动的变化和经济杠杆的运用都会引起价格的变化。相应地,价格的变化反过来又是宏观经济状况的综合反映。及时掌握价格信息,科学地分析和判断价格变化的因素,作好价格预测,就能为国家的宏观经济决策提供重要的依据。

(2)指导企业的生产经营活动

价格是企业了解商品在市场上动态的晴雨表,是帮助企业选择生产经营方向的指示器。通过价格上的变化,生产部门可以知道应该生产什么,生产多少,以及应该进行哪些方面的技术改造,商业部门可以知道应该经营什么,经营多少,以及应该如何经营等。市场经济中的竞争,在很大程度上就是价格竞争。

(3)引导消费者的货币购买力投向

商品价格在市场上的多变,往往标志着商品的消费趋势。但是消费者的视野有限,难于了解全面情况。向消费者传递价格信息,可以引导消费者的消费行为。

2)价格信息对企业定价的指导作用

(1)真实有效的价格信息,能够为企业定价指明方向

企业定价不仅需要核算、控制成本,还要分析和预测成本,并分析市场供求变化、研究消费者心理、了解竞争对手。因此,企业定价离不开对价格信息利用。

(2)决策源于信息

每一次科学的价格决策都建立在对大量的价格信息的处理和利用的基础上。通过信息分析,企业可以在成本之上明确定价的最高限度;可以准确地判断商品需求,按需求差别定价;可以了解竞争对手的定价意图,有针对性地制订竞争定价策略。

3.1.4　价格信息的获取途径

(1)行政途径

通过行政途径可以获得主管部门下发的工程造价管理工作文件、各种计价定额和相关法律法规等基础信息,这些信息具有法律效力,是指导工程造价管理的重要依据。从这些造价文件中,可以得到相关费用信息的说明。

(2)公示途径

通过公示的招标文件获取信息。

(3)协会途径

通过加入工程造价协会,获取工程管理活动的各种信息,这种途径的价格信息来源及时、可靠。

(4)内部途径

通过施工企业及造价咨询机构收集价格信息。施工企业是工程造价资料使用最频繁,最直接的单位,它们的经营活动,依赖于各类价格信息。同时,通过自身的生产经营活动,在实践中积累大量的工程建设资料。它们是价格信息收集的主要对象。

(5)工程造价咨询机构

工程造价咨询机构是建筑市场改革发展的产物,它们在经营活动中积累了大量的工作经验和技术经济信息,经过整理是非常宝贵的工程造价资料,在不断地总结、完善、消化中,不仅为自身的发展积累资本,而且可以提供给工程造价管理机构作参考。

(6)市场途径

通过市场途径可以获得大量的价格信息。一般采用以下方法获取信息:

①实地调查　直接到工程所在地了解价格信息,包括当地人工、材料、机械价格以及建设地区行政主管部门对工程造价的具体要求和管理措施,这样获取信息准确、详细,但需要耗费时间和人力。

②通信查询　通过电话、传真、电子邮件的方式向生产厂家、经销商询价,这种方法方便、快捷。但是由于表达能力、理解能力的参差不齐,往往造成信息的准确性差、报价失真,而咨询方的态度或询问方式不恰当时,会造成提供方的反感或抵触,影响信息的获取。

③网络查询　这是获取价格信息效率最高的方法,可在短时间内获取大量的价格信息,但是对价格信息筛选的工作量也同样较大。

④刊物参考　从专业报纸、杂志上获取价格信息,专业的报纸、杂志描述详尽、专业性强,特别是在新技术、新材料的介绍方面有较大的优势,但是价格信息的时效性较差。

⑤信息交流　通过在一定范围内的会议、座谈、互访的形式获取价格信息,这种交流针对性强,主体明确,信息获取及时、准确,缺点是获取信息的成本较高,时间较长。

⑥间接分析　利用各种公开渠道获取相关信息,收集国家对其他行业的政策调整,如:水、煤、电等能源价格的调整,职工工资标准的调整等,这些信息往往不能直接利用,需要造价咨询人员有较高的职业敏感性和分析判断能力。

⑦内部查询　通过企业内部资料的查询,了解以往工程的材料、设备买卖合同、租赁合同、分包合同、劳务合同及结算资料等,这样获取的价格信息真实可靠、内容详尽,但时效性差,很难满足特定工程的全部信息需要。

以上方法在获取价格信息方面各有利弊,但是在获取价格信息方面它们都发挥着重要的作用,加强信息获取能力,缩短工程报价周期,是我们面对的问题,因此充分利用各种方法,挖掘价格信息来源渠道,提高价格信息获取能力是做好工程造价管理工作的基本要素。

3.2 人工单价信息的管理

3.2.1 人工费信息的采集

人工信息费的采集渠道主要有3个:一是施工企业;二是劳务分包企业;三是工程造价咨询企业。

其中,对施工企业信息材料的收集以签订的劳务分包合同为主,其他数据为辅。对劳务分包企业信息材料的收集以签订的劳务分包合同和支付给工人的工资为主,其他数据为辅。

用人单位确定本单位的工资水平时,在遵守国家有关规定,坚持“两低于”(工资总额增长幅度低于本企业经济效益增长幅度、职工实际工资增长幅度低于本企业劳动生产率增长幅度)原则前提下,应考虑以下因素:

①本单位应提的工资总额。工资总额由“功效挂钩”或“工资包干”所决定,它是工资宏观调控的重要指标,用人单位在确定工资水平及其增长时不得突破。

②职工及其家属的基本生活费用。具体标准不得低于当地政府规定的最低工资标准。

③支付能力,即用人单位所能负担的“人工成本”的限度。用人单位的支付能力主要取决于经济效益,同时还要考虑其他必要的生产费用支出。

④扩大再生产的规模。企业要想在诚实竞争中保存竞争力,除其他因素外,应扩大投资发展生产。因此,在确定工资水平时考虑扩大再生产的规模,实际上就是要处理好积累与分配的比例关系,不能盲目攀比提高工资。

⑤劳动力供求状况。劳动力供大于求时,劳动者能接受较低的工资水平,反之则要求较高的工资水平。

⑥职工的心理因素。工资水平增长应以个人对工资增长的良好反应为基础,否则,就起不到工资的激励作用,加大工资成本降低工资效益。

⑦本地区、本行业的工资水平。如果用人单位的工资水平高于本地区、本行业工资水平,有可能影响本单位的利润;反之则招不到高素质的人才。

3.2.2 人工费信息的处理

(1)方法1:

$$\text{人工费} = \sum(\text{工日消耗量} \times \text{日工资单价})$$

$$\text{日工资单价} = \frac{\text{生产工人平均月工资(计时、计件)} + \text{平均月(资金+津贴补贴+特殊情况下支付的工资)}}{\text{年平均每月法定工作日}} \tag{3.16}$$

方法1主要适用于施工企业投标报价时自主确定人工费,也是工程造价管理机构编制计价定额确定定额人工单价或发布人工成本信息的参考依据。

(2)方法2:

$$人工费 = \sum(工程工日消耗量 \times 日工资单价) \tag{3.17}$$

日工资单价是指施工企业平均技术熟练程度的生产工人在每工作日(国家法定工作时间内)按规定从事施工作业应得的日工资总额。

工程造价管理机构确定日工资单价应通过市场调查、根据工程项目的技术要求,参考实物工程量人工单价综合分析确定,最低日工资单价不得低于工程所在地人力资源和社会保障部门所发布的最低工资标准的:普工1.3倍、一般技工2倍、高级技工3倍。

工程计价定额不可只列一个综合工日单价,应根据工程项目技术要求和工种差别适当划分多种日人工单价,确保各分部工程人工费的合理构成。

方法2适用于工程造价管理机构编制计价定额时确定定额人工费,是施工企业投标报价的参考依据。

3.2.3 人工费信息的发布

(1)定额人工费单价的测算和发布

①定额人工费:是指直接从事建筑安装工程施工的生产工人开支的各项费用。主要包括计时工资或计件工资、奖金、津贴补贴、加班加点工资、特殊情况下支付的工资等。

②定额人工费单价:由省级工程造价管理部门根据国家政策的调整和建筑市场人工价格信息的变化进行测算,同时报省建设厅批准发布。

③定额人工费单价的作用:是工程造价计价的重要依据,是编制工程预算、控制价、标底的依据,是成本价界定、调解处理工程造价纠纷和进行工程造价鉴定的依据,同时也是投标报价的参考依据。

(2)市场人工单价信息的发布

工程建设标准造价信息网每季度都有《工程造价信息》及《材料价格信息》相关的人工信息。如有些省份政府部门会定期发布市场指导单价,以重庆市为例,见表3.13。

表3.13 重庆市2015年三季度土建、装饰、市政、安装、维修、仿古建筑及园林工程人工信息价格

项目名称	单价(元/工日)	适用区域
土石方人工	61	渝中区、沙坪坝区、南岸区、九龙坡区、大渡口区、江北区、北碚区、巴南区、渝北区、两江新区、北部新区、经开区、高新区
土建、市政、维修工人	72	
装饰	88~122	
机械人工	74	
安装人工	73	
仿古人工	76	
园林绿化人工	76	

续表

项目名称	单价(元/工日)	适用区域
土石方人工	52	合川区、永川区、江津区、南川区、黔江区、綦江区、万盛经开区、潼南区、铜梁区、大足区、双桥经开区、荣昌县、璧山区、长寿区、涪陵区
土建、市政、维修人工	63	
装饰	86~111	
机械人工	69	
安装人工	68	
仿古工人	70	
园林绿化工人	70	
土石方人工	51	梁平区、城口县、丰都县、垫江县、武隆县、秀山县、石柱县、酉阳县、彭水县
土建、市政、维修人工	61	
装饰	85~110	
机械人工	66	
安装人工	66	
仿古工人	66	
园林绿化人工	66	
土石方人工	52	万州区、忠县、开县、云阳县、奉节县、巫山县、巫溪县
土建、市政、维修人工	63	
装饰	86~110	
机械人工	67	
安装人工	66	
仿古工人	66	
园林绿化人工	66	

人工信息价格包括基本工资、工资性补贴、生产工人辅助工资、职工福利费、生产工人劳动保护费;不分工种和技术等级,以综合工日取定;每综合工日劳动生产时间为 8 h。

3.3 材料预算价信息管理

3.3.1 材料预算价信息的管理现状

20 世纪 90 年代以来,根据国家"控制量、指导价、竞争费、量价分离"的造价改革方针,建立了相应的建筑安装材料价格动态管理制度,计价依据主要是按照定额的形式进行计价,根据重庆市现行定额规定的计算方法计算出工程量,套用相应定额子目及对应的价目表,计算出工程造价,价目表的确定由工程造价管理部门根据市场的建材信息,考虑材料的采保费、运输费等,确定统一的材料价格,进行发布并编制价目表,供建设主体各方使用,其工程材料价格信息基本由工程造价管理部门确定,每2~3年进行一次大规模材料价格调查,编制《重庆市建设工程材料预算价格》,规定计算材料价格价差的管理制度。

这种以配合定额计价为主的价格信息发布机制,在基本稳定的建材市场条件下,对合理确定和有效控制工程造价,维护建设市场的稳定、有序、健康的发展发挥了重要作用。但随着市场经济的发展,材料价格的变化周期缩短,新材料、新工艺不断出现,原有的材料价格调查、发布机制已不适应新形式发展的需要,主要存在以下问题:

①价格信息滞后。

②价格信息的范围有一定的局限性。

③价格信息的不完整性。

④价格信息的真实性和时效性。

而企业需要即时的建设工程材料的信息价格,即得到建设工地现场的材料价格,特别是新的计价依据的实施,对材料价格信息的需求更是迫在眉睫,必须建立起新的与工程量清单报价相适应的建筑材料价格信息采集发布机制,为企业合理报价、招标单位控制投资提供依据。

3.3.2 材料预算价信息采集

1)材料预算价的组成

建筑材料费是工程总投资的重要组成部分,合理地确定建筑材料的主要预算价格是造价编制工作中的关键步骤。因此合理确定材料预算价格的方法、影响价格的主要因素、合理价格的确定至关重要。

材料费是指施工过程中耗费的原材料、辅助材料、构配件、零件、半成品或成品、工程设备的费用。内容包括:

①材料原价,是指材料、工程设备的出厂价格或商家供应价格。

②运杂费,是指材料、工程设备自来源地运至工地仓库或指定堆放地点所发生的全部费用。

③运输损耗费,是指材料在运输装卸过程中不可避免的损耗。

④采购及保管费,是指为组织采购、供应和保管材料、工程设备的过程中所需要的各项费用。包括采购费、仓储费、工地保管费、仓储损耗。

工程设备是指构成或计划构成永久工程一部分的机电设备、金属结构设备、仪器装置及其他类似的设备和装置。

2)材料预算价的获取途径

(1)材料预算价信息的收集方式

建材价格信息的收集方式有市场调查、电话询查、展会收集、厂家自主报价、供求见面会提供、信息员采集、到相关企业询价和上网查询等。

①电话询价。当与有关厂家或销售商有稳定联系时,可以通过电话询价。因为他们的产品品种和价格已经经过加工整理,形成固定格式,而且能够主动配合造价管理人员,及时提供价格信息。由这种方式获得的价格信息具有相对稳定性和时效性。

②展会收集。参加各地举办的建材展销会也是收集建材价格信息的好方法。参加展会能够及时掌握新建材的应用和发展方向,还可以拓宽信息渠道,扩大信息采集范围。

③厂家自主报价。有的商家为了宣传产品、广开销路,主动联系造价管理部门,要求发布相关产品价格信息。对此,要积极深入了解厂家的生产经营情况,确保产品价格信息的来源真实、准确。

④供求见面会。组织召开供求见面会也是建材价格信息收集的好方法。它既能协助企业扩大采购、销售渠道,又能收集到及时准确的市场价格信息,可谓一举两得。

⑤信息员采集。招收信息采集员,由他们按时提供建材价格信息,不但克服了造价管理部门人手紧张的问题,还能扩大信息来源。

⑥上网查询。上网查询价格信息快捷方便,信息量大。当出现新技术、新材料或对专用建材不了解时,有针对性地上网查询基本能够满足需要。

(2)材料预算价信息的来源

①部分地区由省建设厅负责全省建设工程材料预算价格的管理,具体工作由省建设工程造价管理总站实施。各级建设工程造价管理站都建立健全材料价格信息网络,对材料价格进行监测与分析,按照省建设厅的有关规定作好本地区材料价格的采集、编制、报送与发布。材料预算价格反映本地区当时的市场平均价格水平。由此可以从省建设工程造价信息网上采集相关材料预算价格。

②施工企业。在施工企业中聘用一定数量的信息员,每月按照给定的材料种类和规格调查信息价格,然后将采集的材料价格、机械租赁价格、周转材料租赁价格、商品混凝土采购价格及泵送添加剂费用等报送定额站。

③房地产开发企业。主要采集企业的材料定价,企业自行采购的材料价格,通过信息员方式进行上报。

④采价信息员。在各行业与工程建设有关的企业,如市政、园林、修缮、房地产开发等企业发展一批专业材料价格信息员,按照每月提供规定种类的材料价格,给予一定的经济报酬。

⑤建材厂商。结合建材备案企业的情况,要求备案企业每月提供备案材料真实价格,作为企业年检的一种要求,各企业建管信息网也提供了部分材料价格。

每种材料要调查3~5个信息来源,当同一材料的不同价格来源出现较大价格差异时,应分析原因,加以取舍,去伪存真。

材料价格信息来源以本地材料生产企业为主,只有当本地无生产厂家或生产厂家很少时,才考虑调查省外生产企业的材料价格。

对市场上难以调查的,对工程造价影响较小的零星材料、特殊材料等,可以直接借鉴其他省(市)造价管理站相关造价信息或直接借鉴省内外建筑、市政、铁路、水利等行业相关造价信息。

由于建设工程涉及工程材料种类较多、型号规格繁杂、价格组合较复杂,为方便材料预算价格综合计算、确保材料预算价格的合理性和准确性,在询价过程中首先应将材料品种、型号、规格进行细化,如钢筋价格的调查应按钢筋直径、钢筋生产工艺进行划分;钢板应按钢板厚度及生产工艺进行划分;大位移伸缩缝则要按“国产”与“进口”进行区分;材料预算价格计算时则应按“工程材料注解说明”进行综合。

地方性材料应根据料场信息实地调查,每种材料信息采集点为6~10个,而且每个县至少要有一个采集点。

实行政府定价或政府指导价的材料,原价采集依据有关部门发布的价格取定,如成品油、电价等。

利用钢材加工的钢构件,如钢护筒、钢套箱、钢壳沉井、钢管立柱、型钢立柱、镀锌钢板等可采用原材料价格(包括损耗)+加工费计算,价格采集人员应掌握市场钢构件加工费、热浸镀锌费用行情,材料损耗可参照相关定额取定。

【例 3.1】东北地区每年 4~10 月是施工期,建材价格受季节影响非常大,特别是砖、砂、石、水泥、钢材等主要材料。每年 4~5 月份建材价格涨幅较大;6~7 月份价格稳中有降;8~10 月份价格进一步下降;11 月份以后价格降幅很大,砖场、砂场、石场停工,基本没有销量,有的厂家停止出售,有的只出售部分存货,也有的出于某种原因而低于成本销售。水泥价格比同年 4 月份下降 5%~10%,钢材价格下降幅度甚至达到 20%以上。因此,施工企业必须掌握这些特点,及时、准确地收集整理和公布建材市场价格信息。

砖、砂、石等地材价格信息的收集,主要采取到实地调查的方式(亲自到砖场、砂场、石场询价)。由于材质不同、产地不同,材料价格会有很大差别,特别是运费,难以一概而论。比如石场,有的负责送货,有的不负责送货,就算是在同一个石场,也有买家自己雇车的、买家自己有车的。还可能受政策影响,比如运价规则调整。另外,因为个别车主超载,当运量相同时,运费也会低很多。砖、沙价格信息的收集与石材类似,不确定性成分较多,要求造价管理人员广泛收集,及时整理。

水泥和钢材价格信息的收集一般采取到厂家驻某地办事处或到建材市场询价调查的方式。

装饰装修材料价格信息收集比较困难,品种纷繁复杂且良莠不齐,因此除亲自去市场调查外还要去建设单位、施工单位了解情况,请他们提供部分价格信息。

3)材料预算价信息采集原则

①合格原则:选定采集价格的材料必须是合格品及以上。

②批量原则:选定采集价格的材料必须具备一定成交量。

③正常成交原则:采集价格必须是正常情况下成交的价格,应排除非正常因素。

④准确原则:采集价应反映客观,与市场成交价基本一致。

⑤近期原则:采集时点应为上报前一定时期(即时或短期)的平均价格。

⑥可靠原则:采集价格的材料应保证供应,避免有价无市。

4)影响材料预算价格变动的因素

①市场供需变化。材料原价是材料预算价格中最基本的组成部分。市场供大于求,价格就会下降;反之,价格就会上升,从而也就影响材料预算价格的涨落。

②材料生产成本的变动直接涉及材料预算价格的涨落。

③流通环节的多少和材料供应体制也会影响材料预算价格。

④运输距离和运输方法的改变会影响材料运输费用的增减。

⑤国际市场行情会对进口材料价格产生影响。

3.3.3 材料预算价信息的处理

1)材料预算价信息的处理原则

建材价格信息的整理应该依据标准化原则、有效性原则、定量化原则、时效性原则和高效处理原则进行。

(1)标准化原则

要求对信息进行分类,力争做到格式化和标准化。对价格信息的分类是按专业来划分的,比如土建专业、安装专业、装饰专业、市政专业、园林绿化专业等。价格信息的发布格式按专业、子项排序,区分材料名称、规格型号(技术指标或施工工艺)、计量单位、市场价格(出厂价格或预算价格)、品牌产地等。

(2)有效性原则

针对不同管理层提供不同要求和浓缩程度的信息。也就是说有的建材产品公布市场参考价,有的公布预算价,有的公布施工现场价。同时针对特殊情况公布"时点价格",比如个别建材受国际市场或其他因素影响价格波动巨大,因此要把时间和地点固定,并公布该时间该地点价格。

(3)定量化原则

采用定量工具对数据进行分析和比较是十分必要的。比如,公布涂料市场价格时,有的涂料是按组分计价、有的以包装计价,不同厂家生产同类产品的技术标准又不同,在公布市场价格信息的时候,要将规格、计量单位及技术指标进行整理,定量发布。

(4)时效性原则

考虑到工程造价计价与控制过程的时效性,建材价格信息也应具有相应的时效性。因此要掌握市场变化,深入调查研究,认真整理计算,确保建材价格信息的及时公布。

(5)高效处理原则

通过编制造价信息管理软件,建立造价信息网络连接,尽量缩短信息在处理过程中的延迟。建材价格信息的整理是一项枯燥乏味的工作,要求把几百上千个数据一一计算归纳,通常会无数次重复相同的步骤。建材价格信息的整理最终是为建设项目的预决算服务的,要求具有科学性和时效性。

2)材料预算价信息的处理方式和流程

(1)处理方式

材料预算价信息的处理方式应采取材料价格信息系统处理与手工处理相结合的方式进行。

(2)处理流程

①对通过各种渠道采集到的材料价格信息按大类进行分类、比较筛选,剔除不合理的信息。

②对合理的信息进行整理分析、选取有效数据用平均值或加权平均值法进行综合测算。

③通过材料价格处理系统进行处理,形成贴近市场实际价格水平的综合价格信息。

④根据各种信息渠道收集的材料价格进行综合评定,对市场进行调查了解,确定相应的材料价格。

3)数据处理方法

(1)一元线性拟合

按照适当的时间间隔作为 X,以材料价格作为 Y,建立一元线形回归方程 $Y=a+bX$(其中 a、b 是揭示 X、Y 之间线性关系的系数;a 为回归常数,b 为回归系数)。测算当月的材料价格 Y 的平均值。

【例 3.2】以冷扎 ϕ8 钢筋为例,现收集到某年 7 月 15 日—8 月 15 日发布的价格数据如下:

日　期	数据点数	相对日期(X)	钢材价格(Y)
7.15	1	0	4 230
7.20	2	5	4 200
7.25	3	10	4 180
7.30	4	15	4 140
8.5	5	20	4 090
8.10	6	25	4 020
8.15	7	30	3 980

【问题】试计算钢筋 8 月份的价格。

【参考答案】

经分析上述点的分布大致呈直线分布,且可得到拟合直线:$Y=4\ 250-8.84X$

据此计算 8 月份信息价为:4 060 元/t。

(2)加权平均法

按照价格的高低确定相应的权重,按照高:0.2;中:0.5;低:0.3 的权重进行计算(注:高、中、低权重由信息处理人员确定)。

【例 3.3】现通过信息收集阶段,收集到 32.5 MP 水泥的 3 个信息价:250 元/t、260 元/t、280 元/t,试利用加权平均法计算该水泥的价格。

【参考答案】加权平均价格为:$250\times0.3+260\times0.5+280\times0.2=261$ 元/t

4)材料预算单价计算。

(1)材料原价

国内材料原价是以出厂价或国营部门的批发价为原价;进口材料是以国家或地方外贸部门购进后批准的调拨价为原价。对同一种材料,因产地、供应渠道不同出现几种原价时,其综合原价可按供应量的比例加权平均计算。

(2)材料运杂费

由材料生产地或交货点运到工地仓库所发生的车、船运输费用之和。按国家有关部门和地方政府交通运输部门的规定计算。同一品种的材料如有若干个来源地,其运输费用可根据每个来源地的运输里程、运输方法和运价标准,用加权平均法的办法计算运杂费。其计算式为:

$$运杂费=运输费+调车(船)费+装卸费+保险费+附加工作费+囤存费 \tag{3.18}$$

(3)采购保管费

在组织材料供应中,发生材料的采购与保管,库存消耗等费用。运输损耗费可以计入运输费用,也可以单独列项计算。

采购保管费=(材料原价+材料运输损耗费+运杂费)×采购保管费率 (3.19)

其中,采购保管费率按当地政府规定费率计算;若无约定,重庆市按照三材 2.5%;其他材料 3%;设备 1%;其中,采购费占 1/3;保管费占 2/3 取值。

(4)材料运输损耗费

指材料在装卸和运输过程中发生的合理损耗。按规定费率计算。

运输损耗费=(材料原价+运杂费)×运输损耗费率 (3.20)

(5)材料预算单价

指材料来源地或交货点运到工地仓库后,全过程所发生的一切费用之和,材料预算单价一般由材料原价,运杂费、运输损耗费、采购及保管费组成。其表达式为:

材料预算单价=(材料原价+材料运输损耗费+材料运杂费)×(1+材料采购保管费率) (3.21)

【例 3.4】海博公司预购一批钢材,有 A,B,C,D 4 家生产厂商向其提供,其中 A 厂提供 20 t,B 厂提供 40 t,C 厂提供 20 t,D 厂提供 25 t;各厂提供材料的出厂价、运杂费、运输损耗费率、采购及保管费率见表 3.14。

表 3.14 各厂材料的出厂价、运杂费、运输损耗费率、采购及保管费率表

厂 商	出厂价(元/t)	运杂费(元/t)	运输损耗费率(%)	采购保管费率(%)
A	4 500	340	2	3.5
B	4 800	350	1.8	3.5
C	5 100	350	1.3	3
D	4 950	340	1.5	3

【问题】试计算这批钢材的预算单价。

【参考答案】

A 厂材料预算单价=(4 500+340)×(1+2%)×(1+3.5%)= 5 109.59(元/t)

B 厂材料预算单价=(4 800+350)×(1+1.8%)×(1+3.5%)= 5 426.19(元/t)

C 厂材料预算单价=(5 100+350)×(1+1.3%)×(1+3%)= 5 686.48(元/t)

D 厂材料预算单价=(4 950+340)×(1+1.5%)×(1+3%)= 5 530.43(元/t)

A 厂提供材料比重:20/(20+40+20+25)×100%=19%

同理可得,其他三厂各厂提供的材料比例分别为 38%,19%,24%。

因此,该材料单价为:

5 109.59×0.19+5 426.19×0.38+5 686.48×0.19+5 530.43×0.24=5 440.51(元/t)

3.3.4 材料预算价信息的发布

对测算确定的重点材料价格信息报科室负责人审核确定。材料价格确定之后,进行材料价格的发布,价格信息发布方式有:

①期刊公开发布。

②向从业单位、会员单位行文发布。

③指定网站发布。网站发布材料预算价格时,同时发布材料出厂价格和供应厂商信息。

发布后,各单位应建立自身建设工程材料价格信息数据库,并将采集、发布的价格信息按照类别及编码录入数据库。将每期发行的材料价格信息按时间顺序进行归档。

材料市场信息价是建设工程造价管理机构根据国家和省市有关规定,结合当地材料市场行情,定期采集、测算、发布的材料市场价格,是编制设计概算、施工图预算和招标控制价、工程结算的重要价格依据。近年来,新型材料不断涌现,为了合理、适时发布好新材料市场信息价,发布新材料市场信息价必须达到以下条件:

①该新型材料"设计标准规范"已经相关部门组织专家认定备案的。

②该新型材料"质量标准及验收规范"已经相关部门备案的。

③该新型材料已有一定的市场销售份额。

④该新型材料已经相关主管部门备案或批准推广使用的。

3.3.5 材料价格信息管理现状

材料价格信息管理是工程造价管理机构的一项重要职责,目前各地普遍采取期刊和网络两种方式,定期发布指导价和信息价,为建设单位、建筑企业、工程造价咨询企业、相关管理部门等提供计价依据。近年来,通过建立统一的材料价格信息库、规范发布品种、缩短发布周期、健全采集网络、建立发布前的复核制度等手段,使得材料价格信息的发布质量有所提高,但发布的及时性、准确性、全面性尚不能满足建设各方需求。一些建设项目在招投标时随意设立暂估价,导致施工中或结算时发生造价纠纷,影响了工程投资效益。

1)目前材料"价格信息"发布存在的问题

(1)指导价发布种类不合理

指导价是编制招标控制价、投标报价、竣工结算的参考依据,必须保证其准确性。然而,目前发布的材料指导价中仍包括部分装饰、安装和园林苗木等品种,这部分材料的价格与品牌、产地、档次等指标的关联度非常高,当上述指标发生变化时,引起的价格差异也非常大。因此,将装饰、安装和园林苗木等品种采用指导价发布,无法保证发布质量。

(2)材料价格信息的获取渠道较窄

随着建筑业的迅猛发展,新材料、新工艺、新设备得到广泛应用,建设工程中各种材料种类繁多、变化频繁,依靠现有以材料供应商为主的材料价格采集渠道,由于缺乏激励手段,信息的覆盖面有很大的局限性,很难满足工程实际需要。

(3)发布信息滞后

目前材料价格信息大都按月或双月发布,由于需经过采集、编辑、排版、印刷、发行等多个环节,使得价格信息的实际发布时间比采集时间滞后。如果价格比较平稳,尚能较准确地反映当月的实际价格水平;但当价格波动很大时,就与当月实际价格水平有一定出入。

(4)材料价格的信息化管理水平不高

信息的采集和传递缺乏统一规划、统一编码和系统分类,信息的使用方和拥有方之间处于相互封闭的状态,未达到资源共享和优势互补。信息的加工、处理和储存技术较为落后,信息分析的技术含量不高,使得信息质量很难提高。信息维护更新速度慢,未充分利用信息技术所提供的优势进行信息交流,影响了信息应用的广度和深度。

(5)名是指导,实为法定

虽然工程造价管理部门一直都强调发布的“信息价格”是指导性的,然而在实际工程建设中,甲乙双方在签订承发包合同时,总以造价管理部门发布的“价格信息”作为结算的依据。招标控制价编制也以此为计价依据,究其原因,一是造价管理机构依托政府赋予的行政职能,它所发布的价格带有权威性、行政性;二是建设市场的主体(甲、乙方,中介机构等)依赖政府定价的观念没有改变,他们认为既然有行政部门提供服务,就没有必要建立自己的价格信息系统了。

2)加强材料价格信息管理的建议

(1)规范材料指导价发布品种和发布方式,确保准确性

缩小指导价发布基本模板,只发布主材(用量较大,占工程造价比重较高的常用材料)、地材和不同品牌价格差异不大的材料,将大量的装饰、安装和园林苗木等发不全、发不准的品种依靠市场形成价格。

当主要建筑材料价格波动幅度较大时,通过网站及时发布价格预警,引导工程发承包双方增强风险防范意识,保障建设工程的顺利实施。

(2)改变观念,引导企业建立自己的价格信息系统

由于在计划经济时期,我国实行的是国家为企业定价,企业无需关心市场价格的变动情况,致使施工企业甚至建设单位一直依赖于法定的预算定额和“信息价格”,形成“惰性”。目前这种状况还继续存在,这增加了发布“信息价格”的难度。因此,必须采取措施改变传统陈旧的观念,引导和扶持企业建立自己的价格信息系统,收集和积累价格数据,为编制企业定额、招投标、办理工程结算创造条件。

(3)加强材料价格信息化管理,完善材料价格信息管理系统

完善材料价格信息管理系统是将材料价格信息作为一种资源进行开发、利用、交流、渗透,并通过计算机和网络体系达到资源共享。该系统应包括采集、存储和分析、发布和查询等功能。

(4)加强培训,不断提高专业人员的业务素质和技能

要建立一支从事建设工程造价信息管理的专业队伍,组建一个庞大的建设工程造价信息网络。该网络成员包括建材生产(经销)商、建设单位、施工单位、中介机构、设计单位及其他社会团体,由造价管理部门负责日常工作。从业人员要不断学习更新知识,研究市场的发展动态,努力提高自己的业务水平

3.4 机械台班单价信息的管理

3.4.1 机械台班单价信息的采集

(1)通过专业网站的网络资源优势

充分利用专业网站的优势，建立可靠的信息渠道。专业网站一般有行业主管部门、专业协会、生产厂家、供应商为依托，原始数据的收集涉及面广，产品报价信息量大、品种多、更新及时、贴近市场。一般专业网站会员收费也不是很高,设计单位、工程总承包单位在这方面有一定的投入，是价格信息来源的一个便捷渠道。它能够使工程造价专业人员及时了解和掌握行业的发展趋势、市场动态、价格走势、价格信息，并对设计、总承包等各项工作中价格水平的准确把握和预测有很好的指导作用。

(2)通过造价管理部门发布的信息

各地市工程造价管理部门发布的材料价格信息能快速、准确、及时地提供大量材料的市场价格,为当地工程预结算提供重要的参考依据,可作为工程结算的标准。行业主管部门发布的设备材料价格信息对工程造价的确定具有指导作用,是主管部门进行项目审批、控制投资的重要依据,因此地方或行业造价管理部门发布的设备材料价格信息是造价人员的重要参考依据。

(3)通过与兄弟单位沟通的信息

经常与兄弟单位沟通,对设备材料信息管理经验、新的设备材料及专业性较强的设备材料价格信息等方面进行交流,利用各自的优势进行互补,也是合理确定设备材料价格水平的有效途径之一。

3.4.2 机械台班单价信息的处理

(1)施工机械使用费

$$施工机械使用费 = \sum(施工机械台班消耗量 \times 机械台班单价) \tag{3.22}$$

$$\begin{aligned}机械台班单价 = {} & 台班折旧费+台班大修费+台班经常修理费+台班安拆费及场外运费+ \\ & 台班人工费+台班燃料动力费+台班车船税费\end{aligned} \tag{3.23}$$

注:工程造价管理机构在确定计价定额中的施工机械使用费时,应根据《建筑施工机械台班费用计算规则》,结合市场调查编制施工机械台班单价。施工企业可以参考工程造价管理机构发布的台班单价,自主确定施工机械使用费的报价,如租赁施工机械,公式为:

$$施工机械使用费 = \sum(施工机械台班消耗量 \times 机械台班租赁单价) \tag{3.24}$$

(2)仪器仪表使用费

$$仪器仪表使用费 = 工程使用的仪器仪表摊销费 + 维修费 \tag{3.25}$$

3.4.3 机械台班单价信息的发布

机械台班单价确定之后,于每月月底之前对经审核后的建设工程机械台班单价在当地工程造价信息网或企业官网上按照季度或月进行发布。

课后练习

1.什么是价格信息?
2.什么是价格信息管理?
3.请分别阐述人工价格信息、材料价格信息和机械价格信息的含义和区别。
4.如何获得价格信息?
5.价格信息有什么作用?
6.如何有效地使用价格信息?
7.根据工程造价的形成,工程造价指数包括哪些内容?

投资决策阶段工程造价信息管理

4.1　投资决策阶段工程造价信息管理概述

建设项目投资决策是指在投资者调查分析、研究的基础上，选择和决定投资行动方案的过程，是对拟建项目的必要性和可行性进行技术经济论证，对不同建设方案进行技术经济比较并作出判断和决定的过程。

4.1.1　投资决策阶段的内容

投资决策阶段是工程造价控制的关键性阶段，建设项目投资决策的正确与否，不仅直接关系到工程造价的高低和投资效果的好坏，而且还关系到项目建设的成败。但一直以来，人们都将投资控制的主要精力置于施工阶段而忽视了决策阶段的投资控制，据相关资料表示，建设项目不同阶段对工程造价的影响程度不同，项目投资决策阶段对工程造价的影响程度最高，可达70%~90%。前期阶段工作的失误将为后期施工阶段的技术变更及投资超额埋下隐患。加强项目决策，认真作好投资估算，将前期工作做精做细，可减少决策的盲目性。

决策阶段建设项目工程造价管理的重点是保证建设单位编报计划任务书的科学性和可靠性。因此，建设单位必须认真履行职责，充分发挥管理职能，加强调查研究，加大可行性研究工作的深度，做到认真、实际、全面、科学、准确。

建设项目投资决策阶段的内容如图4.1所示。

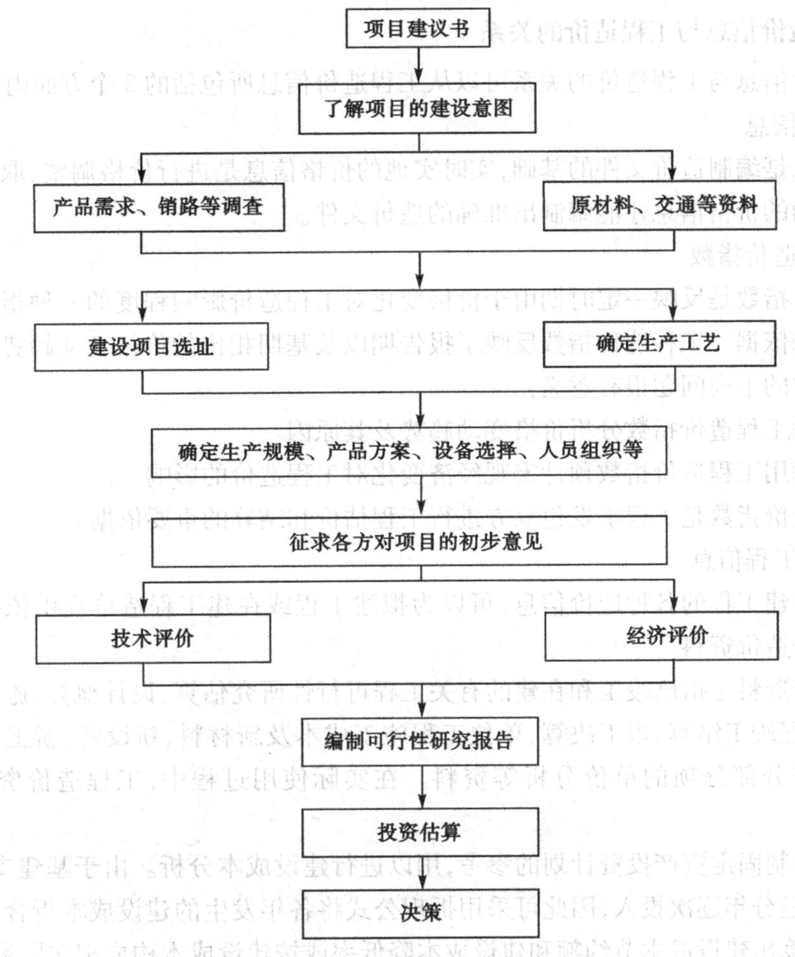

图 4.1　建设项目投资决策阶段的内容

从图 4.1 可以看出,建设项目投资决策阶段的内容主要包括项目建议书和可行性研究报告的编制两个方面的工作。

对于政府投资项目而言,其大部分集中在为社会公众服务的非营利性项目,以及一些投资回收期长,收回投资难的基础设施项目,大多涉及社会公众文化生活的各个方面,往往关系到社会环境的改善、人民生活质量的提高、社会经济的发展以及国防安全的巩固等,是国家及地方经济发展必不可少的基础设施。政府财政基本建设资金集中投资在这些领域。这些项目能否顺利实施,关系到国家经济社会的全面协调和发展。我国还处于一个各个事业都需要建设发展的过程中,合理确定和有效控制政府投资项目的成本,将有限的建设资金管理好并运用到急需的工程建设项目中,对于提高政府投资的社会效益及经济效益有着重大意义。

4.1.2　工程造价信息与项目投资决策的关系

工程造价信息是一切有关工程造价的特征、状态及其变动的消息的组合,而建设项目投资决策阶段最主要的任务则是根据前期形成的可行性研究报告及其他相关资料编制投资估算文件,并对其优化,进行造价控制,最后在投资估算的基础上,作出投资与否的决策。因此投资估算的编制基础则是工程造价信息。

1)工程造价信息与工程造价的关系

工程造价信息与工程造价的关系可以从工程造价信息所包括的3个方面内容体现。

(1)价格信息

价格信息是编制造价文件的基础,实时实地的价格信息是进行价格调整、取费等的依据,只有选用准确的价格信息才能编制出准确的造价文件。

(2)工程造价指数

工程造价指数是反映一定时期由于价格变化对工程造价影响程度的一种指标,是调整工程造价价差的依据。工程造价指数反映了报告期以及基期相比的价格变动趋势,利用它来研究实际工程中的下列问题很有意义:

①可利用工程造价指数分析价格变动趋势及其原因。

②可以利用工程造价指数预计宏观经济变化对工程造价的影响。

③工程造价指数是工程承发包双方进行工程估价和结算的重要依据。

(3)已完工程信息

已完或在建工程的各种造价信息,可以为拟建工程或在建工程造价提供依据,这种信息也可称为工程造价资料。

工程造价资料是指已竣工和在建的有关工程可行性研究估算、设计概算、施工图预算、招投标价格、工程竣工结算、竣工决算、单位工程施工成本及新材料、新设备、新工艺、新结构等建筑安装工程分部分项的单价分析等资料。在实际使用过程中,工程造价资料具有以下作用:

①作为编制固定资产投资计划的参考,用以进行建设成本分析。由于基建支出不是一次性投入,一般是分年逐次投入,因此可采用折现公式将各年发生的建设成本折合为现值,再在此基础上,计算出建设成本节约额和建设成本降低率或按建设成本构成把实际数与概算数加以对比。将各种比较的结果综合在一起,可以较为全面地描述项目投入实施的情况。

②进行单位生产能力投资分析。利用式4.1可求得单位生产能力投资,单位生产能力投资越小,投资效益越好,将计算结果与类似工程进行比较,可以评价该建设工程的效益。

$$\text{单位生产能力投资}=\frac{\text{全部投资完成额(现值)}}{\text{全部新增生产年能力(使用能力)}} \tag{4.1}$$

③作为编制投资估算的重要依据。设计单位的设计人员在编制估算时一般采用类比的方法,因此需要选用若干个类似的典型工程加以分解、换算和合并,并考虑到当前设备与材料价格情况,最后得出工程的投资估算额。有了工程造价资料数据库,设计人员就可以从中挑选出所需的典型工程,运用计算机进行适当的分解和换算,加上设计人员的经验和判断,最后得出较为可靠的工程投资额。

④作为编制初步设计概算和审查施工图预算的重要依据。有时需要用类比的方法编制初步设计概算,此类比的方法比估算更为细致深入,可具体到单位工程甚至分部工程上。在限额设计和优化设计方案的过程中,设计人员可能要反复修改设计方案,每次修改都希望能得到相应的概算。较多的典型工程资料是很有帮助的。多种工程组合的比较不仅有助于设计人员探索造价分配的合理方式,还为设计人员指出修改设计方案的可行途径。

施工图预算编制完成后,需要有经验的管理人员进行审查,以确定其正确性。可从造价资料中选取类似资料,将其造价与施工图预算进行比较,从中发现施工图预算是否有偏差和遗漏。由于设计变更、材料调价等因素所带来的造价变化,在施工图预算阶段往往无法事先估计,此时参考以往类似工程的数据,有助于遇见到这些因素发生的可能性。

⑤作为确定招标控制价和投标报价的参考资料。在为建设单位制订招标控制价和施工单位投标报价的工作中,无论是用工程量清单计价还是定额计价法,工程造价资料都可以发挥重要作用。它可以像甲、乙双方指明类似工程的实际造价及变化规律,使甲、乙双方都可以对未来将要发生的造价进行预测和准备,从而避免招标控制价和报价的盲目性。尤其是在工程量清单计价方式下,投标人自主报价,没有统一的参考标准,除了根据政府有关机构颁布的人工、材料、机械价格指数外,更大程度上依赖于企业已完工程资料。

⑥作为技术经济分析的基础资料。由于不断地搜集和积累工程在建期间的造价资料,因此到结算和决算时能简单容易地得到结果。造价信息的及时反映,使得建设单位和施工单位都可以尽早地发现问题,并及时予以解决。这正是使对造价的控制由静态转入动态的关键所在。

⑦作为编制各类定额的基础资料。通过分析不同种类分部分项工程造价,了解各分部分项工程中各类实物量消耗,掌握各分部分项工程预算和结算的对比结果,造价管理部门就可以发现原有定额是否符合实际情况,从而提出修改方案。对于新工艺和新材料,也可从积累资料中获得编制新增定额的有用信息。概算定额和估算指标的编制与修订,也可以从造价资料中得到参考依据。

⑧用以测定调价系数,编制造价指数。为了计算各种工程造价指数,必须选取若干典型工程的数据进行分析和综合,在此过程中,已经积累起来的造价资料可以充分发挥作用。

⑨用以研究同类工程造价的变化规律。造价管理部门可以在拥有较多的同类工程造价资料的基础上,研究出各类工程造价的变化规律。

2)工程造价与投资决策的关系

项目投资决策是投资行动的准则,正确的项目投资行动来源于正确的项目投资决策,正确的决策是正确估算和有效控制工程造价的前提。

(1)项目决策的正确性是工程造价合理性的前提

项目决策正确,意味着对项目建设作出科学的决断,优选出最佳投资行动方案,达到资源合理配置,在此基础上合理估算工程造价,并在实施最优投资方案的过程中,有效控制工程造价。项目决策失误,不仅会带来不必要的资金投入,还可能造成不可弥补的损失。因此,为达到工程造价的合理性,事先必须保证项目决策的正确性,避免作出错误的决策。

(2)项目决策的内容是决定工程造价的基础

决策阶段是项目建设全过程的起始阶段,决策阶段的工程造价对项目全过程的造价起着宏观控制的作用。决策阶段各项技术经济决策,对该项目的工程造价有很大影响,特别是建设标准的确定、建设地点的选择、工艺的评选、设备的选用等,直接关系到工程造价的高低。

(3)项目决策的深度影响投资估算的精确度

投资决策是一个由浅入深、不断深化的过程,不同阶段决策的深度不同,投资估算的精度也不同。在投资机会和项目建议书阶段,投资估算的误差率在±30%左右;详细可行性研究阶段,误差率在±10%以内。在项目建设的各个阶段,通过工程造价的确定与控制,形成相应的投资估算、设计概算、施工图预算、合同价、结算价和竣工决算价，各造价形式之间存在着前者控制后者，后者补充前者的相互作用关系。因此，只有加强项目决策的深度，采用科学的估算方法和可靠的数据资料，合理地计算投资估算，才能保证其他阶段的造价被控制在合理范围，避免“三超”现象的发生，继而实现投资控制目标。

(4)工程造价的数额影响项目决策的结果

项目决策影响着项目造价的高低以及拟投入资金的多少，反之亦然。项目决策阶段形成的投资估算是进行投资方案选择的重要依据之一，同时也是决定项目是否可行及主管部门进行项目审批的参考依据。因此，项目投资估算的数额，从某种程度上也影响着项目决策。

3)工程造价信息与投资决策的关系

项目前期拿地或立项初期，不管是公益性投资项目还是盈利性投资项目，不管是政府投资项目还是私人投资项目都需要估算建设项目投资。建设项目投资估算是决定项目可行性的重要基础数据，是项目投资决策的基础，也是立项后作为建设项目投资控制的目标。然而在项目决策阶段，由于工程项目建设资料的不完备，利用工程造价指标估算是常用的方法。在估算时需要参考当地同类工程历史的投资估算指标、概算指标、各项经济技术指标等快速进行成本测算和项目决策。

在方案确定阶段，项目目标成本的编制在承接概念设计阶段所确定的指标基础上，通常要设计不同的方案，利用价值工程的原理，进行多方案比较，选择出效益最好的方案。每个方案的设计都需要根据产品的定位、市场需求等因素选择不同的建造标准，组合不同的建筑方案、安装方案、结构方案等因素，形成方案阶段的目标成本编制依据。

传统的估算要想提高精确度是一件非常耗时费力的事，有了系统的工程造价信息支撑会让造价人员的工作更加轻松。

(1)建造标准的选择

建造标准的不同会影响建造成本，有了系统的工程造价信息，在选择项目建造标准时，可以清晰地看到每项建造标准变化时给成本带来的影响程度。例如层高的选择，2.9 m 的层高比 2.8 m 的层高更加吸引消费者，更能保证房屋的销售，但成本会随之上升。一般来讲，层高每增加 10 cm，含钢量会增加 1 kg/m^2，整体建安成本增加 20 元/m^2。这些有关系的成本数据会帮助造价人员根据产品定位，营销策略等条件综合选择适合的层高。

(2)参照项目的选择

造价人员个人经验有限，系统的工程造价信息可以帮助我们在海量的工程中，根据项目的特征、建造标准轻松地找出最类似的工程，并可以看到原始工程的详细建造标准及各项经济技术指标，方便造价人员测算新项目成本时有可靠的参照项目。

(3)对历史价格调价

成本测算一般采用量价分离的方式进行，含量指标基本稳定，经济指标需要根据市场情况进行调整，而传统测算方式的价格调整一般依靠个人的经验判断，针对价格进行系数调整。如混凝土单价，历史数据积累为 380 元/m^3，如今考虑到市场因素，人为给出经验系数，上调 $x\%$(具体数值是很难准确确定的)。

从业务数据的逻辑看，针对历史数据的指标价格调整，一般由市场的人工、材料、机械费用的变化引起，因此只要依据市场行情调整工料机价格、有逻辑关系的经济指标数据就会相应准确地调整。

对工程造价信息的管理可以将历史数据的底层工料机数据及费用文件进行存储，使得在每个指标后都有最细节数据的支撑，当进行测算引用历史数据时，不光是引用指标值，还能看到该指标值背后的工料机数据的构成，则可完全实现通过调整工料机价格来进行指标值的调整，这样测算的调价精度就会大大提高。

4.2　工程造价信息与项目建议书

4.2.1　项目建议书概述

1）项目建议书的概念

项目建议书又称为立项报告，是项目建设筹建单位或项目法人，根据国民经济的发展、国家和地方中长期规划、产业政策、生产力布局、国内外市场、所在地的内外部条件，提出的某一具体项目的建议文件，是对拟建项目提出的框架性的总体设想。往往是在项目早期，由于项目条件还不够成熟，仅有规划意见书，对项目的具体建设方案还不明晰，市政、环保、交通等专业咨询意见尚未办理。项目建议书主要论证项目建设的必要性，建设方案和投资估算也比较粗，投资误差为±30%左右。

项目建议书是由项目投资方向其主管部门上报的文件，目前广泛应用于项目的国家立项审批工作中。它要从宏观上论述项目设立的必要性和可能性，把项目投资的设想变为概略的投资建议。项目建议书的呈报可供项目审批机关作出初步决策。它可以减少项目选择的盲目性，为下一步可行性研究打下基础。

2）编制项目建议书的目的

项目建议书是项目发展周期初始阶段基本情况的汇总，是国家选择和审批项目的依据，也是制作可行性研究报告的依据。在投资决策阶段编制项目建议书可以达到以下目的：

①机会研究或规划设想的效益前途是否可行，是否可以在此阶段阐明的资料基础上作出投资建议的决策。

②建设项目是否需要和值得进行可行性研究论证的详尽分析。

③项目研究中有哪些关键问题，是否需要做专题研究。

④所有可能的项目方案是否均已审查甄选过。

⑤在已获资料基础上，是否可以决定项目有无足够的吸引力和可行度。

3）项目建议书的作用

涉及利用外资的项目，只有在项目建议书批准后，才可以开展对外工作。项目建议书批准后，可以着手成立相关项目法人。民营企业（私人投资）项目一般不再需要编写项目建议书，只有在土地一级开发等少数领域，由于行政审批机关习惯沿袭老的审批模式，有时还要求项目方编写项目建议书。外资项目，目前主要采用核准方式，项目方委托有资格的机构编写项目申请报告即可。

项目建议书的主要作用表现在以下 3 个方面：

①在宏观上考察拟建项目是否符合国家（或地区或企业）长远规划、宏观经济政策和国民经济发展的要求，初步说明项目建设的必要性；初步分析人力、物力和财力投入等建设条件的可能性与具备程度。

②对于批准立项的投资项目即可列入项目前期工作计划，开展可行性研究工作。

③对于涉及利用外资的项目，项目建议书还应从宏观上论述合资、独资项目设立的必要性和可能性；在项目批准立项后，项目建设单位方可正式对外开展工作，编写可行性研究报告。

4.2.2 项目建议书的审批与信息收集

目前，项目建议书要按现行的管理体制、隶属关系，分级审批。原则上，按隶属关系，经主管部门提出意见，再由主管部门上报，或与综合部门联合上报，或分别上报。

（1）大中型基本建设项目、限额以上更新改造项目

委托有资格的工程咨询、设计单位初评后，经省、自治区、直辖市、计划单列市发改委及行业归口主管部门初审后，报国家发改委审批，其中特大型项目（总投资 4 亿元以上的交通、能源、原材料项目，2 亿元以上的其他项目），由国家发改委审核后报国务院审批。总投资在限额以上的外商投资项目，项目建议书分别由省发改委、行业主管部门初审后，报国家发改委会同外经贸部等有关部门审批；超过 1 亿美元的重大项目，上报国务院审批。

（2）小型基本建设项目，限额以下更新改造项目由地方或国务院有关部门审批

①小型项目中总投资 1 000 万元人民币以上的内资项目、总投资 500 万美元以上的生产性外资项目、300 万美元以上的非生产性利用外资项目，项目建议书由地方或国务院有关部门审批。

②总投资 1 000 万元人民币以下的内资项目、总投资 500 万美元以下的非生产性利用外资项目，本着简化程序的原则，若项目建设内容比较简单，也可直接编制可行性研究报告。

项目建议书批准后应进行以下主要工作：

a.确定项目建设的机构、人员、法人代表、法定代表人。

b.选定建设地址，申请规划设计条件，做规划设计方案。

c.落实筹措资金方案。

d.落实供水、供电、供气、供热、雨污水排放、电信等市政公用设施配套方案。

e.落实主要原材料、燃料的供应。

f.落实环保、劳保、卫生防疫、节能、消防措施。

g.外商投资企业申请企业名称预登记。

h.进行详细的市场调查分析。

i.编制可行性研究报告。

4.2.3 项目建议书的编制与信息处理

1）项目建议书的编制要求

项目建议书由政府部门、全国性专业公司以及现有企事业单位或新组成的项目法人提出。其中，跨地区、跨行业的建设项目以及对国计民生有重大影响的项目、国内合资建设项

目,应由有关部门和地区联合提出;中外合资、合作经营项目,在中外投资者达成意向性协议书后,再根据国内有关投资政策、产业政策编制项目建议书;大中型和限额以上拟建项目上报项目建议书时,应附初步可行性研究报告。初步可行性研究报告由有资格的设计单位或工程咨询公司编制。

根据现行规定,建设项目是指一个总体设计或初步设计范围内,由一个或几个单位工程组成,经济上统一核算,行政上实行统一管理的建设单位。因此,凡在一个总体设计或初步设计范围内经济上统一核算的主体工程、配套工程及附属设施,应编制统一的项目建议书;在一个总体设计范围内,经济上独立核算的各工程项目,应分别编制项目建议书;在一个总体设计范围内的分期建设工程项目,也应分别编制项目建议书。

与可行性研究报告一样,项目建议书的编制应符合以下几个要求:

①内容真实:项目建议书涉及的内容以及反映情况的数据,应该尽量真实可靠,减少偏差及失误。其中所运用的资料、数据,都要经过反复核实,以确保内容的真实性。

②预测准确:项目建议书是投资决策前的活动,具有预测性及前瞻性。它是在事件没有发生之前的研究,也是对事务未来发展的情况、可能遇到的问题和结果的估计。因此,必须进行深入的调查研究,充分地占有资料,运用切合实际的预测方法,科学地预测未来前景。

③论证严密:论证性是项目建议书的一个显著特点。要使其有论证性,必须做到运用系统的分析方法,围绕影响项目的各种因素进行全面、系统的分析,包括宏观分析和微观分析两方面。

2)项目建议书的主要内容

①项目投资方名称,生产经营概况,法定地址,法人代表姓名、职务,主管单位名称。

②项目建设的必要性和可行性。

③项目产品的市场分析。

④项目建设内容。

⑤生产技术和主要设备。说明技术和设备的先进性、适用性和可靠性,以及重要技术经济指标。

⑥主要原材料及水、电、气,运输等需求量和解决方案。

⑦员工数量、构成和来源。

⑧投资估算,需要说明需要投入的固定资金和流动资金。

⑨投资方式和资金来源。

⑩经济效益初步估算。

3)项目建议书基本框架

项目建议书基本框架见表4.1。

表4.1　项目建议书框架

第一章　总论
1.项目名称
2.承办单位概况(新建项目指筹建单位情况,技术改造项目指原企业情况)
3.拟建地点
4.建设内容与规模

续表

5.建设年限 6.投资概算 7.效益分析 第二章　项目建设的必要性和条件 1.建设的必要性分析 2.建设条件分析:包括场址建设条件(地质、气候、交通、公用设施、征地拆迁工作、施工等)、其他条件分析(政策、资源、法律法规等) 3.资源条件评价(指资源开发项目):包括资源可利用量(矿产地质储量、可采储量等)、资源品质情况(矿产品位、物理性能等)、资源赋存条件(矿体结构、埋藏深度、岩体性质等) 第三章　建设规模与产品方案 1.建设规模(达产达标后的规模) 2.产品方案(拟开发产品方案) 第四章　技术方案、设备方案和工程方案 一、技术方案 1.生产方法(包括原料路线) 2.工艺流程 二、主要设备方案 1.主要设备选型(列出清单表) 2.主要设备来源 三、工程方案 1.建、构筑物的建筑特征、结构及面积方案(附平面图、规划图) 2.建筑安装工程量及“三材”用量估算 3.主要建、构筑物工程一览表 第五章　投资估算及资金筹措 一、投资估算 1.建设投资估算(先总述总投资,后分述建筑工程费、设备购置安装费等) 2.流动资金估算 3.投资估算表(总资金估算表、单项工程投资估算表) 二、资金筹措 1.自筹资金 2.其他来源 第六章　效益分析 一、经济效益 1.销售收入估算(编制销售收入估算表) 2.成本费用估算(编制总成本费用表和分项成本估算表) 3.利润与税收分析 4.投资回收期 5.投资利润率 二、社会效益 第七章　结论 第八章　附件 1.建设项目拟选位置地形图。

续表

2.在自有地皮上建设,要附市规划部门对项目建设初步选址意见(规划要点或其他文件)。 3.国家限制发展的或按国家及市政府规定需要先由行业主管部门签署意见的项目,要附有关行业主管部门签署的审查意见。 外商投资项目要附以下材料: (1)会计师事务所出具的外商资信证明材料。 (2)合营各方的营业执照(复印件)。 (3)合营各方签署的合营意向书(境内单位要有上级主管部门的意见)。 两个或两个以上境内单位合建的项目要附以下材料: (1)合建各方签署的意向书(要有上级主管部门的意见)。 (2)合建各方的营业执照(复印件)。 (3)其他附件材料。

4.3 工程造价信息与可行性研究

4.3.1 可行性研究概述

可行性研究是工程建设前期工作的重要步骤,是编制建设项目设计任务书的依据,是保证建设项目以最小的投资换取最佳经济效果的科学方法,目前发现一些工程建设前的可行性研究不够,对可行性的重要作用认识不足,导致工程质量不高,成本过高,工程不顺畅,不能按工期完成。

工程项目前期管理是工程建设中的项目决策阶段,它包括项目建议书、可行性研究阶段和设计阶段。可行性研究阶段是项目决策阶段中决定项目能否实施的关键阶段,是建设程序中的重要组成部分。项目立项后必须进行可行性研究、编制和报批可行性研究报告。可行性研究报告是从事一种经济活动(投资)之前,双方要从经济、技术、生产、供销、社会各种环境、法律等各种因素进行具体调查、研究、分析,确定有利和不利的因素、项目是否可行,估计成功率大小、经济效益和社会效果程度,为决策者和主管机关审批的上报文件。可行性研究报告根据批准的项目建议书的进一步深化,为投资者和决策者提供可靠的决策依据,并可作为下一步工作开展的基础。

1)可行性研究的概念

可行性研究是在投资决策前,通过对项目的主要内容和配套条件,如市场需求、资源供应、建设规模、工艺路线、设备选型、环境影响、盈利能力等,从经济、技术、工程等方面进行深入细致的调查研究和分析比较,并对项目建成后可能取得的经济、社会、环境效益进行科学的预测和评价,为项目决策提供依据的一种综合性的系统分析方法。

一项好的可行性研究,应该向投资者推荐技术经济最优的方案,使投资者明确项目具有多大财务获利能力,投资风险多大,是否值得投资建设;可使主管部门领导明确,从国家角度看该项目是否值得支持和批准;使银行和其他资金供给者明确,该项目能否按期或者提前偿还他们提供的资金。

2)我国项目可行性研究阶段现状及信息分析

可行性研究在工程项目中的重要地位决定了它的特殊性。那么我国项目可行性研究阶段的前期管理现状及出现的问题具体有哪些呢?首先是对可行性研究阶段的不重视或重视该阶段的工作却由于观念跟不上造成的误区。其次是我国现阶段对建设工程造价的控制,主要或者绝大部分在建设施工阶段。在可行性研究工作方面做得不够深入,对于项目的报批只是应付评估,工程技术方案的研究论证深度不够。再者就是由于从事该工作的人员素质不高,或是思想观念落后使得项目可行性研究阶段工作不能准确地预见工程项目工作中出现的问题。这样的现象在当今工程项目建设工作中还很多,这就造成了以下几个方面的问题:

①可行性研究的客观性、公正性、科学性不足。决策阶段的投资控制研究成果一般体现在项目可行性研究中。由于在现行经济管理体制下,投资者不重视项目前期管理工作,不考虑承担投资风险,缺乏搞好可行性研究、提高投资经济效益的主动性。咨询、设计单位隶属于各级行政部门,往往受"长官意志"或本位主义影响,高估效益,低估投资。这些原因往往使可行性研究变成"可批性研究",使这一工作失去原有的意义,难以达到投资控制效果。

②一般按照国外的通常做法,可行性研究阶段的研究深度应能达到定方案的程度,因此要求在工程技术方案论证,应达到基本设计或概念设计的程度,基本相当于我国的初步设计应达到的水平,应提出明确的设备清单。而我国可行性研究周期短,缺乏多种投资方案的比较,由于可行性研究工作时间较短,往往无真正的替代备选方案,研究工作仅作为唯一方案的"可行"而开展,或仅凭主观倾向性确定项目的技术路线,缺乏深入的论证;衡量方案是否可行,往往只凭少数几个静态指标,缺乏科学性,容易出现决策失误。

③财务评价就项目论项目,这与国外利用企业理财的理论和方法进行资本预算管理,对投资项目进行投资决策和融资决策的通行做法存在重大差异,并且在经济评价方面不恰当地使用了"国民经济评价"的概念,由此引起一系列的认识误区。

3)解决方案

(1)加强资料和信息收集,深入调查研究

为了保证可研报告的质量,应切实做好编制前的准备工作,占有充分信息和基础资料。可行性研究工作得以科学有效地进行的基础就是掌握具有一定深度和广度的项目信息。因此掌握信息资料对建设项目可行性研究来说具有十分重要的意义。全面深入地收集和整理与项目有关的政策方面、自然环境和资源方面、社会和经济方面、地质环境以及项目工艺和产品要求方面的资料,能够为项目的可行性研究工作提供充分的依据,可以使得可研报告能够分析中肯,论证准确,从而保证可行性研究工作的科学性和可靠性。如果缺少基础资料的收集和整理,可行性研究的内容就会显得空洞,所下的结论没有项目基础资料的支持也会显得过于盲目。因此,在进行可行性研究工作之前,应该使用不同的渠道和方式来收集、获取具有一定深度、广度和真实可靠的信息,并对其加以整理和加工,为项目可研提供依据。

(2)注重研究深度,突出重点内容

《投资项目可行性研究指南(试用版)》为各行业的建设项目可行性研究提供了规定的内

容和深度,应该按照文件中的内容进行落实。然而为了能够做到论证内容全面,可行性研究报告总是厚厚一摞。看似面面俱到的可行性研究,实则是盲目的堆砌,对项目决策真正起到作用的内容却很少。由于建设项目的种类不同,每个项目都有不同的规模和自身特点,因此在对某一个项目进行可行性研究的时候,应该根据该项目的特点进行侧重研究,不必面面俱到。对于一些基础性的工作必须扎实细致,数据处理也应当可靠、准确,重要的内容应该深化研究,无关紧要的问题则根据情况可以简化,从而做到突出重点。由于不再赘余不必要的内容,可行性研究工作的效率也得到了提高。

(3)运用科学的评价指标和评价方法

可行性研究的核心工作是对建设项目从市场、经济、技术、资源和社会等各个方面进行全方位的评价和论证,需要持有科学的评价方法和有效的评价指标进行论证和评价。可行性研究阶段的项目评价为项目的科学决策提供着重要的信息内容,因此在作项目评价时,应该灵活地运用科学的评价方法,提高可行性研究的科学性和可靠性。评价指标应该和项目的特点紧密联系,评价的过程中也应该选择合适的评价方法,注重数学模型的选择。一般情况下,在进行建设项目可行性研究论证和分析时,需要选择合适的评价指标,通常这些指标有定性指标也有定量指标,因此在进行评价时就要相应地采取定性分析或者定量分析。一般定性分析的方法有专家打分法、德尔菲法等,定量分析的方法有 TOPSIS 法、成本效益分析法、DEA 包络分析法和主成分分析法等。坚持定性定量分析相结合,保证评价的客观性和公正性。在进行经济合理性分析论证时,选择合适的参数也是可行性研究得以成功论证的基础,选择时应遵循有效性、谨慎性和准确性的原则,切忌不要选择过时的数据和参数。

(4)重视可行性研究阶段的综合评价

可行性研究阶段的综合评价是可行性研究阶段的不可或缺的一个重要部分,从系统分析的观点看,可行性研究阶段的综合评价是对整个拟建项目从经济、社会、市场和环境等方面进行一个全面的评价和分析,从而得出项目是否可行。总体来说,可行性研究具有十分庞大的体系,是一项严肃而又繁杂的工作,其涉及的内容具有一定的深度和广度。在可行性研究论证过程中,编制人员从建设条件、技术方案、经济效益和环境影响等方面进行评价,然而由于每一个方面的评价结果可能会不一致,因此单凭每一项的评价结果无法作出最后的结论,这就需要我们运用科学的方法,在项目可行性研究完成后,对其论证结果作出一个综合评价,使得可行性研究报告最终得出的结论更加有据可循,决策者可以根据这个结果作出相应的结论。因此对投资项目进行全面而系统的综合评价,有利于加强可行性研究论证的技术水平。只有对可行性研究进行了综合评价和总结,才能够为决策提供更为科学的依据,进而对项目提出结论性的意见和建议。

4)可行性研究的作用

对项目进行可行性研究能达到以下目的:

(1)作为建设项目投资决策的依据

作为投资决策的重要依据,可行性研究是建设前期的至关重要的一项工作,因此项目在决策之前,投资者需要委托具有一定资质和相关经验的咨询机构,联合各方专家对项目进行充分的调研和分析,并得出项目是否可行的结论。虽然可行性研究的成果只是一份纸质报告,但是其内容却是关系到项目决策成败的关键因素,尤其现在国家规定,在审批投资项目时,企业只需要提交项目申请报告,取消了上交项目可行性研究报告的要求,但这并不意味着投资决策不再需要编制项目可行性研究报告。根据国内外经验,可行性研究可以很大程度地提高投资决策的科学性。

(2)作为编制设计文件的依据

根据可行性研究报告的内容,如项目的场地选择、总体规划、生产规模、生产工艺、结构选型、设备选型等,以此为依据对项目进行工程设计。

(3)作为向银行贷款的依据

投资者筹措资金的方式通常有两种:一种是寻找愿意为项目投资的合伙人;另一种则是直接向银行等金融机构进行贷款。然而无论是何种融资方式,都需要投资者向其合作者或者是金融机构提供可行性研究报告。在招商的过程中,投资者在向潜在合作者提供了项目资料和可行性研究报告后,对方经过分析和研究才会决定是否与投资者签订合作意向书。一些金融机构为了保证自己放出的贷款能够在合理的时间回收,因此一些项目的投资者或者业主向它们提出贷款申请时,都会被要求提交该拟建项目的可行性研究报告,在经过了详细的审查和论证之后,才会决定是否向该项目提供贷款,并编制项目的评估报告。由此可知,可行性研究还掌握了投资者的"财政命脉"。

(4)作为建设项目与各协作单位签订合同和有关协议的依据

在项目建设和生产经营的过程中,往往需要同多方相关单位协同合作,完成建设和生产工作。可行性研究报告中包含了建设和生产所需的原材料、燃料、动力的需求,货物运输、设备购置、工艺选型和生产技术等内容,这些内容为与各相关单位签订合同提供依据。

(5)作为环保部门、地方政府和规划部门审批项目的依据

一个项目在建设以前需要接受地方政府和有关部门对其进行审核和批准,项目使用的土地需要政府来划拨,选址要通过城市规划部门的认同,项目的环保措施也需要接受环保部门的审查,这些均需要在项目的可行性研究中体现。

(6)作为施工组织、工程进度安排及竣工验收的依据

可行性研究报告对以上工作都有明确的要求,因此可行性研究又是检验施工进度及工程质量的依据。

(7)作为项目后评估的依据

建设项目后评估是在项目建成运营一段时间后,评价项目实际运营效果是否达到预期目标。建设项目的预期目标是在可行性研究报告中确定的,因此,建设项目后评估应以可行性研究报告为依据,评价项目目标的实现程度。

5)项目可行性研究的工作阶段

项目可行性研究的工作阶段见表4.2。

表 4.2 可行性研究的工作阶段

工作阶段	机会可行性研究	初步可行性研究	详细可行性研究	评估与决策
工作性质	项目设想	项目初选	项目拟订	项目评估
工作内容	鉴别投资方向;寻求最佳投资机会;提出建设项目投资方向	确定项目的初步可行性;对关键问题进行专题性和辅助性研究	对项目进行深入细致的技术经济论证,对项目进行财务效益和经济效益分析评价,并进行多方案比较,得出结论性意见;确定投资方案的可行性	综合分析各种效益,对可行性论证报告进行评估和审核;分析判断项目可行性论证的可靠性和真实性,对项目作出最终决策
工作成果及作用	提出项目建议,作为指定经济计划和编制项目建议书的基础,为初步选择投资项目提供依据	初步可行性研究报告;确定项目是否值得进行详细可行性研究	可行性研究报告	提出项目评估报告,为投资决策提供最后决策依据;决定项目取舍和选择最佳投资方案
估算精度	±30%	±20%	±10%	±10%
费用占总投资百分比/%	0.2~1.0	0.25~1.25	大项目 0.8~1.0	中小项目 1.0~3.0
需要时间/月	1~3	4~6	8~12	—

4.3.2 可行性研究文件的编制依据

1)可行性研究的内容和信息分析

可行性研究是根据收集到的各项数据和信息,从经济、技术、社会、环境等方面对建设项目由浅到深、由粗到细、前后连接、反复地进行分析和论证的过程。项目不同,其可行性研究的具体内容也不尽相同,但是一般情况下,项目可行性研究包含以下内容:

(1)总论

综述项目的概况,其中包含项目的名称、承办项目的建设单位、项目拟建地区和地点;承担可行性研究工作的单位和法人、研究工作依据;项目提出的背景、投资环境、研究工作的范围、要求和工作情况、可行性研究的主要结论和概要以及存在的问题情况和建议、汇总报告各个章节中的主要技术经济指标,列出主要技术经济表。

(2)市场预测

在可行性研究报告中,必须进行详细的市场调查,调查国内外近期该产品的供需情况,对未来的需求情况进行预测,对生产能力、产品销售及价格、产品的竞争能力以及其进入国际市场的可能进行分析并对市场需求进行预测,以此确定项目的合理建设规模。

(3)资源条件评价

通过对项目资源情况进行分析,主要研究各种资源的需要量和供给量。这里资源包括矿产资源、农业资源、各种原材料和燃料，以及水、电、气供应等。对于矿产资源和农业资源要着重分析项目建设和生产经营所需资源的种类、特性和数量，可供资源的数量、质量和供应年限，以及开采条件及供应方式，对于稀有资源和有限资源应分析可替代资源的开发前景等。

原材料（包括辅助材料）是项目建设和生产正常进行的物质基础，应分析原材料供应品种、数量能否满足项目生产能力的需要，原材料供应的质量能否满足生产工艺要求和产品功能和质量要求以及运输距离、合理仓储量及仓储设施条件等。

燃料，主要包括煤、石油和天然气等，动力主要包括电、水、蒸汽、压缩空气等。燃料供应条件分析，要着重研究合理选择燃料供应来源和供应品种、数量、质量及运输、仓储条件等。动力供应条件要着重研究供应方式、生产方法或协作配合要求等。

原材料、燃料直接影响项目运营成本，为确保项目建成后正常运营，需对原材料、辅助材料和燃料的品种、规格、成分、数量、价格、来源及供应方式进行研究论证。

（4）建设规模与产品方案

在市场预测和资源评价的基础上，论证拟建项目的建设规模和产品方案，为项目技术方案、设备方案、工程方案、原材料燃料供应方案及投资估算提供依据。

①建设规模。包括建设规模方案比选及其结果（推荐方案及理由）。

②产品方案。包括产品方案构成、产品方案比选及其结果（推荐方案及理由）。

（5）厂址选择

建厂条件是指建设项目所在的地区和厂址的经济环境和自然环境，它是保证项目获得成功的重要条件。

建厂地区的选择要求是，接近原料产地或销售市场，有数量足够、价格合理的燃料及动力，有便利的交通运输条件和较好的基础设施条件等。厂址的选择要求具有良好的经济和自然条件，能满足企业建设、生产活动和职工生活的合理需要，并留有发展余地，符合工厂远景规划和城市建设规划的要求。对不同条件的厂址方案，应进行综合分析比较，以选择最优厂址。

可行性研究阶段的厂址选择是在初步可行性研究（或项目建议书）规划的基础上，进行具体坐落位置的选择，包括厂址所在位置现状、建设条件及厂址条件比选3个方面的内容。

①厂址所在位置现状，包括地点与地理位置、厂址土地权属及占地面积、土地利用现状。技术改造项目还包括现有场地利用情况。

②厂址建设条件，包括地形、地貌、地震情况，工程地址与水文地质、气候条件，城镇规划及社会环境条件，交通运输条件，公用设施社会依托条件，防洪、防潮、排涝设施条件、环境保护条件，法律支持条件，征地、拆迁、移民安置条件，施工条件。

③厂址条件比选，主要包括建设条件比选、建设投资比选、运营费用比选，并推荐厂址方案，给出厂址地理位置图。

（6）技术方案、设备方案和工程方案

其中包括建设项目的构成内容，主要是单项工程的构成、建设地点的总规划设计、厂区布置和土建优化设计、项目的技术方案设计、生产方式的选择，工艺和设备的选型，引进国外的技术和设备情况，以及备选方案的情况。

（7）主要原材料、燃料供应

经过全国储量委员会正式批准的资源储量、品位、成分以及开采、利用条件的评述；原料、辅助材料、燃料的种类、数量、来源和供应可能性;有毒、有害及危险品的种类、数量和储运条件;材料试验情况;所需动力(水、电、气等)、公用设施的数量、供应方式、供应条件、外部协作条件以及所签协议、合同或意向的情况。

(8)总图布置、场内外运输与公用辅助工程

总图运输与公用辅助工程是在选定的厂址范围内,研究生产系统、公用工程、辅助工程及运输设施的平面和竖向布置,以及工程方案。

①总图布置。包括平面布置、竖向布置、总平面布置及指标表。技术改造项目包含原有建筑物、构筑物的利用情况。

②场内外运输。包括场内外运输量和运输方式,场内运输设备及设施。

③公用辅助工程。包括给排水、供电、通信、供热、通风、维修、仓储等工程设施。

(9)能源和资源节约措施

在技术方案和工程方案确定的基础上,分析论证在建设和生产过程中存在的对劳动者和财产可能产生的不安全因素,并提出相应的防范措施,就是劳动安全卫生与消防研究。

(10)环境影响评价与劳动安全卫生与消防

项目建成后对环境的影响分析;分析项目“三废”的种类、成分和数量,并预测其对环境的影响以及治理方案;劳动保护、安全生产、城市规划、防震、防洪、防空和文物保护等要求以及相应的措施。

(11)组织机构与人力资源配置

企业机构的设置情况,是编制人员配备表和计算各种管理费用的依据,劳动定员的编制数是计算产品成本和制订人员培训计划的依据。对企业管理机构的设置应根据项目的大小、性质和业务范围等为根据,遵循统一领导、分级管理、分工协作、职责明确等原则,按不同企业特点采用适合的组织形式,主要内容包括:

①组织机构。主要包括项目法人组建方案、管理机构组织方案和体系图及机构适应性分析。

②人力资源配置。包括生产作业班次、劳动定员数量及技能素质要求、职工工资福利、劳动生产力水平分析、员工来源及招聘计划、员工培训计划等。

(12)项目实施进度

项目工程建设方案确定后,需确定项目实施进度,包括建设工期、项目实施进度计划(横线图的进度表),科学组织施工和安排资金计划,以保证项目按期完工。

项目实施进度主要应确定项目勘察设计、设备制造、施工安装、试生产所需的时间和进度要求,选择工程项目实施计划方案,并用线条图和网络图表示。

(13)投资估算

投资估算是在项目建设规模、技术方案、设备方案、工程方案及项目进度计划基本确定的基础上,估算项目投入的总资金,包括投资估算依据、建设投资估算(建筑工程费、设备及工具购置费、安装工程费、工程建设其他费用、基本预备费、涨价预备费、建设期利息)、流动资金估算和投资估算表等方面的内容。

(14)融资方案

包括资本金筹措、债务资金筹措和融资方案分析等方面的内容;土建工程及其配套工程的投资,生产流动资金的估算,资金来源、筹措方式及贷款偿付方式等。

融资方案是在投资估算的基础上，研究拟建项目的资金渠道、融资形式、融资机构、融资成本和融资风险，包括资本金(新设项目法人资本金和既有项目法人资本金)筹措、债务资金筹措和融资方案分析等方面的内容。

(15)项目的经济评价与社会评价

包括财务基础数据估算，财务评价指标的计算，以判别项目在财务上是否可行；从国家的角度出发考察项目对国民经济的贡献，并对项目的不确定性进行分析。

(16)不确定性与风险分析

项目风险分析贯穿于项目建设和生产运营的全过程。首先，识别风险，揭示风险来源。识别拟建项目在建设和运营中的主要风险因素(比如市场风险、资源风险、技术风险、工程风险、政策风险、社会风险等)。其次，进行风险评价，判别风险程度。最后，提出规避风险的对策，降低风险损失。

(17)研究结论与建议

运用各项数据，从技术、经济、社会、财务等方面进行综合评价，推荐可行的方案供决策参考，指出项目存在的问题和改进建议。

建设项目可行性研究报告的内容可概括为三大部分：第一是市场研究工作，包括产品的市场调查和预测研究，这是项目可行性研究的前提和基础，其主要任务是要解决项目的"必要性"问题；第二是技术研究，即技术方案和建设条件研究，这是项目可行性研究的技术基础，它要解决项目在技术上的"可行性"问题；第三是效益研究，即对经济效益的分析和评价，这是项目可行性研究的核心部分，主要解决项目在经济上的"合理性"问题。

2)可行性研究报告的编制

可行性研究报告的编制程序如下：第一，建设单位提出项目建议书和初步可行性研究报告；第二，项目业主、承办单位委托有资格的单位进行可行性研究；第三，咨询或设计单位进行可行性研究工作，编制完整的可行性研究报告。

可行性研究报告必须依据国家有关的规划、政策、法规，以及相关的各种技术资料进行编制，因此必须包含以下内容：

①国家有关经济发展的政策和产业方针政策、经济建设的方针和规划以及国家或地方的有关法律法规。

②国民经济和社会发展的长远规划、区域规划和地区规划。

③被批准的初步可行性研究或项目建议书。

④国家或地区被批准的资源报告、工业基地规划、国土开发整治规划、交通网络规划、河流流域规划、建筑工程项目的总体规划。

⑤建设项目当地的自然、经济和社会条件，以及水文地质等基础资料。

⑥对拟建项目的生产产品进行调查的内容。

⑦有关行业的工程技术、经济方面的规范、定额和标准等。

⑧国家颁布的有关项目评价的经济参数及指标，如社会折现率、行业基准收益率、外汇汇率等。

4.3.3 项目建议书和可行性研究报告的异同

项目建设前期工作中的项目建议书和可行性研究报告，通常在研究范围和内容结构上基本相同,但是因为两者所处工作阶段的作用和要求不同,研究目的和工作条件不同,故在研究重点、深度和计算精度上要求有所不同。主要区别如下:

(1)研究的任务不同

机会研究阶段的项目建议书是为发现市场投资机会提出项目(立项准备)所作的研究分析,主要是论证项目的必要性和建设条件是否具备,而可行性研究报告必须进行全面深入的技术经济论证,做多方案比较,推荐最佳方案,或者否定该项目并提出充分理由,为最终决策提供可靠的依据。

(2)基础资料和依据不同

项目建议书基本的依据是国家的长远规划、行业及地区规划、产业政策,与拟建项目有关的自然资源条件和生产布局状况,项目主管部门的有关批文,初步的市场预测资料,而可行性研究报告除了以批准的项目建议书作为依据外,还有详细的设计资料和经过深入调查研究后掌握的比较翔实确凿的数据与资料作为依据。

(3)内容繁简和深浅程度不一样

项目建议书只要求一个大概的轮廓,内容概略简洁,而可行性研究报告必须详细深入,分析细致,内容翔实。

(4)投资估算的精度要求不一样

项目建议书与实际发生的投资额差距较大,误差允许控制在±20%以内,而可行性研究报告对建设投资和生产成本应该进行分项详细估算,其误差应该控制在±10%以内。

(5)上报的研究成果内容不同

机会研究和初步可行性研究阶段的研究成果包括:项目建议书,市场初步调查报告、建设地点初选报告、初步勘查报告等文件;而可行性研究阶段的成果包括:可行性研究报告,市场调查报告、厂址选择报告、地址勘查报告、资源调查报告、环境影响评价报告和自然灾害预测资料等文件。

4.4 建设项目投资估算

4.4.1 投资估算概述

1)建设项目投资估算的阶段划分与精度要求

投资估算指在整个投资决策阶段,依据现有的资料和一定的方法,对建设项目的投资额(包括工程造价和流动资金)进行的估计。以方案设计或可行性研究文件为依据,按规定的程序、方法和依据,对拟建项目所需总投资及其构成进行的预测和估计;是在研究并确定项目建设规模、产品方案、技术方案、工艺技术、设备方案、厂址选择、工程建设方案以及项目进度计划等的基础上,依据特定的方法,估算项目从筹建、施工直至建成投产所需全部建设资金总额并测算建设期各年资金使用计划的过程。它是建设前期编制项目建议书和可行性研究报告的重要组成部分,其准确与否不仅关系到可行性研究工作的质量和经济评价的结果,还关系到后续阶段设计概算、施工图预算等的编制。

由于投资估算是贯穿于整个决策过程的造价行为,因此决策阶段的投资估算可划分为精确度不同的4种,即规划阶段的投资估算、项目建议书阶段的投资估算、初步可行性研究阶段的投资估算和详细可行性研究阶段的投资估算。

(1)规划阶段的投资估算

这一阶段主要是根据国家或企业的发展规划,选择有利的投资机会,明确合理的项目投资方向,按规划的要求提出概略的项目投资建议。此阶段是按项目规划的要求和内容,粗略估算建设项目所需投资额,其对投资估算精度的要求为允许误差大于±30%。该阶段的投资估算可以作为否定一个项目或决定继续深入研究的依据之一,仅具有参考作用,不具有约束力。

(2)项目建议书阶段的投资估算

这一阶段主要是选择有利的投资机会,明确投资方向,提出概略的项目投资建议,并编制项目建议书。该阶段工作比较粗略,投资额的估计一般是通过与已建类似项目的对比得来的,因而投资估算的误差率可在30%左右。这一阶段的投资估算是作为相关管理部门审批项目建议书,初步选择投资项目的主要依据之一,对初步可行性研究及投资估算起指导作用,决定一个项目是否真正可行,是多方案比选,优化设计,合理确定项目投资的基础,是项目主管部门审批项目的依据之一,并对项目的规划、规模起参考作用,从经济上判断项目是否应列入投资计划。

(3)初步可行性研究阶段投资估算

这一阶段的投资估算主要是方案选择和投资决策的重要依据,是确定投资水平的依据,是正确评价建设项目合理性的基础,是项目在投资机会研究结论的基础上,弄清项目的投资规模、原材料来源、工艺技术、厂址、组织机构和建设进度等情况,进行经济效益评价,判断项目的可行性,作出初步投资评价。该阶段是介于项目建议书和详细可行性研究之间的中间阶段,误差率一般要求控制在20%左右。这一阶段是作为决定是否进行详细可行性研究的依据之一,同时也是确定某些关键问题需要进行辅助性专题研究的依据之一,这个阶段可对项目是否真正可行作出初步的决定,其对投资估算精度的要求为误差控制在±20%以内。

(4)详细可行性研究阶段投资估算

详细可行性研究阶段也称为最终可行性研究阶段,主要是进行全面、详细、深入的技术经济分析论证阶段,要评价选择拟建项目的最佳投资方案,对项目的可行性提出结论性意见。该阶段研究内容详尽,投资估算的误差率应控制在±10%以内。这一阶段的投资估算是进行详尽经济评价,决定项目可行性,选择最佳投资方案的主要依据,也是编制设计文件,控制初步设计及概算的主要依据。

建设项目投资估算包括建设投资、建设期利息和流动资金估算。建设投资估算的内容按照费用的性质划分,包括建筑安装工程费、设备及工器具购置费、工程建设其他费、预备费。建设期利息属于债务资金,发生在建设期内并计入固定资产原值部分。它包括借款(或债券)利息及手续费、管理费等。流动资金是指生产经营性项目投产后,用于购买原材料、燃料、支付工资及其他经营费用等所需的周转资金。

项目投资估算对工程设计概算起控制作用。可行性研究报告被批准之后,其投资估算额作为设计任务书中下达的投资限额,即作为建设项目投资的最高限额,一般不得随意突破,用以对各设计专业实行投资切块分配,作为控制和指导设计的尺度或标准。是项目资金筹措及制订建设贷款计划的依据，建设单位可以根据批准的项目投资估算额，进行资金筹措和向银行贷款，是核算建设项目固定资产投资需要额和编制固定资产投资计划的重要依据。

2)投资估算的内容

根据《建设项目投资估算编审规程》CECA/GCI—2007的规定，投资估算按编制估算的工程对象划分，包括建设项目投资估算、单项工程投资估算和单位工程投资估算等。投资估算文件一般由封面（表4.3）、签署页、编制说明、投资估算分析、总投资估算表（表4.4）、单项工程估算表（表4.5）、主要技术经济指标等内容组成。

表4.3 投资估算封面格式

（工程名称） 投 资 估 算 档 案 号： （编制单位名称） （工程造价咨询单位执业章） 年 月 日

表 4.4　投资估算汇总表

<table>
<tr><th rowspan="2">序　号</th><th rowspan="2">工程和费用名称</th><th colspan="5">估算价值/万元</th><th colspan="4">技术经济指标</th></tr>
<tr><th>建筑
工程费</th><th>设备及工器
具购置费</th><th>安装
工程费</th><th>其他
费用</th><th>合　计</th><th>单　位</th><th>数　量</th><th>单位
价值</th><th>%</th></tr>
<tr><td>一</td><td>工程费用</td><td></td><td></td><td></td><td></td><td></td><td></td><td></td><td></td><td></td></tr>
<tr><td>（一）</td><td>主要生产系统</td><td></td><td></td><td></td><td></td><td></td><td></td><td></td><td></td><td></td></tr>
<tr><td>1</td><td></td><td></td><td></td><td></td><td></td><td></td><td></td><td></td><td></td><td></td></tr>
<tr><td>2</td><td></td><td></td><td></td><td></td><td></td><td></td><td></td><td></td><td></td><td></td></tr>
<tr><td>⋮</td><td></td><td></td><td></td><td></td><td></td><td></td><td></td><td></td><td></td><td></td></tr>
<tr><td>（二）</td><td>辅助生产系统</td><td></td><td></td><td></td><td></td><td></td><td></td><td></td><td></td><td></td></tr>
<tr><td>1</td><td></td><td></td><td></td><td></td><td></td><td></td><td></td><td></td><td></td><td></td></tr>
<tr><td>2</td><td></td><td></td><td></td><td></td><td></td><td></td><td></td><td></td><td></td><td></td></tr>
<tr><td>⋮</td><td></td><td></td><td></td><td></td><td></td><td></td><td></td><td></td><td></td><td></td></tr>
<tr><td>（三）</td><td>公用及
福利设施</td><td></td><td></td><td></td><td></td><td></td><td></td><td></td><td></td><td></td></tr>
<tr><td>1</td><td></td><td></td><td></td><td></td><td></td><td></td><td></td><td></td><td></td><td></td></tr>
<tr><td>2</td><td></td><td></td><td></td><td></td><td></td><td></td><td></td><td></td><td></td><td></td></tr>
<tr><td>⋮</td><td></td><td></td><td></td><td></td><td></td><td></td><td></td><td></td><td></td><td></td></tr>
<tr><td>（四）</td><td>外部工程</td><td></td><td></td><td></td><td></td><td></td><td></td><td></td><td></td><td></td></tr>
<tr><td>1</td><td></td><td></td><td></td><td></td><td></td><td></td><td></td><td></td><td></td><td></td></tr>
<tr><td>2</td><td></td><td></td><td></td><td></td><td></td><td></td><td></td><td></td><td></td><td></td></tr>
<tr><td>⋮</td><td></td><td></td><td></td><td></td><td></td><td></td><td></td><td></td><td></td><td></td></tr>
<tr><td></td><td>小计</td><td></td><td></td><td></td><td></td><td></td><td></td><td></td><td></td><td></td></tr>
<tr><td>二</td><td>工程建设
其他费用</td><td></td><td></td><td></td><td></td><td></td><td></td><td></td><td></td><td></td></tr>
<tr><td>1</td><td></td><td></td><td></td><td></td><td></td><td></td><td></td><td></td><td></td><td></td></tr>
<tr><td>2</td><td></td><td></td><td></td><td></td><td></td><td></td><td></td><td></td><td></td><td></td></tr>
<tr><td>⋮</td><td></td><td></td><td></td><td></td><td></td><td></td><td></td><td></td><td></td><td></td></tr>
<tr><td></td><td>小计</td><td></td><td></td><td></td><td></td><td></td><td></td><td></td><td></td><td></td></tr>
<tr><td>三</td><td>预备费</td><td></td><td></td><td></td><td></td><td></td><td></td><td></td><td></td><td></td></tr>
<tr><td>1</td><td>基本预备费</td><td></td><td></td><td></td><td></td><td></td><td></td><td></td><td></td><td></td></tr>
<tr><td>2</td><td>价差预备费</td><td></td><td></td><td></td><td></td><td></td><td></td><td></td><td></td><td></td></tr>
<tr><td></td><td>小计</td><td></td><td></td><td></td><td></td><td></td><td></td><td></td><td></td><td></td></tr>
<tr><td>四</td><td>建设期贷款
利息</td><td></td><td></td><td></td><td></td><td></td><td></td><td></td><td></td><td></td></tr>
</table>

续表

序号	工程和费用名称	估算价值/万元					技术经济指标			
		建筑工程费	设备及工器具购置费	安装工程费	其他费用	合计	单位	数量	单位价值	%
五	流动资金									
	合计/万元									
	%									

编制人： 审核人： 审定人：

表 4.5 单项工程投资估算汇总表

序号	工程和费用名称	估算价值/万元					技术经济指标			
		建筑工程费	设备及工器具购置费	安装工程费	其他费用	合计	单位	数量	单位价值	%
一	工程费用									
（一）	主要生产系统									
1	××车间									
	一般土建									
	给排水									
	采暖									
	通风空调									
	照明									
	工艺设备及安装									
	工艺金属结构									
	工艺管道									
	工业筑炉及保温									
	变配电设备级安装									
	仪表设备级安装									
	小计									
2										
3										

编制人： 审核人： 审定人：

(1)投资估算编制说明

投资估算编制说明一般包括以下内容:

①工程概括。

②编制范围:说明建设项目总投资估算中所包括的和不包括的工程项目和费用。如有几个编制单位,说明分工编制的情况等。

③编制方法。

④编制依据。

⑤主要技术经济指标:包括投资、用地和主要材料用量指标。当设计规模有远、近期不同的考虑时,或土建与安装规模不同时,应分别计算后再综合。

⑥有关参数、率值选定的说明。如拆迁、供电供水、考察咨询等费用的费率标准选用情况。

⑦特殊问题的说明(包括采用新技术、新材料、新设备、新工艺)。必须说明的价格的确定;进口材料、设备、技术费用的构成与技术参数;不包括项目或费用的必要说明等。

⑧采用限额设计的工程还应对投资限额和投资分解作进一步的说明。

⑨采用方案比选的工程还应对方案比选的估算和经济指标作进一步的说明。

(2)投资估算分析

投资估算分析应包括下列内容:

①工程投资比例分析。一般建筑工程要分析土建、装饰、给排水、电器、暖通、空调、动力等主体工程和道路、广场、围墙、大门、室外管线、绿化等室外附属工程占总投资的比例;一般工业项目要分析主要生产项目(列出各生产装置)、辅助生产项目、公用工程项目(给排水、供电和通信、供气、总图运输及外管)、服务性工程、生活福利设施、厂外工程占建设总投资的比例。

②分析设备及工器具购置费、建筑工程费、安装工程费、工程建设其他费用、预备费、建设期利息占建设总投资的比例;分析引进设备费用占全部设备费用的比例等。

③分析影响投资的主要因素。

④与国内类似工程项目的比较。分析说明投资高低的原因。

(3)总投资估算

总投资估算包括汇总单项工程估算、工程建设其他费、基本预备费、价差预备费、计算建设期利息等。见表4.4。

(4)单项工程投资估算

单项工程投资估算中,应按建设项目划分的各个单项工程分别计算组成工程费用的建筑工程费、设备及工器具购置费和安装工程费。见表4.5。

(5)工程建设其他费用估算

工程建设其他费用估算应按预期将要发生的工程建设其他费用种类,逐项详细估算其费用金额。

(6)主要技术经济指标

估算人员应根据项目特点,计算并分析整个建设项目、各单项工程和主要单位工程的主要技术经济指标。

3)投资估算的作用

①项目建设书、可行性研究报告文件中投资估算是研究、分析、计算项目投资经济效益的重要条件,是项目经济评价的基础。

②项目建议书阶段的投资估算是多方案比选、优化设计、合理确定项目投资的基础,是项目主管部门审批项目的依据之一,并对项目的规划、规模起参考作用,从经济上判断项目是否应列入投资计划。

③项目可行性研究阶段的投资估算是方案选择和投资决策的重要依据,是确定项目投资水平的依据,是正确评价建设项目投资合理性的基础。

④项目投资估算对工程设计概算起控制作用。可行性研究报告被批准之后,其投资估算额作为设计任务书中下达的投资限额,即作为建设项目投资的最高限额,一般不得随意突破,用以对各设计专业实行投资切块分配,作为控制和指导设计的尺度或标准。

⑤项目投资估算是项目资金筹措及制订建设贷款计划的依据,建设单位可根据批准的项目投资估算额,进行资金筹措和向银行申请贷款。

⑥项目投资估算是核算建设项目固定资产投资需要额和编制固定资产投资计划的重要依据。

4.4.2 投资估算的数据来源

投资估算的编制依据很多,包括国家、行业和地方政府的有关规定,工程勘察与设计文件,图示计量或有关专业提供的主要工程量和主要设备清单,工程所在地同期的工、料、机市场价格,建筑、工艺及从属设备的市场价格和有关费用,政府有关部门、金融机构等部门发布的价格指数、利率、汇率、税率等有关参数,委托人供给的其他技术经济资料等。下面就一些主要编制依据作简单介绍。

1)国家、行业和地方政府的有关规定

(1)建设项目投资估算编审规程

为了加强行业的自律管理,提高工程造价咨询成果的质量,规范建设项目投资估算成果的编制办法和深度要求,中国建设工程造价管理协会组织有关单位编制了《建设项目投资估算编审规程》。

《建设项目投资估算编审规程》由总则、术语、一般规定、费用构成、编制依据、编制办法、格式要求、质量管理及有关附件组成,是各工程造价咨询单位和注册造价工程师、造价员在承担工程造价咨询业务时的执业或从业参照,是各地方工程造价协会和中国建设工程造价管理协会各专业委员会对投资估算的咨询成果进行检查的依据。

(2)市政工程投资估算编制办法(建标〔2007〕164号)

为加强市政工程项目投资估算工作,提高估算编制质量,合理确定市政建设项目投资,建设部2007年组织制订了《市政工程投资估算编制办法》。该方法对于适应我国市政工程建设的需求,满足多元化投资主体进行投资科学决策的需要,提高经济效益,具有重要的意义。

(3)市政工程投资估算指标

市政工程投资估算指标是建设项目建议书、可行性研究报告阶段编制投资估算的依据；是多方法比选、优化设计、合理确定投资的基础；是开展项目评价、控制初步设计概算、推行限额设计的参考。

该指标共11册。包括《第一册 道路工程》《第二册 桥梁工程》《第三册 给水工程》《第四册 排水工程 》《第五册 防洪堤防工程》《第六册 隧道工程》《第七册 燃气工程》《第八册 集中供热热力网工程》《第九册 路灯工程》《第十册 垃圾处理工程》《第十一册 地铁工程》。主要适用于新建、改建、扩建的市政工程。

市政工程投资估算指标分综合指标和分项指标。综合指标包括建筑安装工程费、设备购置费、工程建设其他费用、基本预备费；分项指标包括建筑安装工程费、设备购置费。

市政工程投资估算指标计算程序见表4.6。分项指标计算程序见表4.7。

表4.6 综合指标计算程序

序 号	项 目	取费基数及计算式
	指标基价	一+二+三+四
一	建筑安装工程费	4+5
1	人工费小计	—
2	材料费小计	—
3	机械费小计	—
4	直接费小计	1+2+3
5	综合费用	4×综合费用费率
二	设备购置费	原价+设备运杂费
三	工程建设其他费用	(一+二)×工程建设其他费率
四	基本预备费	(一+二+三)×8%

表4.7 分项指标计算程序

序 号	项 目	取费基数及计算式
	指标基价	一+二
一	建筑安装工程费	(四+五)
1	人工费	—
2	措施费分摊	(1+3+5)×措施费费率×8%
(一)	人工费小计	1+2
3	材料费	—
4	措施费分摊	(1+3+5)×措施费费率×87%
(二)	材料费小计	3+4
5	机械费	—

续表

序 号	项 目	取费基数及计算式
	指标基价	一+二
6	措施费分摊	(1+3+5)×措施费费率×5%
(三)	机械费小计	5+6
(四)	直接费小计	(一)+(二)+(三)
(五)	综合费用	(四)×综合费用费率
二	设备购置费	原价+设备运杂费

2)**指标信息**

(1)投资估算指标

①概念。投资估算指标是在编制项目建议书、可行性研究报告和编制设计任务书阶段进行投资估算、计算投资需要量时使用的一种定额。

②作用

a.工程建设投资估算指标是编制建设项目建议书、可行性研究报告等前期工作阶段投资估算的依据,也可以作为编制固定资产长远规划投资额的参考。

b.投资估算指标为完成项目建设的投资估算提供依据和手段,它在固定资产的形成过程中起着投资预测、投资控制、投资效益分析的作用,是合理确定项目投资的基础。

c.投资估算指标中的主要材料消耗量也是一种扩大材料消耗量指标,可以作为计算建设项目主要材料消耗量的基础。

d.估算指标的正确制订对于提高投资估算的准确度、对建设项目的合理评估、正确决策具有重要意义。

③投资估算指标的编制原则。投资估算指标属于项目建设前期进行估算投资的技术经济指标,不仅要反映实施阶段的静态投资,还必须反映建设项目前期和交付使用期内发生的动态投资,以投资估算指标编制的投资估算,包含项目建设的全部投资额。因此,投资估算指标较其他各种计价定额具有更大的综合性和概括性。编制投资估算指标时,除遵守一般定额的编制原则外,还必须坚持以下原则:

a.投资估算指标项目的确定,应考虑以后几年编制建设项目建议书和可行性研究报告投资估算的需要。

b.投资估算指标的分类、项目划分、项目内容、表现形式等要结合各专业的特点,并与项目建议书、可行性研究报告编制深度相适应。

c.投资估算指标的编制内容、典型指标的选择必须遵循国家有关建设方针政策,符合国家技术发展方向,贯彻国家发展方向原则,使指标的编制既能反映正常建设条件下的建设水平,也能适应今后若干年的科技发展水平。坚持技术上先进、可行和经济上合理,力争以较少的投入取得最大的投资效益。

d.投资估算指标的编制要反映不同行业、不同项目和不同工程的特点,投资估算指标要适应项目前期工作深度的需求,且具有更大的综合性。投资估算指标要密切结合行业特点,项目建设的特定条件，内容上既要贯彻指导性、准确性和可调性原则，又要有一定的深度和广度。

e.投资估算指标的编制要贯彻静态和动态相结合的原则。充分考虑在市场经济条件下，由于建设条件、实施时间、建设期限等因素的不同，考虑到建设期的价格、建设期利息及涉外工程汇率等动态因素的变动，导致指标的量差、价差、利息差、费用差等“动态”因素对投资估算的影响，给予上述动态因素必要的调整办法和调整参数，尽可能减少这些动态因素对投资估算准确度的影响，使指标具有较强的实用性和可操作性。

④投资估算指标的内容。投资估算指标是确定和控制建设项目全过程各项投资支出的技术经济指标，其范围涉及建设前期、建设实施期和竣工验收交付使用期等各个阶段的费用支出，内容因行业不同而各异，一般可分为建设项目综合指标、单项工程指标和单位工程指标 3 个层次。某项目的投资估算指标见表 4.8。

表 4.8　建设项目投资估算指标

<table>
<tr><td colspan="8">一、工程概括(表一)</td></tr>
<tr><td>工程名称</td><td>住宅楼</td><td colspan="2">工程地点</td><td>××市</td><td>建筑面积</td><td colspan="2">4 549 m²</td></tr>
<tr><td>层　数</td><td>7 层</td><td>层　高</td><td>3.00 m</td><td>檐　高</td><td>21.60 m</td><td>结构类型</td><td>砖　混</td></tr>
<tr><td>地耐力</td><td>130 kPa</td><td colspan="2">地震烈度</td><td>7 度</td><td>地下水位</td><td colspan="2">−0.65 m，−0.83 m</td></tr>
<tr><td rowspan="15">土建部分</td><td colspan="2">地基处理</td><td colspan="5"></td></tr>
<tr><td colspan="2">基　础</td><td colspan="5">C10 混凝土垫层，C20 钢筋混凝土带形基础，砖基础</td></tr>
<tr><td rowspan="2">墙　体</td><td>内</td><td colspan="5">一砖、1/2 砖墙</td></tr>
<tr><td>外</td><td colspan="5">一砖墙</td></tr>
<tr><td colspan="2">柱</td><td colspan="5">C20 钢筋混凝土构造柱</td></tr>
<tr><td colspan="2">梁</td><td colspan="5">C20 钢筋混凝土单梁、圈梁、过梁</td></tr>
<tr><td colspan="2">板</td><td colspan="5">C20 钢筋混凝土平板，C30 预应力钢筋混凝土空心板</td></tr>
<tr><td rowspan="2">地　面</td><td>垫　层</td><td colspan="5">混凝土垫层</td></tr>
<tr><td>面　层</td><td colspan="5">水泥砂浆面层</td></tr>
<tr><td colspan="2">楼　面</td><td colspan="5">水泥砂浆面层</td></tr>
<tr><td colspan="2">屋　面</td><td colspan="5">块体刚性屋面，沥青铺加气混凝土保温层，防水砂浆面层</td></tr>
<tr><td colspan="2">门　窗</td><td colspan="5">木胶合板门</td></tr>
<tr><td rowspan="3">装　饰</td><td>天　棚</td><td colspan="5">混合砂浆、106 涂料</td></tr>
<tr><td>内　粉</td><td colspan="5">混合砂浆、水泥砂浆、106 涂料</td></tr>
<tr><td>外　粉</td><td colspan="5">水刷石</td></tr>
<tr><td rowspan="2">安装</td><td colspan="2">水卫(消防)</td><td colspan="5">给水镀锌钢管，排水塑料管，坐式大便器</td></tr>
<tr><td colspan="2">电气照明</td><td colspan="5">照明配电箱，PVC 塑料管暗敷，穿铜芯绝缘导线，避雷网敷设</td></tr>
</table>

续表

二、每平方米综合造价指标(表二)　　单位:元/m²

项　目	综合指标	直接工程费				取费(综合费)
		合　价	其　中			
			人工费	材料费	机械费	三类工程
工程造价	530.39	407.99	74.69	308.13	25.17	122.40
土建	503.00	386.92	70.95	291.80	24.17	116.08
水卫(消防)	19.22	14.73	2.38	11.94	0.41	4.49
电气照明	8.67	6.35	1.36	4.39	0.60	2.32

三、土建工程各部分占直接工程费的比例及每平方米直接费(表三)

分部工程名称	占直接工程费/%	元/m²	分部工程名称	占直接工程费/%	元/m²
±0.00 以下工程	13.01	50.40	楼地面工程	2.62	10.13
脚手架及垂直运输	4.02	15.56	屋面及防水工程	1.43	5.52
砌筑工程	16.90	65.37	防腐、保温、隔热工程	0.65	2.52
混凝土及钢筋混凝土工程	31.78	122.95	装饰工程	9.56	36.98
构建运输及安装工程	1.91	7.40	金属结构制作工程		
门窗及木结构工程	18.12	70.09	零星项目		

四、人工、材料消耗指标(表四)

项　目	单　位	每 100 m² 消耗量	材料名称	单　位	每 100 m² 消耗量
一、定额用工	工日	382.06	二、材料消耗量(土建工程)		
土建工程	工日	363.83	钢材	吨	2.11
			水泥	吨	16.76
水卫(消防)	工日	11.60	木材	m³	1.80
			标准砖	千块	21.82
电气照明	工日	6.63	中(粗)砂	m³	34.39
			碎(砾)石	m³	26.20

a.建设项目综合指标。指按规定应列入建设项目总投资的从立项筹建开始至竣工验收交付使用的全部投资额,包括单项工程投资、工程建设其他费用和预备费等。

建设项目综合指标一般以项目的综合生产能力单位投资表示,如“元/t”“元/kW”或以使用功能表示,如医院:“元/床”。

b.单项工程指标。指按规定应列入能独立发挥生产能力或使用效益的单项工程内的全部投资额,包括建筑工程费、安装工程费、设备、工器具及生产家具购置费和其他费用。单项工程一般划分原则如下:

主要生产设施:指直接参加生产产品的工程项目,包括生产车间或生产装置。

辅助生产设施:指为主要生产车间服务的工程项目。包括集中控制室、中央实验室、机修、电修、仪器仪表修理及木工(模)等车间,原材料、半成品、成品及危险品等仓库。

公用工程:包括给排水系统(给排水泵房、水塔、水池及全厂给排水管网)、供热系统(锅炉房及水处理设施、全厂热力管网)、供电及通信系统(变配电所、开关所及全厂输电、电信线路)以及热电站、热力站、煤气站、空压站、冷冻站、冷却塔和全厂管网等。

环境保护工程:包括废气、废渣、废水等处理和综合利用设施及全厂性绿化。

总图运输工程:包括厂区防洪、围墙大门、传达及收发室、汽车库、消防车库、厂区道路、桥涵、厂区码头及厂区大型土石方工程。

厂区服务设施:包括厂部办公室、厂区食堂、医务室、浴室、哺乳室、自行车棚等。

生活福利设施:包括职工医院、住宅、生活区食堂、俱乐部、托儿所、幼儿园、子弟学校、商业服务点以及与之配套的设施。

厂外工程:如水源工程、厂外输电、输水、排水、通信、输油等管线以及公路、铁路专用线等。

单项工程指标一般以单项工程生产能力单位投资表示,如变配电站:"元/(kV·A)";锅炉房:"元/蒸汽吨";供水站:"元/m";办公室、仓库、宿舍、住宅等房屋则依据不同结构形式以"元/m^2"表示。

c.单位工程指标。按规定应列入能独立设计、施工的工程项目的费用,即建筑安装工程费用。

单位工程指标一般以以下方式表示:如房屋区别不同结构形式以"元/m^2"表示;道路区别不同结构层、面层以"元/m"表示;水塔区别不同结构层、容积以"元/座"表示;管道区别不同材质、管径以"元/m"表示。

⑤编制方法。投资估算指标的编制,涉及建设项目的产品规模、产品方案、工艺流程、设备选型、工程设计和技术经济等各方面。既要考虑现阶段技术状况,又要展望技术发展趋势和设计动向,从而可以指导以后建设项目的实践。投资估算指标的编制应制订一个从编制原则、编制内容、指标的层次相互衔接、项目划分、表现形式、计量单位、计算、复核、审查程序到相互应有的责任制等内容的编制方案或编制细则,以便编制工作有章可循。投资估算指标的编制一般分为3个阶段进行:

a.收集整理资料阶段　收集整理已建成或正在建设的,符合现行技术政策和技术发展方向、有可能重复采用的、有代表性的工程设计施工图、标准设计及相应的竣工决算或施工图预算资料等。资料收集越多,编制工作考虑越全面,就越有利于提高投资估算指标的实用性和覆盖面。同时,对调查收集到的资料要选择占投资比重大、相互关联多的项目进行认真的分析整理。由于已建成或正在建设的工程的设计意图、建设时间和地点、资料的基础等不同,相互之间的差异很大,需要去粗取精、去伪存真地加以整理,才能重复利用。将整理后的数据资料按项目划分栏目加以归类,按照编制年度的现行定额、费用标准和价格,调整成编制年度的造价水平及相互比例。

b.平衡调整阶段　由于调查收集的资料来源不同,虽然经过一定的分析整理,但难免会由于设计方案、建设条件和建设时间上的差异带来的某些影响使数据失准或漏项等,必须对有关资料进行总额平衡调整。

c.测算审查阶段 测算是将新编的指标和选定的工程概预算,在同一价格条件下进行比较,检验其“量差”的偏离程度是否在允许偏差的范围内。如偏差过大,则要查找原因,进行修正,以保证指标的确切、实用。测算同时也是对指标编制质量进行的一次系统检查,应由专人进行,以保持测算口径的统一,在此基础上组织有关专业人员全面审查定稿。

由于投资估算指标的编制工程量非常大,在计算机已广泛使用的条件下,应尽可能利用计算编制投资估算指标。

(2)技术经济指标

①工业建筑设计的主要经济技术指标

a.工业厂区总平面设计方案的技术经济指标

• 建筑密度指标 建筑密度指标是指厂区内建筑物、构筑物、各种堆场的占地面积之和与厂区占地面积之比,它是工业建筑总平面图中比较重要的技术经济指标,反映总平面设计中,用地是否合理紧凑。其表达式为:

$$建筑密度=[(F_2+F_3)\div F_1]\times 100\% \tag{4.2}$$

式中 F_1——厂区占地面积,指厂区围墙(或规定界限)以内的用地面积,m^2;

F_2——建筑物和构筑物的占地面积,m^2;

F_3——有固定装卸设备的堆场(如露天栈桥、龙门吊堆场)和露天堆场(如原材料等的堆场)的占地面积,m^2。

• 土地利用系数 指厂区的建筑物、构筑物、各种堆场、铁路、道路、管线等的占地面积之和与厂区占地面积之比,它比建筑密度更能全面反映厂区用地是否经济合理。其表达式为:

$$土地利用系数=[(F_2+F_3+F_4)\div F_1]\times 100\% \tag{4.3}$$

式中 F_4——铁路、道路、管线和绿化占地面积,m^2。

• 绿化系数

$$绿化系数=(绿化面积\div 厂区占地总面积)\times 100\% \tag{4.4}$$

b.单项工业建筑设计方案的技术经济指标 除占地(用地)面积、建筑面积、建筑体积指标外,还需考虑以下指标:

• 生产面积、辅助面积和服务面积之比。

• 单位设备占用面积。

• 平均每个工人占用的生产面积。

②居住建筑设计方案的技术经济指标

a.适用性指标

• 居住面积系数(K)

$$K=(标准层的居住面积\div 建筑面积)\times 100\% \tag{4.5}$$

居住面积系数反映居住面积与建筑面积的比例,$K>50\%$为佳,$K<50\%$为差。

• 辅助面积系数(K_1)

$$K_1=(标准层的辅助面积\div 使用面积)\times 100\% \tag{4.6}$$

使用面积也称为有效面积。它等于居住面积加上辅助面积。辅助面积系数 K_1,一般为20%~27%。

●结构面积系数(K_2)

$$K_2=(\text{墙体等结构所占面积}\div\text{建筑面积})\times 100\% \qquad (4.7)$$

结构面积系数,反映结构面积与建筑面积之比,一般为20%左右。

●建筑周长系数(K')

$$K'=(\text{建筑周长}\div\text{建筑占地面积}) \quad (\text{m/m}^2) \qquad (4.8)$$

建筑周长系数,反映建筑物外墙周长与建筑占地面积之比。

●每户面宽

$$\text{每户面宽}=\text{建筑物总长}\div\text{总户数} \quad (\text{m/户}) \qquad (4.9)$$

●平均每户建筑面积

$$\text{平均每户建筑面积}=\text{建筑总面积}\div\text{总户数} \quad (\text{m}^2/\text{户}) \qquad (4.10)$$

●平均每户居住面积

$$\text{平均每户居住面积}=\text{居住总面积}\div\text{总户数} \quad (\text{m}^2/\text{户}) \qquad (4.11)$$

●平均每人居住面积

$$\text{平均每人居住面积}=\text{居住总面积}\div\text{总人数} \quad (\text{m}^2/\text{人}) \qquad (4.12)$$

●平均每户居室及户型比

$$\text{平均每户居室数}=\frac{\text{总居室数}}{\text{总户数}} \qquad (4.13)$$

$$\text{户型比}=\frac{\text{某户型的户数}}{\text{总户数}} \qquad (4.14)$$

●通风、保温隔热、采光　主要以自然通风组织的通畅程度为准。评价时以通风路线短直、通风流畅为佳;对角通风次之;路线曲折、通风受阻为差。根据建筑外围护结构的热工性能指标来评价。居住建筑的采光面积,应保证居室有适宜的阳光和照度。采光面过小,不仅不符合卫生要求,而且视觉、感觉上也感到不适;但若窗口面积过大,对隔声、隔热、保温也是不利的。

b.经济性指标

●工期　指工程从开工到竣工的全部日历天数。评价工期应以法定的定额工期(或计算工期)为标准。

●投资及总造价

工程总造价(万元)

每平方米建筑面积造价(元/m^2)

每平方米居住面积造价(元/m^2)

平均每户造价,公式为:

$$\text{平均每户造价}=\text{工程总造价}\div\text{总户数}(\text{元/户}) \qquad (4.15)$$

平均每人造价,公式为:

$$\text{平均每人造价}=\text{工程总造价}\div\text{总居住人数}(\text{元/人}) \qquad (4.16)$$

一次性投资是指为发展某一建筑体系而必须设置的制造厂、生产线及专用生产设备、施工设备所需的基建投资。

●主要材料消耗量　指用于建设工程中的主要材料(如钢材、木材、水泥、普通砖等)的总消耗量及单方耗用量。

●其他材料消耗量　指用于建设工程中的其他材料(如平板玻璃、卫生陶瓷、沥青、装饰材料等)的消耗数量。

●劳动耗用量　指工程建设过程中直接耗用的各工种劳动量之和。

●土地占用量　指建筑红线范围内的占用面积。

c.使用阶段评价指标

●经常使用费　指建筑物投入使用后每年所支出的费用。如维修费、折旧费等费用。

●能源耗用量　指建筑物用于采暖、电梯等方面能源的耗用量。

●使用年限　指建筑物从投入使用到报废的全部日历天数。

③公共建筑设计方案的技术经济指标

a.适用性指标

●平均单位建筑面积

单位建筑面积=总建筑面积÷使用单位(人、座、床位)总数　(m^2/人、座、床)　(4.17)

教学楼、办公楼等按人数计算建筑面积;体育馆、影剧院、餐馆等按座位计算;旅馆、医院等按床位计算。

●平均单位使用面积

单位使用面积=总使用面积÷使用单位(人、座、床位)总数　(m^2/人、座、床)　(4.18)

公共建筑中的使用面积包括主要使用房间面积(如教室、实验室、病房、营业厅、观众厅等的面积)和辅助房间面积(如厕所、储藏室、电气和设备用房的面积)。

●建筑平面系数

$$建筑平面系数=\frac{使用部分面积}{建筑面积} \tag{4.19}$$

使用部分面积=使用房间面积+辅助房间面积,平面系数越大,说明方案的平面有效利用率越高。

●辅助面积系数

$$辅助面积系数=\frac{辅助面积}{使用面积} \tag{4.20}$$

辅助面积系数小,则方案在辅助面积上的浪费少,也说明方案的平面有效利用率高。

●结构面积系数

结构面积系数=结构面积÷建筑面积　(4.21)

结构面积系数越小,说明有效使用面积增加,这是评价采用新材料、新结构的重要指标。

b.经济性指标

●反映建设期经济性的指标主要有工程工期、工程造价、单位造价、主要工程材料耗用量、劳动消耗量等指标。

●反映使用期内经济性的指标主要有土地占用量、年度经常使用费、能源耗用量等指标。

●经济效果指标。对于生产性项目可采用内部投资收益率、投资回收期等指标;对于非生产性项目可采用效益费用比的指标。

④居住小区设计方案的技术经济指标。核心问题是提高土地的利用率、降低造价。

a.居住区用地　指生活住宅用地、公共建筑用地、道路用地、绿化用地、其他用地的总和。

b.居住总人口　指居住区内常住人口的总人数。

c.人口密度

● 人口毛密度

$$人口毛密度=\frac{居住总人口}{居住区用地面积}(人/hm^2) \tag{4.22}$$

● 人口净密度

$$人口净密度=\frac{居住总人口}{住宅用地面积}(人/hm^2) \tag{4.23}$$

d.住宅建筑套密度

● 住宅建筑套毛密度

$$住宅建筑套毛密度=\frac{住宅建筑套数}{居住区用地面积}(套/hm^2) \tag{4.24}$$

● 住宅建筑套净密度

$$住宅建筑套净密度=\frac{住宅建筑套数}{住宅用地面积}(套/hm^2) \tag{4.25}$$

e.住宅面积密度

● 住宅面积毛密度

$$住宅面积毛密度=\frac{住宅建筑面积}{居住区用地面积}(套/hm^2) \tag{4.26}$$

● 住宅面积净密度(住宅容积率)

$$住宅面积净密度=\frac{住宅建筑面积}{住宅用地面积}(套/hm^2) \tag{4.27}$$

f.建筑面积毛密度(容积率)

$$建筑面积毛密度=\frac{各类建筑的建筑面积之和}{居住区用地面积}(m^2/hm^2) \tag{4.28}$$

g.住宅建筑净密度

$$住宅建筑净密度=\frac{住宅建筑基底面积}{住宅用地面积}\times 100\% \tag{4.29}$$

其中住宅建筑基底面积即为住宅建筑的占地面积总和。

h.建筑密度

$$建筑密度=\frac{各类建筑的基底(即占地)面积之和}{居住区用地面积}\times 100\% \tag{4.30}$$

i.绿地率

$$绿地率=\frac{各类绿地面积之和}{居住区用地面积}\times 100\% \tag{4.31}$$

j.工程造价及投资　一是土地开发费。土地开发费指每公顷居住区用地开发所需的前期工程的测算投资。包括征地、拆迁、各种补偿、平整土地、敷设外部市政管线设施、绿化道路工程等各项费用。二是工程总投资(表4.13—4.15)、住宅单方综合造价(表4.10—4.12)。

k.主要材料及资源消耗量　指居住小区建设中所需用的各种材料、人工、机械等的数量(表4.16—4.18)。

l.居住区用地平衡控制指标　居住面积用地控制指标见表4.9。

表4.9 居住区用地平衡控制指标

用地构成	居住区	小 区	组 团
住宅用地	45~60	55~65	60~75
公共建筑用地	20~32	18~27	6~18
道路用地	8~15	7~13	5~12
公共绿地	7.5~15	5~12	2~8
居住区用地	100	100	100

表4.10 民用建筑土建工程中建筑与结构的造价比

序号	结构类型	建筑造价:结构造价	备 注
1	一般砖混结构	3.5:6.5	系指建筑标准
2	框架结构(一般标准)	4:6	
3	框架结构(略高标准)	(5~6):(5~4)	
4	砖混结构别墅	(7.5~8):(2.5~2)	
5	框架结构体育馆	4.5:5.5	

表4.11 住宅建筑中各单位工程造价比

序号	单位工程名称	造价比		备 注
		多 层	高 层	
1	土建工程	81.2~82.4	80.0~81.6	通风系指有人防,弱电系指公用天线
2	水卫工程	4.8~5.4	3.2~5.2	
3	暖通工程	3.6~4.4	2.0~3.6	
4	电气工程	5.2~5.6	2.0~3.0	
5	弱电工程	1.5~1.7	0.3~0.5	
6	煤气工程	1.7~1.9	0.7~0.8	
7	电梯工程	—	8.0~9.0	
8	合 计	100	100	

表4.12 公用建筑中各单位工程造价比

序号	单位工程	造价比	备 注
1	土建工程	65~66	
	其中:建筑装修	34~35	
	结 构	30~31	
2	给排水工程	7~8	含消防喷淋

续表

序号	单位工程	造价比	备　注
3	采暖及空调	11~12	
4	强电工程	8~9	
5	弱电工程	4~5	
6	电　梯	2~3	
	合　计	100	

表 4.13　地震烈度对各类土建工程造价的影响

建、构筑物类别		5 度	6 度	7 度	8 度	9 度	备　注
民用建筑	砖混	100	略低于7度	105	110	—	住宅、宿舍、办公楼等
	框架	100		106	110	115	
厂房	砖混	100		102	100	108	多跨重型厂房
	排架	100		104		112	
构筑物	设备基础	100		103	110	120	
	水塔	100		110	120	140	
	砖烟囱	100		102	108	—	
	钢筋混凝土烟囱	100		106	111	122	
	管道支架	100		102	108	110	

表 4.14　多层建筑层数不同对土建工程造价的影响

层　数	1	2	3	4	5	6
造价比/%	100	90	84	80	85	85

表 4.15　多层建筑层高不同对土建工程造价的影响

层高/m	3.6	4.2	4.8	5.4	6.2
造价比/%	100	108	117	125	133

表 4.16　土建工程直接费中人工、材料、机械费构成比

序号	项目名称	构成比例/%	备　注
1	人工费	10~15	或称土建工程直接费中，人工工资占 15%左右；材料及机械使用费占 85%左右
2	材料费	70~80	
3	机械使用费	5~10	

表 4.17 高级旅馆建筑造价构成比

序号	项 目	造价比率/%	
1	±0 以下基础或地下室	5~15	
2	主体结构	20~30	
3	建筑装修	20~30	
4	机电设备	30~50	
5	建筑安装工程合计	50~80	
6	其他投资	20~50	用于征地、拆迁、市政及公用设施、绿化、家具陈设、炊事用具、职工培训等

表 4.18 各类分项工程造价比与工料分析

项目名称	单 位	造价比/%	工 料				
			工日	钢材/kg	水泥/kg	木材/m^3	砖/块
钢筋混凝土桩							
预制桩桩长<12 m	m^3	100	2.97	138	439		
预制桩桩长>12 m	m^3	99	2.65	138	439		
预制管桩桩长<10 m	m^3	170	2.49	160	439		
预制管桩桩长>10 m	m^3	175	3.15	160	439		
现浇桩桩长<1 m	m^3	45	1.58	68	372		
现浇桩桩长>1 m	m^3	46	1.66	79	368		

(3)概算指标

概算指标是基本建设管理部门编制投资估算和编制基本建设计划,初步设计概算、选择设计方案,估算主要材料用量计划,考核基本建设投资效果等的依据。某住宅楼综合形式概算指标见表 4.19。

表 4.19 某住宅楼综合形式概算指标示例

编 号		住-1	住-2	住-3	住-4
工程名称		二层住宅	三层住宅	四层住宅	五层住宅
结构特征		混合	混合	混合	混合
适用范围/m^2		600	1 080	2 540	2 000
每 m^2 造价/%		100	100	100	100
其中/%	土建	83.52	84.22	84.55	84.8
	水暖	10.34	9.89	10.73	9.07
	电照	6.15	5.88	4.71	6.13
方案指数/%		100	104.47	106.7	113.97

续表

编　号		住-1	住-2	住-3	住-4
材料消耗量/100 m^2	水泥/t	14.19	14.3	15.75	14.5
	钢材/t	124	184	128	148
	木材/m^3	3.13	3.30	4.32	3.93
	红砖/1 000 块	28.38	30.40	31.80	30.10
	玻璃/m^2	26	29	32	40

(4)造价指标

造价指标见表 4.20。

表 4.20　人工、材料、机械数量及价格汇总表

工程名称:××房地产开发公司××住宅预算书　　单位:元

序号	名称、规格及型号	单　位	数　量	单　价	合　价
一	人工				
1	综合工日	工日	398.71	65	25 916.33
2	土石方综合工日	工日	52.22	65	3 393.99
	小计				29 310.32
二	材料				
1	水泥 32.5	kg	7 080.7	0.25	1 770.17
2	商品混凝土	m^3	69.08	320	22 107.07
3	沥青砂浆 1:2:7	m^3	0.03	808.17	21.5
4	缆风桩木	m^3	0	600	0.9
5	锯材	m^3	2.16	850	1 833.54
6	竹脚手板	m^2	4.8	25	119.89
7	钢丝绳 $\phi 8$	kg	0.26	5	1.28
8	特细砂	t	28.17	60	1 690.09
9	碎石 5~31.5 mm	t	5.47	50	273.61
10	碎石 5~40 mm	t	3.18	50	158.82
11	标准砖 240×115×53	千块	47.68	370	17 640.23
12	石灰膏	m^3	3.53	90	318.11
13	塑钢窗	m^2	13.76	160	2 201.47
14	加工铁件	kg	13.18	4	52.74
15	胶合板	m^2	22.48	15	337.2
16	单层玻璃	m^2	6.04	15	90.66

续表

序号	名称、规格及型号	单 位	数 量	单 价	合 价
17	防锈漆	kg	5.35	12.5	66.82
18	临设摊销钢材	t	0.06	2 600	145.86
19	临设摊销原木	m^3	0.11	600	67.26
20	临设摊销水泥	t	0.2	250	50.05
21	临设摊销标准砖	千块	1.03	180	184.93
22	组合钢模板	kg	411.86	3.5	1 441.52
23	复合木模板	m^2	9.01	15	135.17
24	混凝土地模	m^2	0.07	75.59	5.1
	小计				52 735.29
三	机械				
1	汽车式起重机 5 t	台班	0.7	500.92	351.09
2	门式起重机 10 t	台班	0.05	350.89	16.46
3	载重汽车 6 t	台班	1.52	487.06	740.33
4	机动运输车 1 t	台班	0.12	160.74	18.95
5	皮带运输机长 15 m×宽 0.5 m	台班	0.05	200.7	9.41
6	双锥反转出料混凝土搅拌机 350 L	台班	0.46	145.35	66.38
7	灰浆搅拌机 200 L	台班	3.51	108.92	382.54
8	木工圆锯机 ϕ500	台班	0.36	21.45	7.69
9	木工平刨床刨削宽度 500 mm	台班	0.4	26.14	10.45
10	木工压刨床刨削宽度单面 600 mm	台班	0	32.37	0.08
11	木工压刨床刨削宽度三面 400 mm	台班	0.38	74.65	28.52
12	木工开榫机榫头长度 160 mm	台班	0.43	56.64	24.43
13	木工打眼机 MK212	台班	0.48	11.33	5.46
14	木工裁口机宽度多面 400 mm	台班	0.16	33.6	5.45
15	安拆费及场外运费	元	24.21	1	24.21
16	柴油	kg	51.24	8	409.89
17	电	kW·h	108.83	0.6	65.3
18	大修理费	元	43.5	1	43.5
19	经常修理费	元	141.58	1	141.58
20	其他费用	元	121.05	1	121.05
21	汽油	kg	16.33	8	130.65
22	人工	工日	8.29	65	538.66

续表

序号	名称、规格及型号	单　位	数　量	单　价	合　价
23	折旧费	元	192.4	1	192.4
	小计				1 667.24
	合计				83 712.85

3)综合单价

综合单价是指完成一个规定清单项目所需的人工费、材料和工程设备费、施工机具使用费和企业管理费、利润,以及一定范围内的风险费用。

①建筑、市政、机械土石方、仿古建筑、炉窑砌筑工程以定额基价人工费、材料费、机械费之和为计算基础,计算程序见表4.21。

表4.21　综合单价计算程序

序　号	费用名称	计算式
1	分项直接工程费	1.1+1.2+1.3
1.1	人工费	定额基价人工费
1.2	材料费	定额基价材料费
1.3	机械费	定额基价机械费
2	企业管理费	1×费率
3	利润	1×费率
4	人材机价差	4.1+4.2+4.3
4.1	人工费价差	
4.2	材料费价差	
4.3	机械费价差	
5	风险因素	一般风险费用
6	综合单价	1+2+3+4+5

②装饰、安装、市政安装、人工土石方、园林、绿化工程以定额人工费为计算基础,计算程序见表4.22。

表4.22　综合单价计算程序

序　号	费用名称	计算式
1	分项直接工程费	1.1+1.2+1.3+1.4
1.1	人工费	定额基价人工费
1.2	材料费	定额基价材料费
1.3	机械费	定额基价机械费

续表

序　号	费用名称	计算式
1.4	未计价材料费	
2	企业管理费	1.1×费率
3	利润	1.1×费率
4	人材机价差	4.1+4.2+4.3
4.1	人工费价差	
4.2	材料费价差	
4.3	机械费价差	
5	风险因素	一般风险费用
6	综合单价	1+2+3+4+5

4）建设工程费用定额

为合理确定和有效控制工程投资，提高工程投资效益，加强政府宏观调控，各省市依据《建筑安装工程费用项目组成》（建标〔2013〕44 号文）及《建设工程工程量清单计价规范》（GB 50500—2013）等规定，再结合该地区实际情况编制在该地区范围内实用的建设工程费用定额。

建设工程费用定额是该地区范围内的建设工程编制和审核工程预算、工程标底、最高限价、工程结算的依据；是编制企业定额、投标报价和工程量清单综合单价的参考依据；是编制概算定额和建设工程投资估算指标的基础。下面以 2008 年《重庆市建设工程费用定额》为例进行说明。

2008 年《重庆市建设工程费用定额》规定建设工程采用定额计价的，应执行该定额相关规定。采用工程量清单计价的，编制招标最高限价时，应执行该定额；编制投标报价和工程量清单综合单价时，其费用组成及内容、计价程序、有关说明以及工程费用中的规费、安全文明施工专项费、工程定额测定费、税金标准应执行该定额外，其他工程费用标准、工程类别等可参考该定额执行。

此定额与 2008 年《重庆市建筑工程计价定额》《重庆市装饰工程计价定额》《重庆市安装工程计价定额》《重庆市市政工程计价定额》《重庆市仿古建筑及园林工程计价定额》《重庆市房屋修缮工程计价定额》配套执行。其适用范围包括：

①土石方工程：适用于人工土石方工程和机械土石方工程。

②建筑工程：适用于新建、扩建、改建的工业与民用建筑工程。

③装饰工程：适用于新建、扩建、改建的装饰工程以及再次装饰的工程。

④安装工程：适用于新建、扩建的安装工程。包括各类管道、设备、电气（含路灯）、自控仪表、通风空调、消防、工艺金属结构、刷油、防腐蚀、绝热、通信等工程。

⑤窑砌筑工程：适用于新建、扩建、改建的工业炉窑砌筑工程，包括各类专业炉窑和一般工业炉窑工程。

⑥市政工程：适用于新建、扩建、改建的市政工程。包括道路（含厂区内生产区和生活区、

居住小区)、桥梁、隧道、涵洞、堤防、排水、附属构筑物、市政给水、燃气管道及道路交通设施等工程。

⑦仿古建筑及园林工程:适用于新建、扩建、改建的仿古建筑及园林、绿化工程。

⑧房屋修缮工程:适用于房屋建筑和附属设备的修缮(含加固、拆除)工程。

⑨签证记工、签证机械和零星借工:签证记工、签证机械适用于施工过程中,由发包方签证的用工及机械台班。零星借工适用于发包方向承包方借用工人,由发包方负责管理的零星用工。

4.4.3 投资估算的编制

1)投资估算的编制依据

①国家、行业和地方政府的有关规定。

②工程勘察与设计文件,图示计量或有关专业提供的主要工程量和主要设备清单。

③行业部门、项目所在地工程造价管理机构或行业协会等编制的投资估算指标、概算指标(定额)、工程建设其他费用定额(规定)、综合单价、价格指数和有关造价文件等。

④类似工程的各种技术经济指标和参数。

⑤工程所在地同期的工、料、机市场价格,建筑、工艺及从属设备的市场价格和有关费用。

⑥政府有关部门、金融机构等部门发布的价格指数、利率、汇率、税率等有关参数。

⑦与建设项目相关的工程地质资料、设计文件、图纸等。

⑧委托人供给的其他技术经济资料。

2)编制方法

建设项目投资估算要根据主体专业设计的阶段和深度,结合各自行业的特点,所采用的生产工艺流程成熟性,编制者所掌握的国家及地区、行业或部门相关投资估算基础资料和数据的合理、牢靠、完整程度(包括造价咨询机构自身统计和积累的可靠的相关造价基础资料),可采用生产能力指数法、系数估算法、比例估算法、混杂法(生产能力指数法与比例估算法、系数估算法与比例估算法等综合使用)、指标估算法进行建设项目投资估算。

建设项目投资估算无论采用何种方法,应充分考虑拟建项目设计的技术参数和投资估算所采用的估算系数、估算指标在质和量方面所综合的内容,以及口径一致的原则;应将所采用的估算系数和估算指标价格、费用水平调整到项目建设所在地及投资估算编制年的实际水平。对于建设项目的边界条件,如建设用地费、外部交通、水、电、通信条件,或市政基本设施配套条件等差别所产生的与主要生产内容投资无必然关联的费用,应结合建设项目的实际情况修正。

(1)静态投资的估算方法

①项目规划和建议书阶段投资估算方法。投资估算的编制方法有很多,因各有其使用的条件,且精确度各不相同,因此有的编制方法适用于整个建设项目的投资估算,有的仅适用于一个单项工程的投资估算等。为提高投资估算的精确度,在实际工作中应根据项目的性质,占有的技术经济资料及数据的具体情况,依据行业规定,有针对性地选用适宜的投资估算方法。目前国内工程建设常用的投资估算编制方法主要有单位生产能力估算法、生产能力指数法、系数估算法、指标估算法等。

a.单位生产能力估算法。是根据已建成的、性质类似的建设项目的单位生产能力投资乘以建设规模,即得到拟建项目的静态投资额的方法。其计算公式为:

$$C_2 = Q_2\left(\frac{C_1}{Q_1}\right) \cdot f \tag{4.32}$$

式中　C_1——已建类似项目的静态投资额;

C_2——拟建项目的静态投资额;

Q_1——已建类似项目的生产能力;

Q_2——拟建项目的生产能力;

f——不同时期、不同地点的定额、单价、费用变更等的综合调整系数。

因此方法将项目的建设投资与其生产能力的关系视为简单的线性关系,而事实上单位生产能力的投资会随生产规模的增加而减少,因此,这种方法一般只适用于与已建项目在规模和时间上相近的拟建项目,一般两者间的生产能力比值为0.2~2。

由于在实际工作中不易找到与拟建项目完全类似的项目,通常把项目按其构成的车间、设施和装置进行分解,分别套用类似车间、设施和装置的单位生产能力投资指标计算,然后加总求得项目总投资,或根据拟建项目的规模和建设条件,将投资进行适当调整后估算项目的投资额。

【例4.1】某地2015年拟建一座污水处理能力为15万m^3/d的污水处理厂。据调查,该地区2010年建设污水处理能力10万m^3/d的污水处理厂的静态投资为18 000万元。拟建污水处理厂的工程条件与2010年已建项目类似。调整系数为1.5,估算该项目的静态投资。

【参考答案】

$$拟建项目的静态投资=\frac{18\ 000}{10}\times 15\times 1.5=40\ 500(万元)$$

单位生产能力估算法估算误差较大,可达±30%,运用此方法估算造价时应注意以下几点:

• 地区性。建设地点不同,地区性差异主要表现为:两地经济情况不同;土壤、地质、水文情况不同;气候、自然条件的差异;材料、设备的来源、运输情况不同等。

• 配套性。一个工程项目或装置,均有许多配套装置和设施,也可能产生差异,如公用工程、辅助工程、厂外工程和生活福利工程等,均随地方差异和工程规模的变化而各不相同,它们并不与主体工程的变化呈线性关系。

• 时间性。工程建设项目的兴建不一定是在同一时间建设,或多或少存在时间差异,在这段时间内可能在技术、标准、价格等方面发生变化。

b.生产能力指数法。又称为指数估算法,是指根据已建成的、性质类似的建设项目的投资额和生产能力来粗略估算同类但生产能力不同的拟建项目静态投资额的方法,是对单位生产能力估算法的改进。其计算公式为:

$$C_2=C_1\left(\frac{Q_2}{Q_1}\right)^x \cdot f \tag{4.33}$$

式中　C_1——已建类似项目的静态投资额;

C_2——拟建项目的静态投资额;

Q_1——已建类似项目的生产能力;

Q_2——拟建项目的生产能力；

f——不同时期、不同地点的定额、单价、费用变更等的综合调整系数；

x——生产能力指数($0 \leqslant x \leqslant 1$)。

式(4.33)表明，造价与规模(或容量)呈非线性关系，且单位造价随工程规模(或容量)的增大而减小。生产能力指数法的关键是生产能力指数的确定，一般要结合行业特点确定，并应有可靠的例证。若已建类似项目的规模和拟建项目的规模相差不大，生产规模比值在0.5~2，则指数 x 的取值近似为1；若已建类似项目的规模和拟建项目的规模相差较大，但不大于50倍，且拟建项目规模的扩大仅靠增大设备规模来达到时，则 x 取值在0.6~0.7；若已建类似项目的规模和拟建项目的规模相差较大，但不大于50倍，且拟建项目规模的扩大靠增加相同规格设备的数量达到时，则 x 取值为0.8~0.9。

【例4.2】已建年产3 000 t某化工产品生产项目的静态投资额为2 000万元，现拟建年产相同产品5 000 t类似项目。若生产能力指数为0.6，综合调整系数为1.2，试用生产能力指数法估计拟建项目的静态投资。

【参考答案】

$$\text{拟建项目的静态投资} = 2\,000 \times \left(\frac{5\,000}{3\,000}\right)^{0.6} \times 1.2 = 3\,261(\text{万元})$$

生产能力指数法与单位生产能力估算法相比精确度略高，其误差可控制在±20%以内。其主要应用于设计深度不足，拟建建设项目与类似建设项目规模不同，设计定型并系列化，行业内相关指数和系数等基础资料完备的情况。一般拟建项目与已建类似项目生产能力比值不宜大于50，以在10倍内效果较好，否则误差就会增大。尽管该办法估价误差仍较大，但该估价方法不需要详细的工程设计资料，只需知道工艺流程及规模即可，在总承包工程报价时，承包商大多采用此种方法。

c.系数估算法。也称为因子估算法，它是以拟建项目的主体工程费或主要设备购置费为基数，以其他工程费与主体工程费或设备购置费的百分比为系数，依此估算拟建项目静态投资的方法。我国国内常用的方法有设备系数法和主体专业系数法，世行项目投资估算常用的方法是朗格系数法。

• 设备系数法。以拟建项目或装置的设备费为基数，根据已建成的同类项目或装置的建筑安装费和其他工程费用等占设备价值的百分比，求出相应的建筑安装费及其他工程费用等，再加上拟建项目的其他有关费用，其总和即为项目或装置的投资。

其表达式为：

$$C = E(1 + f_1 P_1 + f_2 P_2 + f_3 P_3 + \cdots) + I \tag{4.34}$$

式中 C——拟建项目或装置的投资额；

E——根据拟建项目或装置的设备清单按当时的价格计算的设备费(包括运杂费)的总和；

P_1, P_2, P_3——已建项目中建筑、安装及其他工程费用等占设备费百分比；

f_1, f_2, f_3——由于时间因素引起的定额、价格、费用标准等变化的综合调整系数；

I——拟建项目的其他费用。

• 主体专业系数法。以拟建项目中最重要、投资比重较大并与生产能力直接相关的工艺设备的投资(包括运杂费及安装费)为基数，根据同类型的已建项目有关统计资料。计算出拟建项目的各专业工程(总图、土建、暖通、给排水、管道、电气及电信、自控及其他工程费用等)占工艺设备的百分比,据以求出各专业的投资,然后把各部分投资费用(包括工艺设备费)相加求和,再加上工程其他有关费用,即为项目的总费用。

其表达式为:

$$C=E(1+f_1P_1'+f_2P_2'+f_3P_3'+\cdots)+I \tag{4.35}$$

式中　P_1',P_2',P_3'——各专业工程费用占工艺设备费用的百分比。

●朗格系数法。以设备购置费为基数,乘以适当系数来推算项目的静态投资。该方法的基本原理是将项目建设中的总成本费用中的直接成本和间接成本分别计算,再合为项目的静态投资。其计算公式为:

$$C=E(1+\sum K_i)K_c \tag{4.36}$$

式中　K_i——管线、仪表、建筑物等项费用的估算系数;

K_c——管理费、合同费、应急费等间接费项目费用的总估算系数。

静态投资与设备购置费之比为朗格系数 K_L,即

$$K_L=(1+\sum K_i)K_c \tag{4.37}$$

朗格系数包含的内容见表4.23。

表4.23　朗格系数表

项　目		固体流程	固流流程	流体流程
朗格系数 K_L		3.1	3.63	4.74
内容	(a)包括基础、设备、绝热、油漆及设备安装费	$E\times1.43$		
	(b)包括上述在内的配管工程费	(a)×1.1	(a)×1.25	(a)×1.6
	(c)装置直接费	(b)×1.5		
	(d)包括上述在内和间接费,总费用(C)	(c)×1.31	(c)×1.35	(c)×1.38

d.指标估算法。投资估算指标表示形式较多,如以元/m、元/m²、元/t、元/(kV·A)表示。根据这些投资估算指标,乘以大的面积、体积、容量等就可以求出相应的土建工程、给排水工程、照明工程、采暖工程、配电工程等各单位工程的投资。在此基础上,可汇总成某一单项工程的投资。另外,再估算工程建设其他费用及预备费,即求得所需的投资。

②可行性研究阶段投资估算方法。指标估算法是可行性研究阶段投资估算的主要方法。指标估算法是指依据投资估算指标,对各单位工程或单项工程费用进行估算,进而估算建设项目总投资的方法。

将拟建建设项目以单项工程或单位工程,按建设内容纵向划分为各个主要生产设施、辅助及公用设施、行政及福利设施以及各项其他基本建设费用,按费用性质横向划分为建筑工程、设备及工器具购置、安装工程等费用;根据各具体的投资估算指标,进行各单位工程或单项工程投资的估算;在此基础上汇集编制成拟建建设项目的各个单项工程费用和拟建项目的工程费用投资估算;再按相关规定估算工程建设其他费、基本预备费,形成拟建建设项目静态投资。

a.建筑工程费用估算。建筑工程费的估算方法有单位建筑工程投资估算法、单位实物工

程量投资估算法和概算指标投资估算法。前两种方法较简单,适合有适当估算指标或类似工程造价资料时使用,当不具备上述条件时,可采用计算主体实物工程量套用相关综合定额或概算定额进行估算。

● 单位建筑工程投资估算法。是以单位建筑工程费乘以建筑工程总量来估算建筑工程费的方法。根据所选建筑单位的不同,这种方法可以进一步分为单位长度价格法、单位面积价格法、单位容积价格法和单位功能价格法等。

单位长度价格法,此方法是利用每单位长度的成本价格进行估算,首先要用已知的项目建筑工程费除以该项目的长度,得到单位长度价格,然后将结果应用到未来的项目中,以估算拟建项目的建筑工程费。其计算公式为:

$$建筑工程费=单位长度建筑工程费指标\times建筑工程长度 \quad (4.38)$$

单位面积估算法,该方法首先要用已知项目建筑工程费除以该项目的房屋总面积,得到单位面积价格,然后将结果应用到未来的项目中,以估算拟建项目的建筑工程费。

$$建筑工程费=单位面积建筑工程费指标\times建筑工程面积 \quad (4.39)$$

单位容积价格法,该方法首先要用已知项目建筑工程费除以建筑容积,得到单位容积价格,然后将结果应用到未来的项目中,以估算拟建项目的建筑工程费。

$$建筑工程费=单位容积建筑工程费指标\times建筑工程容积 \quad (4.40)$$

单位功能价格法,此方法是利用每功能单位的成本价格进行估算,选出所有此类项目中共有的单位,并计算每个项目中该单位的数量。

$$建筑工程费=功能单位建筑工程费指标\times建筑工程功能总量 \quad (4.41)$$

● 单位实物工程量投资估算法。是以单位工程量的建筑工程费乘以实物工程总量来估算建筑工程费的方法。大型土方、总平面竖向布置、道路及场地铺砌、厂区综合管网和线路、围墙大门等,分别以立方米、平方米、延长米或座为单位,套用技术标准、结构形式相适应的投资估算指标或类似工程造价资料进行建筑工程费估算。矿山井巷开拓、露天剥离工程、坝体堆砌等,分别以立方米、延长米为单位,套用技术标准、结构形式、施工方法相适应的投资估算指标或类似工程造价资料进行建筑工程费估算。桥梁、隧道、涵洞设施等,分别以 100 m^2(桥梁)、100 m^2 断面(隧道)、道(涵洞)为单位,套用技术标准、结构形式、施工方法相适应的投资估算指标或类似工程造价资料进行估算。

$$建筑工程费=单位实物工程量建筑工程费指标\times实物工程总量 \quad (4.42)$$

● 概算指标投资估算法。对于没有上述估算指标或建筑工程费占总投资比例较大的项目,可采用概算指标估算法。采用此方法应拥有较为详细的工程资料、建筑材料价格和工程费用指标信息,投入的时间和工作量较大。其公式如下:

$$建筑工程费=\sum 概算指标\times分部分项实物工程量 \quad (4.43)$$

b.设备及工器具购置费估算。设备购置费根据项目主要设备表及价格、费用资料编制,工器具购置费按设备费的一定比例计取。对于价值高的设备应按单台(套)估算购置费,价值较小的设备可按类估算,国内设备和进口设备应分别估算。

c.安装工程费估算。安装工程费一般以设备费为基数区分不同类型进行估算。

● 工艺设备安装费估算。以单项工程为单元,根据单项工程的专业特点和各种具体的投资估算指标,采用按设备费百分比估算指标进行估算;或根据单项工程设备总重,采用 t/元估

算指标进行估算。即

$$安装工程费=设备原价×设备安装费率(\%) \tag{4.44}$$

$$安装工程费=设备吨重×单位质量(t)安装费指标 \tag{4.45}$$

• 工艺金属结构、工艺管道估算。以单项工程为单元，根据设计选用的材质、规格、以吨为单位；工业炉窑砌筑和工艺保温或绝热估算，以单项工程为单元，以吨、立方米或平方米为单位，套用技术标准、材质和规格、施工方法相适应的投资估算指标或类似工程造价资料进行估算。即

$$安装工程费=重量(体积、面积)总量×单位质量(m^3,m^2)安装费指标 \tag{4.46}$$

• 变配电、自控仪表安装工程估算。以单项工程为单元，根据该专业设计的具体内容，一般先按材料费占设备费百分比投资估算指标计算出安装材料费。再分别根据相适应的占设备百分比(或按自控仪表设备台数，用台件/元指标估算)或占材料百分比的投资估算指标或类似工程造价资料计算设备安装费和材料安装费。即

$$材料费=设备原价×材料费占设备费百分比 \tag{4.47}$$

$$材料安装费=材料费×材料安装费率(\%) \tag{4.48}$$

d.工程建设其他费估算。工程建设其他费用计算应结合拟建项目的具体情况，有合同或协议明确的费用按合同或协议列入；无合同或协议明确的费用，根据国家和各行业部门、工程所在地地方政府的有关工程建设其他费用定额(规定)和计算办法估算。

e.基本预备费估算。一般是以建设项目的工程费用和工程建设其他费用之和为基础，乘以基本预备费率进行计算。基本预备费率的大小，应根据建设项目的设计阶段和具体设计深度，以及在估算中所采用的各项估算指标与设计内容的贴近度、项目所属行业主管部门的具体规定确定。

$$基本预备费=(工程费用+工程建设其他费)×基本预备费费率(\%) \tag{4.49}$$

(2)动态投资估算方法

动态投资估算考虑了通货膨胀、利息等因素在内，从而使工程投资有所变化，是总投资中不包含静态投资部分的资金的估算。具体包括涨价预备费、建设期贷款利息及固定资产投资方向调节税的估算。

①涨价预备费。涨价预备费的估算公式如下：

$$PF = \sum_{t=1}^{n} I_t[(1+f)^m(1+f)^{0.5}(1+f)^{t-1} - 1] \tag{4.50}$$

式中 PF——涨价预备费估算额；

I_t——建设期第 t 年的投资计划额(包括工程费用、工程建设其他费用及基本预备费，即第 t 年的静态投资计划额)；

n——建设期年份数；

f——年平均价格上涨率；

m——建设前期年限(从编制估算到开工建设，单位：年)。

②建设期贷款利息。包括向国内银行和其他非银行金融机构贷款、出口信贷、外国政府贷款、国际商业银行贷款以及在境内外发行的债券等在建设期间内应偿还的贷款利息。

当总贷款是分年均衡发放时，建设期利息的计算可按当年借款在年中支用考虑，即当年贷款按半年计息，上年贷款按全年计息。计算公式为：

$$q_j=\left(P_{j-1}+\frac{1}{2}A_j\right)\times i \tag{4.51}$$

式中 q_j——建设期第 j 年应计利息；

P_{j-1}——建设期第 j-1 年末累计贷款本金和利息之和；

A_j——建设期第 j 年贷款金额；

i——年利率。

在国外贷款利息的计算中，还应包括国外贷款银行根据贷款协议向贷款方以年利率的方式收取的手续费、管理费、承诺费，以及国内贷款机构经国家主管部门批准的以年利率的方式向贷款单位收取的转贷费、担保费、管理费等。

(3)流动资金的估算方法

铺底流动资金是保证项目投产后，能正常生产经营所需要的最基本的周转资金数额。铺底流动资金是项目总投资中流动资金的一部分，在项目决策阶段，这部分资金就要落实。铺底流动资金的计算公式为：

$$铺底流动资金=流动资金\times 30\% \tag{4.52}$$

流动资金估算一般参见现有同类企业的状况采用分项详细估算法，个别情况或小型项目采用扩大指标估算法。

①扩大指标估算法。是按照流动资金占某种基数的比率来估算流动资金。一般常用的基数有销售收入、经营成本、总成本费用和固定资产投资等，究竟采用何种基数根据行业习惯而定。

②分项详细估算法。流动资金的显著特点是在生产过程中不断周转，其周转额的大小与生产规模及周转速度直接相关。分项详细估算法是根据项目的流动资产和流动负债，估算项目所占流动资金的方法。其中，流动资产的构成要素一般包括存货、库存现金、应收账款和预付账款；流动负债的构成要素一般包括应付账款和预收账款。流动资金等于流动资产和流动负债的差额，其计算公式为：

$$流动资金=流动资产-流动负债 \tag{4.53}$$

$$流动资产=应收账款+预付账款+存货+库存现金 \tag{4.54}$$

$$流动负债=应付账款+预收账款 \tag{4.55}$$

$$流动资金本年增加额=本年流动资金-上年流动资金 \tag{4.56}$$

3)投资估算文件的编制

根据《建设项目投资估算编审规程》CECA/GCI—2007 的规定，单独成册的投资估算文件应包括封面、签署页、目录、编制说明、有关附表等，与可行性研究报告(或项目建议书)统一装订的应包括签署页、编制说明、有关附表等。在编制投资估算文件的过程中，一般需要编制建设投资估算表、建设期利息估算表、流动资金估算表、单项工程投资估算汇总表、总投资估算汇总表和分年度在总投资估算表等。对投资有重大影响的单位工程或分部分项工程的投资估算应另附主要单位工程或分部分项工程投资估算表，列出主要分部分项工程量和综合单价进行详细估算。

(1)建设投资估算表的编制

当估算出建设投资后需编制建设投资估算表，按照费用归集形式，建设投资可按概算法或形成资产法分类。

①概算法。按概算法分类，建设投资由工程费用、工程建设其他费用和预备费3部分构成。其中工程费又由建筑工程费、设备及工器具购置费（含工器具及生产家具购置费）和安装工程费构成。按概算法编制的建设投资估算表见表4.24。

表4.24　建设投资估算表（概算法）　　单位：万元

序　号	工程或费用名称	建筑工程费	设备及工器具购置费	安装工程费	工程建设其他费用	合　计	其中：外币	比例/%
1	工程费用							
1.1	主体工程							
1.1.1	⋮							
1.2	辅助工程							
1.2.1	⋮							
1.3	公用工程							
1.3.1	⋮							
1.4	服务性工程							
1.4.1	⋮							
1.5	厂外工程							
1.5.1	⋮							
1.6	⋮							
2	工程建设其他费用							
2.1	⋮							
	⋮							
3	预备费							
3.1	基本预备费							
3.2	价差预备费							
4	建设投资合计							
	比例/%							

②形成资产法。按照形成资产法分类，建设投资由形成固定资产的费用、形成无形资产的费用、形成其他资产的费用和预备费4部分组成。对于土地使用权的特殊处理：按照有关规定，在尚未开发或建造的自用项目前，土地使用权作为无形资产核算，房地产开发企业开发商品房时，将其账面价值转入开发成本；企业建造自用项目时将其账面价值转入在建工程成本。因此，为了与以后的折旧和摊销计算相互协调，在建设投资估算表中通常可将土地使用权直接列入固定资产其他费用中。按形成资产法编制的建设投资估算表见表4.25。

表 4.25　建设投资估算表(形成资产法)　　单位:万元

序　号	工程或费用名称	建筑工程费	设备及工器具购置费	安装工程费	工程建设其他费用	合　计	其中:外币	比例/%
1	固定资产费用							
1.1	工程费用							
1.1.1	—							
1.1.2	—							
1.2	固定资产其他费用							
1.2.1	⋮							
2	无形资产费用							
2.1	⋮							
	⋮							
3	其他资产费用							
3.1	⋮							
4	预备费							
4.1	基本预备费							
4.2	价差预备费							
5	建设投资合计							
	比例/%							

(2)建设期利息估算表的编制

在估算建设期利息时,需要编制建设期利息估算表(见表4.26)。建设期利息估算表主要包括建设期发生的各项借款及其债券等项目,期初借款余额等于上年借款本金和应计利息之和,即上年期末借款余额;其他融资费用主要指融资中发生的手续费、承诺费、管理费、信贷保险费等融资费用。

表 4.26　建设期利息估算表　　单位:万元

序　号	项　目	合　计	建设期				
			1	2	3	…	n
1	借款						
1.1	建设期利息						
1.1.1	期初借款余额						
1.1.2	当期借款						
1.1.3	当期应计利息						
1.1.4	期末借款余额						
1.2	其他融资费用						

续表

序 号	项 目	合 计	建设期				
			1	2	3	…	n
1.3	小计(1.1+1.2)						
2	债券						
2.1	建设期利息						
2.1.1	期初债务余额						
2.1.2	当期债务余额						
2.1.3	当期应计利息						
2.1.4	期末债务余额						
2.2	其他融资费用						
2.3	小计(2.1+2.2)						
3	合计(1.3+2.3)						
3.1	建设期利息合计(1.1+2.1)						
3.2	其他融资费用合计(1.2+2.2)						

(3)流动资金估算表的编制

可行性研究阶段,根据详细估算法估算各项流动资金估算的结果,编制流动资金估算表,见表4.27。

表4.27 流动资金估算表

序 号	项 目	最低周转天数	周转次数	计算期				
				1	2	3	…	n
1	流动资金							
1.1	应收账款							
1.2	存货							
1.2.1	原材料							
1.2.2	—							
1.2.3	燃料							
1.2.4	—							
1.2.5	在产品							
1.2.6	产成品							
1.3	现金							
1.4	预付账款							
2	流动负债							

续表

序　号	项　目	最低周转天数	周转次数	计算期				
				1	2	3	…	n
2.1	应付账款							
2.2	预收账款							
3	流动资金(1-2)							
4	流动资金当期增加额							

(4)单项工程投资估算汇总表的编制

按指标估算法,可行性研究阶段根据各种投资估算指标,进行各单位工程或单项工程投资的估算。单项工程投资估算应按建设项目划分的各个单项工程分别计算组成工程费用的建筑工程费、设备及工器具购置费、安装工程费及工程建设其他费,形成单项工程投资估算汇总表。见表4.28。

表4.28　单项工程投资估算汇总表

工程名称:

序　号	工程和费用名称	估算价值/万元					技术经济指标			
		建筑工程费	设备及工器具购置费	安装工程费	工程建设其他费用	合　计	单　位	数　量	单位价值	比例/%
一	工程费用									
(一)	主要生产系统									
1	××车间									
	一般土建									
	给排水									
	采暖									
	通风空调									
	照明									
	工艺设备及安装									
	工艺金属结构									
	工艺管道									
	工艺筑炉及保温									
	变配电设备及安装									

续表

序　号	工程和费用名称	估算价值/万元					技术经济指标			
		建筑工程费	设备及工器具购置费	安装工程费	工程建设其他费用	合　计	单　位	数　量	单位价值	比例/%
	仪表设备及安装									
	⋮									
	小计									
	⋮									
2	×××									
	⋮									

(5)项目总投资估算汇总表的编制

将上述投资估算内容和估算方法所估算的各类投资进行汇总，编制项目总投资估算表，见表4.29。

表4.29　项目总投资估算汇总表

工程名称:××工程投资估算汇总表

序　号	费用名称	估算价值/万元					技术经济指标			
		建筑工程费	设备及工器具购置费	安装工程费	工程建设其他费用	合　计	单　位	数　量	单位价值	比例/%
一	工程费用									
(一)	主要生产系统									
1	××车间									
2	××车间									
3	—									
(二)	辅助生产系统									
1	××车间									
2	××仓库									
3	—									
(三)	公用及福利设施									
1	变电所									
2	锅炉房									
3	—									
(四)	外部工程									

续表

序　号	费用名称	估算价值/万元					技术经济指标			
		建筑工程费	设备及工器具购置费	安装工程费	工程建设其他费用	合　计	单　位	数　量	单位价值	比例/%
1	××工程									
2	—									
	小计									
二	工程建设其他费用									
1	—									
2	小计									
三	预备费									
1	基本预备费									
2	价差预备费									
	小计									
四	建设期利息									
五	流动资金									
	投资估算合计/万元									
	比例/%									

(6)项目分年投资计划表的编制

估算出项目总投资后,应根据项目计划进度的安排,编制分年投资计划表,见表4.30,该表中的分年建设投资可作为安排融资计划,估算建设期利息的基础。

人民币单位:万元

表4.30　分年投资计划表

外币单位:

序　号	项　目	人民币			外　币		
		第1年	第2年	…	第1年	第2年	…
	分年计划/%						
1	建设投资						
2	建设期利息						
3	流动资金						
4	项目投入总资金(1+2+3)						

课后练习

1.怎样理解工程造价信息与项目投资决策的关系?
2.工程造价信息与可行性研究的关系是什么?
3.投资估算的数据来源有哪些?
4.静态投资的估算方法有哪些?各方法的适用条件是什么?
5.建设投资估算表的编制方法有哪些?

设计阶段工程造价信息管理

5.1 设计阶段工程造价信息管理概述

工程建设通常都是分阶段进行的，主要包括可行性研究、初步设计、施工图设计、施工准备、施工实施和试生产6个主要阶段。施工阶段的工程造价管理一般由建造师和监理工程师在施工准备和施工实施阶段进行，其重要性已被大多数人所认识和重视。那么什么是设计阶段的工程造价信息管理？设计阶段要不要进行工程造价信息管理？怎样才能保证工程造价信息管理在设计阶段发挥其应有的作用？怎样才能使有限的资金和物质资源得到充分的利用？

工程项目一般都有投资巨大、社会效益广泛、工期长等特点。如高速公路的建设，每千米造价一般为数百万元至一两千万元，甚至更高，一条高等级公路建设投资巨大。由此可知，为保证建设项目的顺利实施，造价信息管理成为项目管理的关键因素之一。其中设计阶段是控制项目基本建设投资规模、约束工程造价、提高投资效益的关键。实践表明设计阶段对工程总投资的影响度为35%~75%，而在施工阶段影响工程造价的可能性仅为5%~35%。显然，设计阶段是工程造价管理的重点，而且设计质量对其后的使用功能、寿命和维修费用都有深远的影响，这就要求把工程造价的重点放在设计阶段，首先应对设计阶段的造价信息进行管理。

5.1.1 设计阶段工程造价信息管理的概念

设计阶段工程造价信息管理是指为了遵循工程造价活动的客观规律和特点，运用科学技术原理和经济及法律等管理手段，对设计阶段中人力、物力和财力等信息进行收集、加工整理、储存、传递与运用等一系列工作，使得相关造价信息能在工程造价管理中解决工程建设活动中的工程造价确定与控制、技术与经济、经营与管理等实际问题，做到合理使用人力、物力和财力，达到提高投资效益和经济效益。工程造价有两种含义，工程造价信息管理也有两种：一是工程投资费用信息管理；二是工程价格信息管理。前者针对投资者而言，后者针对承包商而言。

因为设计阶段的造价信息管理是控制总体工程造价的第一关，只有在设计工作没有完成之前和在设计图纸未交付实施之前做好了工程造价信息管理，才能为建设项目总体工程造价管理打好基础。这是因为设计阶段的造价信息管理是工程施工阶段造价管理的基础。例如同样一工程经设计后，其工程造价的总费用为1 000万元，那么工程施工阶段的工程造价就要在1 000万元的基础上进行；假如另一工程施工阶段的工程造价管理与前一工程的最终效果都是一样的，但是其在设计阶段未做管理，从而造成总投资要多200万元左右，使得建设项目总体工程造价也相应提高。如果管理机构在设计阶段加强了工程造价管理，设计人员在准确、及时、专业、真实、高效的设计信息运用过程中，在能够满足设计任务书和相关标准的前提下，采用合理的工艺技术，材料设备和合理的结构形式，其设计造价接近1 000万元或更少，其工程造价信息给造价管理所带来的效益就明显地表现出来。从而真正做到花小钱办大事，少花钱办好事，少花钱多办事。因此，无论从造价管理系统环节看，还是从投资利用、投资控制方面看，设计阶段的工程造价信息管理工作不但必要而且很重要，只能加强，不能削弱。

5.1.2 设计阶段工程造价信息管理的原因及特点

1）设计阶段工程造价信息管理的重要性

建设项目设计是建设项目进行全面规划和具体描绘实施意图的过程，是工程建设的灵魂，是科学技术转化为生产力的纽带，是处理技术与经济的关键性环节，是控制工程造价的重点阶段。在设计阶段，由于针对的是具体项目的设计，是从方案选定到初步设计，又从初步设计到施工图设计，使建设项目的模型逐渐显露出来，并使之可以实施。因此，在这一阶段进行造价管理必须具体、直观，有看得见、摸得着的感觉。而设计阶段造价信息管理，就是在设计方案实施之前以及设计方案设计过程中，采用一定的方法和措施把未来设计过程中需要使用到的造价信息进行整理、搜集和管理，从而在设计过程中将工程造价控制在合理的范围和核定的造价限额以内。设计阶段造价信息管理充分体现了事前和事中控制的思想。由于设计的每一笔钱都是需要投资来实现，因此在没有开工之前，把好设计关尤为重要，为了避免施工阶段不必要的修改，减少设计洽商造成的工程造价的增加，由前期搜集得来的信息，在设计阶段把设计做细、做深入。一旦设计阶段造价最主要的信息管理不能实现，就必将给后续阶段的造价管理带来很大的负面影响。

建设项目设计是具体实现技术与经济对立统一的过程。建设项目设计中设计的质量、设计的深度不仅关系到建设项目一次性投资的多少，而且影响到建成交付后经济效益的良好发挥，如使用费、维修费、报废回收费即全寿命周期成本的高低，而且还关系到国家有限资源的合理利用和国家财产以及人民群众生命财产安全等重大问题。如图5.1所示是建设过程各阶段工作对投资影响的形象图，图中所显示的规律基本上符合我国的情况。从图中可看出：工程项目一经决策,影响工程造价最大的阶段是设计阶段,设计阶段的工程造价管理是关键,而作为造价管理的前提和重点,造价信息管理是设计阶段造价管理的重点。

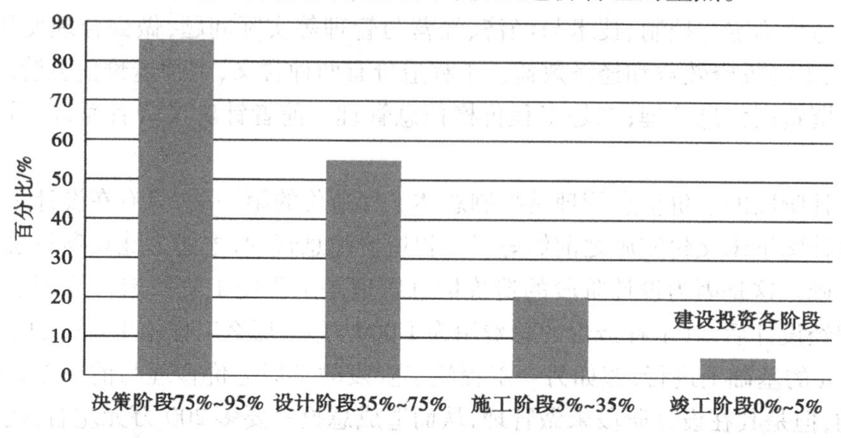

图 5.1 建设各阶段投资影响图

(1)设计方案直接影响投资

据研究分析,设计费一般只相当于建设工程全寿命费用的 1%不到,但正是这少于 1%的费用对投资的影响最高达到 75%,在单项工程设计中,建筑和结构方案的选择及建筑材料的选用对投资都有较大影响。如结构设计中基础类型的选用,结构形式的选择,对于规范的理解应用等都存在着技术经济分析问题。由此可知,信息管理的重要性,前期收集造价信息,后期可以灵活应用,并且在实施阶段,控制造价。

(2)设计方案影响经常性费用

建设工程设计不仅影响项目建设的一次性投资,而且还影响使用阶段的经常费用,如暖通、照明的能耗、清洁、保养、维修费等,一次性投资与经常性费用有一定的反比关系,但通过建筑、结构设计人员努力可找到这两者的最佳结合,使项目建设的全寿命周期费用最低。达到全寿命周期费用最低,这需要设计人员对于造价信息的应用和提取必须做到及时性、准确性,保证在设计过程中对相关技术、设备的信息及造价信息了然于胸。

(3)设计质量间接影响投资统计

在工程质量事故的众多原因中,设计质量问题居第一位。不少建筑产品因设计时功能设计不合理,影响正常使用;有的专业设计之间相互矛盾,造成施工返工、停工现象;有的造成质量缺陷和安全隐患,给国家和人民带来巨大损失,造成投资浪费,工程造价提高。不仅如此,工程造价对工程设计也有很大的制约作用。在市场经济条件下,归根结底应该说还是经济决定技术,还是财力决定工程规模和建设标准、技术水平。

在一定经济约束条件下,就一个建设项目而言,应尽可能减少次要辅助项目的投资,以保证和提高主要项目设计标准或适用程度。因此,就要加强工程设计与工程造价的关系的研究分析和比选,正确处理好两者的相互制约关系,从而使设计产品技术先进、安全可靠、经济合理,使工程造价得到合理确定和有效控制。要做到技术先进、安全可靠、经济合理,设计人员不仅要掌握专业技术知识,还要熟悉相关造价知识,这都需要大量的技术信息以及造价信息作为辅助前提,这也是造价信息管理的重点。

任何工程都有相应的投资计划,投资计划的多少主要是依据可行性研究或初步设计来编制的,在保证工艺要求和相关标准的前提下,投入资金越少,建设工期越短,投资效益就越显著,为达此目的,工程造价信息管理就提到了重要位置。

通过上面工程设计与工程造价信息关系的分析,设计阶段工程造价信息管理的重要性主要体现在以下方面:

①在设计阶段进行工程造价信息管理可以使造价构成更合理,提高资金利用率。通过造价信息的应用可以在设计概算阶段了解工程造价的结构构成,分析资金分配的合理性,并可以利用价值工程分析项目各个组成部分功能与成本的匹配程度,调整项目功能与成本,使其更合理。

②在设计阶段进行工程造价信息管理可以提高投资控制效率。通过造价信息的应用在编制设计概算并进行分析时,可以了解工程各组成部分的投资比例。将投资比例较大的部分作为投资控制的重点,这样可以提高投资控制效率。

③在设计阶段进行工程的造价信息管理便于技术与经济相结合。工程设计工作往往是由建筑师、设计师等专业人员来完成的,他们在设计中往往更重视工程的使用功能,力求采用先进的技术手段实现项目所需的功能,而对经济因素,尤其全寿命周期成本关注不够,通过设计阶段的工程造价信息管理的前期控制,为确保做到技术先进、安全可靠、经济合理的设计成品的出品,使设计人员选择一种最经济的设计手段实现技术目标,从而确保设计方案能较好地实现其投资效益。

2)设计阶段工程造价信息管理存在的问题

(1)设计阶段造价信息过于片面

设计阶段造价信息过于片面是由于我国现有工程造价信息管理中对于工程造价的确定造成的,无论是从概算到预算还是按照直接工程费、间接费、计划利润和税金等部分进行划分,其中工程造价的直接费中的工料机费都是参照国家或地方的标准定额与造价信息确定的;同时也是一种基于资源和部门的工程造价信息的管理方法。管理对象和方法都是针对具体资源的消耗占用和具体部门的消耗费用分摊的,是一种间接的和比较粗放的造价信息管理,这种方法不能满足建设项目对后期管理工作的开展,只是针对单一过程造价信息管理的需要。

(2)设计阶段过度注重对技术的要求

在设计阶段的招投标中往往片面地重视设计方案的招标,设计人员一味追求设计上技术的先进性,使得初步设计投入过多,从而在很大程度上忽略了技术设计、施工图设计阶段的招标工作及设计的经济性,这样一旦方案中标,就造成在后续的设计中缺少竞争机制,设计单位没有压力,造价管理的积极性也不会很高。这往往也造成设计阶段对设计前期造价信息的搜集的片面性和一定程度上的忽略。

(3)设计阶段风险意识不够

根据国外一项资料统计,民用建筑工程事故原因统计中,设计原因所占比重高达40.1%,居于各种原因之首(见表5.1)。而我国也曾对建筑行业514项工程事故的原因进行统计分析,设计原因造成的工程事故占40%。由此可知,设计质量问题对于工程质量的影响是十分巨大的。

表 5.1　工程事故原因统计

质量事故原因	设计责任	施工责任	材料原因	使用责任	其　他
所占百分比/%	40.1	29.3	14.5	9.0	7.1

设计如果出现质量问题，轻则由于不断发生设计变更而导致工期延误，重则导致已建工程无用，蒙受巨大经济损失，甚至于投入使用后发生事故，这个后果更是不堪设想。虽然设计师要为其错误承担法律和民事责任，但是业主遭受的损失是无法衡量的。另外，设计阶段的风险还包括设计不当问题和设计进度问题，对工程的投资影响及由于延误工程带来的损失是非常巨大的。

由此可知，设计阶段对造价管理的重要性，而其管理的根本在于对造价信息的及时搜集，适时反馈，统一管理，才能使设计成果保质保量，并且经济性好。

(4)设计阶段造价信息管理过程中各环节脱节

由于目前客观上存在的专业壁垒，概预算人员对工程设计的有关专业知识知之甚少或根本不懂，只是一味地遵从设计图纸进行概预算的编制。而设计人员则对工程造价的管理问题不甚关心，只是按照设计任务书的相关要求进行设计出图。设计人员不能与概预算人员结合起来，导致工程造价管理停步不前，最终导致工程造价信息管理的失效。

由于现行的设计收费标准是按造价的比例计提，导致有的设计单位为追求利润，盲目扩大工程规模，任意提高设计标准，过度追求安全系数，不认真进行经济技术方案的优选优化，甚至随意加大梁柱截面，提高混凝土强度等级，增加配筋量，导致设计概算的超标现象频繁发生。其他的相关外单位也没有较强的联系，造成工程造价不能在一开始就得到很好的控制。

对于一个工程项目而言，投资一经决策，设计就成为决定工程造价的关键阶段。因为设计工作完成后，各分部分项工程量就确定了，这个工程的建造成本基本也就确定，并且设计深度对工程投入使用后的运营成本影响极大。为加快我国节能建筑、绿色建筑的进程，建设符合国家有关节能、节水、节材、节地、环保、资源节约与综合利用的工程，对工程设计提出更高要求，由于工程建设的不可重复性，为取得期望的投资效益和社会效益，加强工程设计阶段的造价信息管理就更为重要。

5.2　初步设计阶段工程造价信息管理

初步设计是建筑设计的第一阶段，它的主要任务是提出设计方案，即在已定的基地范围内，按照设计要求、综合技术和艺术要求，提出设计方案。

在项目实施的各个阶段中，初步设计阶段作为确定与控制工程造价的重点阶段。为了确保已批准的投资不被突破，设计与经济应密切配合，通过多方案比选的方法，能够达到预期的控制投资目的；设计过程中选用合理的建筑材料，采用标准设计的方法也能够有效地降低工程造价；加强图纸的审查力度不仅可以大量减少错漏现象的发生，还能够减少施工时的设计变更，有利于建设项目的投资控制。

对于初步设计阶段造价信息管理，应结合设计与经济两方面的信息，从技术方面出发，从原材料出发,使设计人员在设计过程中,既能保证建筑项目的技术标准,也能保证投资者的投资金额最小。

5.2.1 初步设计阶段影响工程造价信息管理的因素

建设工程投资控制是建设项目管理的核心内容,它始终贯穿于工程建设的全过程。从投资控制方面来看,仍然有一些项目存在着随意扩大建设规模、提高建设标准和改变工程建设内容等现象,导致概算超估算、预算超概算及结算超预算的现象发生,最终导致工程投资失控或控制不理想,打乱了正常的投资计划平衡,浪费了大量的人力、物力和财力,给企业正常生产造成了重大影响。

①初步设计阶段对于相关建筑工程概算定额信息不全,相关表格建立不全且对市场动态价格信息没有做搜集,从而导致造价偏差的出现。

初步设计阶段造价人员编制设计概算时没有严格执行国家的建设方针和经济政策。目前仍有一些概算没有采用相关建筑工程概算定额,编制的概算很不规范,没有按相关工程造价编制与审核的规定进行概算编制。单位工程概算表、单项工程综合概算表、总概算表三级概算表,相互混编分不清。有些项目只作了静态投资,没有计算动态投资,对项目的投资计划、资金筹措与运用、建设资金的借贷利息均无考虑。

②初步设计阶段设计人员对技术标准、设计深度等相关信息没有认真研读,而造价人员对设计图纸没有认真研习,导致设计图纸错误不断,设计概算价格漏洞百出。

设计概算要完整、正确地反映设计内容,要认真了解设计意图,根据设计文件、图纸准确计算工程量,避免重算和漏算。设计修改后,要及时修改概算。但目前编制的概算离要求的差距较大,初步设计有些内容深度不够,概算中只能估算,甚至对概算编制工作不够重视。如初步设计经审查后,涉及初步设计内容的修改,一般设计院把初步设计提出的问题留到施工图设计时来解决,造成初步设计概算不能反映真实情况。再加上编制人员对工程概算定额不够熟悉,定额套用、换算存在一定差错,也不能按计算规则进行工程量的计算,冒高、漏算比较多,造成单位工程概算造价的不准确。

③在初步设计阶段,由于对项目所在地市场价格信息搜集不准确,相关定额、清单信息不掌握,导致设计概算价与实际价格出现误差。

只有坚持结合拟建工程的实际,反映工程所在地当时的价格水平,在对影响造价的各种因素进行认真调查研究的基础上正确使用定额、指标、费率和价格等各项编制依据,才能提高设计概算的准确性。目前编制的概算因地质资料不齐全、不准确,对施工组织及施工方案不了解,所用的材料品牌不明确,因此常在取费、材料调差等方面出现不确定性,甚至商品混凝土不知怎样调差,造成设计概算不能正确地反映施工条件和实际价格。

④初步设计阶段所出具的设计概算书由于前期搜集信息不完整,导致所出具的设计概算以一般预算书的形式出现。

设计概算一般应包括:封面及目录、编制说明、总概算表、工程建设其他费用概算表、单项工程综合概算表、单位工程概算表、工程量计算表、分年度投资汇总表与分年度资金流量汇总表,以及主要设备、材料汇总表与工日汇总表。目前设计院编制的设计概算常常达不到这一要求,只是以一般预算书的形式出现。

【案例】

工程背景:

某市大型图书馆工程项目,建筑规模为42 000 m^2,批复项目投资16 056万元,其中工程费用为12 383万元。2014年8月进行了设计招标,招标人的招标文件明确规定本项目采用限额设计,经过公开招标,最终确定某建筑设计研究院作为设计中标单位。2014年10月完成初步设计,并向业主提交了初步设计及其概算文件,提交的初步设计概算额为16 043万元,其中工程费用概算为12 376万元。同时,业主委托某工程造价咨询公司为该项目的全过程跟踪审计单位,包括对初步设计及其概算的审计。

初步设计概算审查过程及发现的问题:

工程造价咨询单位接受委托后,编制了较为详细的跟踪审计计划。跟踪审计包括对设计委托过程中业主对设计单位提出的项目功能、造价的要求,设计合同条款的审查,设计技术方案的审查,设计过程各分部工程经济指标的审查等。设计方案造价和审查根据设计单位编制的初步设计文件对初步设计概算进行了审核,采用逐项审核法,审核发现设计单位提交的初步设计概算中的工程费用没有完全按初步设计图纸中的工程量,套当地有关部门发布的概算定额消耗量以及符合实际情况的工料机单价进行计价。其中装饰装修工程部分,在设计图纸中规定的某些部位的装饰装修标准比确定概算费用时套的要高,发现提交的初步设计概算为967.5元/m^2,而按照实际初步设计图纸要求的做法计算出的概算应为1 266.8元/m^2,经过审核后的装饰装修工程最终初步设计概算按原方案设计概算超出1 089.06万元。除此之外,本项目设计时,建筑设备安装工程所用的空调系统,按照满足总计42 000 m^2的藏书、查询、阅览等区功能要求,计算负荷时考虑问题不周全,没有考虑该图书馆外围护结构已经采用粘贴XPS板(绝热用挤塑聚苯乙烯泡沫塑料)保温措施,使采用的空调系统型号规格偏大,增加了设备采购费用。经重新复核计算后,重新选购空调设备,费用减少231万元。两项概算费用有增有减,均为设计概算计算不合理造成,比有关部门批复投资16 056万元超出858.06万元。

问题原因分析:

本大型图书馆项目所反映出的问题,结论很简单。

①因为没有按限额设计去进行设计。

②设计方案不合理,按照不合理的方案确定概算时计算错误。根据限额设计的概念,要求按照已经批准的本大型图书馆工程的投资估算控制该大型图书馆工程的初步设计概算,该图书馆项目各组成部分在保证达到业主提出的本大型图书馆藏书、查询、阅览等使用功能的前提下,按分配到图书馆各单项工程、单位工程,甚至各分部分项工程项目的投资限额控制各部分设计,严格控制不合理变更。根据国家计委印发《关于控制建设工程造价的若干规定》(计标〔1988〕30号)的通知第二条规定,设计阶段应积极推行限额设计,保证估算、概算起到层层控制的作用,不突破造价限额。虽然现阶段不管是业主方,还是设计单位都已经认识到限额设计对投资控制的重要性,在设计招标时也都要求采用限额设计,但设计概算超估算的现象还屡有发生。

本案例中虽然提出采用限额设计,但限额设计落实不到位,导致该项目的装饰装修工程初步概算发生错误,确定的总概算超出批复的投资估算,其主要原因如下:

①设计人员的投资控制观念淡薄,在设计中片面追求建筑效果,装饰标准随意提高,不顾

及对工程造价的影响。

②设计人员和造价管理人员没有形成有机整体,相互脱节,有些设计人员不懂工程造价,对工程项目经济指标认识模糊或干脆不懂,也就无从谈起限额设计。

③超出限额设计后的责任追究制度不明确,导致限额设计落不到实处。有些设计单位甚至没有限额设计机制,重方案,重设计方案中标;轻投资控制,轻视经济指标的比较。

问题的处理及启示:

本工程项目出现的问题带有一定的普遍性。对此类问题的处理应根据实际情况,按照规定和要求进行处理。本项目的建设单位根据工程造价咨询公司的发现和提出的问题,要求设计单位在保证建筑物使用功能的前提下,修改初步设计,对装饰装修部分重新根据设计图纸设计概算确定,并保证初步设计概算在批复的投资总额范围内。

由于工程技术管理人员对设计阶段设计概算编制的轻视,常常导致概算超估算的问题,经过案例中的描述,得到以下启示,以供广大同行参考:

①设计单位应主动积极推行限额设计,保证所设计项目的总投资额不被突破。

②设计委托合同中要明确限额设计要求,并有责任条款,约定限额设计奖惩条款,实行"节奖超罚"。避免项目投资多少与设计人员无关的现象出现,建立健全设计单位的内部经济责任制。

③要求方案设计人员不仅按委托人要求完成方案设计,而且会计算工程造价,甚至应该运用技术经济比较方法进行方案优化。设计单位的造价管理人员,在设计之初应根据设计需求及时、准确搜集相关技术及造价信息,并且根据设计进度随时提供所设计方案的经济指标,使方案设计与工程造价的确定紧密结合。同时避免造价人员只管按照设计方案计算造价的脱节现象,不考虑技术方案是否合理的问题出现。

④造价管理人员在设计过程中加强对事中信息的搜集,从而加强对设计概算的审查,保证设计概算的准确性,避免设计概算与设计图纸脱节。

⑤相关设计人员在设计初期对设计规范、设计标准、技术要求及合同要求,搜集与本次设计相关的信息,后期减少设计变更,避免设计概算发生差错的重要途径是提高设计方案的正确性。

既要保证设计图纸的标准性,也要保证设计概算的准确性。

5.2.2 初步设计阶段工程造价信息的收集

1)初步设计阶段工程造价信息的搜集途径

初步设计阶段是施工图设计、技术(方案)设计的前提,对于初步设计阶段造价信息的搜集主要从以下几个方面进行搜集:

①招标文件中关于设计标准、设计设防烈度、设计朝向等标准(由招标文件中搜集)。

②由设计单位向业主(建设单位)确认或搜集相关信息(详见附表)。

③设计的一般规定信息。

a.装配整体式建筑设计应符合国家现行各类建筑设计标准规范的要求及相关防火、防水、节能、隔声、抗震及安全防范等标准规范的要求,满足适用、经济、美观的设计原则。同时应符合建筑工业化及绿色建筑的要求。

b.装配整体式建筑设计应做到基本单元、连接构造、构件、配件及设备管线的标准化与系列化，采用少规格、多组合的原则，组合多样化的建筑形式。

c.装配整体式建筑设计所选用的各类预制构配件的规格与类型、室内装修系统与设备管线系统等，应符合建造标准和建造功能的需求，并适应建筑主要功能空间的灵活可变性。

d.对有抗震设计要求的装配整体式建筑，其建筑的体型、平面布置及构造应符合抗震设计的原则。

e.装配整体式建筑宜采用土建与装修、设备一体化设计。同时将室内装修与设备安装的施工组织计划于主体结构施工计划有效结合，做到同步设计、同步施工，以缩短施工周期。

f.装配整体式建筑的施工图设计文件应完整，预制构件的加工图纸应全面准确反映预制构件的规格、类型、加工尺寸、连接形式。

④建筑设计规范（详见《现行建筑设计规范大全》，中国建筑工业出版社出版）。如土建类建筑规范标准工程建设国家标准有（仅土建类建筑规范有 260 余规范，在此仅列一小部分）：

a.工程建设标准强制性条文（房屋建筑部分）；

b.房屋建筑制图统一标准 GB/T 50001—2010；

c.砌体结构设计规范 GB 50003—2001；

d.建筑地基基础设计规范 GB 50007—2002；

e.建筑结构荷载规范 GB 50009—2001；

f.混凝土结构设计规范 GB 50010—2010；

g.建筑抗震设计规范 GB 50011—2010；

h.建筑设计防火规范 GB 50016—2006；

i.钢结构设计规范 GB 50017—2003。

⑤国家、行业和地方政府有关建设和造价管理的法律、法规、规定。

⑥批准的建设项目的设计任务书（或批准的可行性研究文件）和主管部门的有关规定。

⑦初步设计项目一览表。

⑧能满足编制设计概算的各专业设计图纸、文字说明和主要设备表。

⑨正常施工组织设计。

⑩当地和主管部门的现行建筑工程和专业安装工程的概算定额（或预算定额、综合预算定额）、单位估价表、材料及构配件预算价格、工程费用定额和有关费用规定的文件等资料。

⑪现行有关设备原价及运杂费率。

⑫现行的有关其他费用定额、指标和价格。

⑬资金筹措方式。

⑭建设场地的自然条件和施工条件。

⑮类似工程的概、预算及技术经济指标。

⑯建设单位提供的有关工程造价的其他资料。

2）初步设计阶段工程造价信息的搜集方法

初步设计阶段造价信息收集的方法一般有：

①采纳。如报刊、图书、文献等的订阅和购买（推荐）。

②索取。如内部出版的报刊、图书资料等(推荐)。

③交换。如通报、通信与同内外同行交流等。

④现场调查。如参观访问、参加会议、技术交流、专题调查等。

此外,还可采用定局博览式、偶然捕捉式、专题汇集式以及综合分析等多种方法。

为保证完成某项工作任务,从各种信源处获得信息。信息收集的内容因不同的工作对象和任务性质所决定。军事部门收集军事信息、经济部门收集经济信息,尽管收集内容各不相同,但须遵循一致的原则。

①目的性原则。信息的收集必须有明确的目的,必须根据具体任务和实际需要,有的放矢地收集。

②准确性原则。信息的收集必须准确,不准确的信息不仅浪费了人力、物力和时间,甚至会导致决策失误,造成巨大的经济损失。

③系统性原则。一般来讲,信息的产生和传播,有零散、断续的特点,它不是一次性地集中发出,而是在时间上有间隔,内容上不完善。因此,多方拓展信息来源,注意信息的积累,加强信息的系统性,是提高信息质量的一个重要因素。

④时效性原则。时效性是信息所具有的一个极重要的属性,信息如果过时,也就失去或减弱了使用价值。保证信息收集及时有效的办法,就是积极做好信息预测工作,抓潜在信息,走在时间的前面。

⑤全面性原则。地区不同,部门不同,各种社会或经济活动不同,信息的生成量密度和含量也不相同,因此,在信息收集时,必须采取多种方法,进行上下、左右、前后的多方位搜集,并把收集对象的相关因素联系起来综合考虑,找出其中的共性和规律。

5.2.3 初步设计阶段工程造价信息的整理和分析

经过收集而获得的原始信息通常是杂乱无章的,因此需要进行整理和鉴别。整理的过程是信息组织的过程,使信息从无序变为有序,成为便于利用的形式。鉴别的过程就是将质量低劣、内容不可靠、偏离主题或者重复的资料剔除,同时也是区别重要信息与次要信息的过程,以便在选用信息资料时做到心中有数。

信息的整理和分析是指以社会用户的特定需求为依托,以定性和定量研究方法为手段,通过对社会信息的收集、整理、鉴别、评价、分析、综合等系列化加工过程,形成新的、增值的信息产品,最终为不同层次的科学决策、市场经济和管理服务的一项具有科研性质的智能活动。

初步设计阶段造价信息的整理和分析主要从以下5个方面入手:

(1)总体规划

总体规划是对人的活动行为在空间环境中加以组织的结果。总体规划的合理性就是要提高建筑空间的使用效率,发挥建筑空间的最大潜能。因此,合理高效的总体规划一方面要处理好建筑物与外部环境的协调关系;另一方面要充分利用空间,达到节约土地资源的目的。空间的高效性主要指建筑物的内部功能是否具有合理清晰的组织,各个组成部分之间的联系是否方便合理,采用的形式是否与空间的高效性相抵触。一般建筑布局有集中布置和分散布置两种。采用哪种形式较合适,除了要考虑建筑物的功能要求、地段的具体条件以及建筑物本身的经济性以外,还应考虑用地的经济性。一般来说,集中布置要比分散布置节约用地。但是在地形条件不宜集中布置或因为功能、卫生、分隔以及结构等要求不能解决时,则应根据具体情况灵活布置。如果总体规划设计合理，可以大大降低土地的使用费用，最大限度地利用土地，各功能不同的又相互联系的单体，其组合的合理性将影响到实体施工的费用及项目建成后的运行成本。如连接各单体工程的施工道路和规划道路的利用，各单体之间的公共空间、绿化空间的互补，水、电、暖、通信等的共享，将直接影响到建设工程造价的高低和建成后的使用成本。

(2)建筑的平面布置

在建筑中，墙体所占比重大，是影响造价的主要原因之一。衡量墙体比重大小，常采用墙体面积系数（墙体面积/建筑面积）。尽量减少墙体面积系数，它与建筑平面布置、层高、单元组成等均有密切关系。合理加大建筑进深，减少外墙长度能减小墙体面积系数，这是降低造价提高经济效果的主要措施之一。在相同建筑面积时，建筑的平面形状不同，住宅的建筑周长系数（即每平方米建筑面积所占外墙长度）也不同。它按圆形、正方形、矩形、T 形的次序依次增大，即外墙面积、墙身基础、墙身内外表面装修面积也依次逐渐增大。但由于圆形建筑施工复杂，施工费用较矩形增加 20%~30%，故其墙体工程量的减少不能使建筑工程造价降低，而且用户使用不便。因此，一般都设计成矩形和正方形，既利于施工，又能降低成本、使用方便。在矩形建筑中，又以长:宽=2:1为佳。因为建筑物增加到一定程度，就要设置伸缩缝，这要增加造价，因此一般住宅单元以 3~4 个住宅单元，房屋长度 60~80 m 较为经济。在满足住宅功能和质量前提下，加大住宅进深，即采用大开间，对降低工程造价有明显效果。单体平面结构布置的合理性更为重要，直接影响单体项目的工程造价。如某院校教学楼设计采用了大量的独立连廊，连廊最大宽度 6 m，最小宽度 3 m，设计标准大大超出了教学楼所需的使用功能要求。如将宽 6 m 的连廊缩小到宽 3 m，其使用功能及美观性影响不大，但可以使连廊的造价降低约 60%。如果将一部分独立连廊设计修改成教室带挑廊设计，则在增加连廊造价 30% 的基础上，可以大幅度地增加教室面积。

(3)建筑物的高宽比

高宽比（H/b，它是建筑物的总高度 H 和倾覆方向支撑体系的总宽度 b 之比）对高层建筑物的造价影响相当大，有时甚至比建筑物的绝对高度影响更大。一般说来，建筑物的造价 P 和高宽比 H/b 成正比例关系，即

$$P=k \times H/b \tag{5.1}$$

下面以两个工程为例，具体分析结构高宽比对建筑物造价的影响。所选两工程均为剪力墙结构体系，基本情况见表 5.2。

表 5.2　工程概况表

名　称	设防烈度	抗震等级	层　数	建筑高度/m	等代宽度/m	高宽比
建筑甲	7	二级	34	97	23	4.2
建筑乙	6	三级	31	96	12	8

参照《高规》第 4.2.3 的相关规定，抗震烈度为 6、7 度的剪力墙结构的高宽比不宜大于 6，而建筑乙的高宽比远大于规范建议的适用值。根据理论分析得出以下结论：与相同类型、高宽比适中的建筑物相比，建筑乙所承受的轴力将增大、位移增加、结构的稳定性及延性将有所降低，相关计算分析结果见表 5.3。

表 5.3 相关分析结果

名 称	控制荷载	最大轴压比	顶点最大位移	最大角位移	抗倾覆弯矩与倾覆弯矩之比最小值
建筑甲	地震荷载	0.49	57.5	1/1 460	11.33
建筑乙	风荷载	0.63	77.92	1/1 036	6.44

因此,为了满足结构使用与安全的要求,必定在设计中加大竖向结构的截面尺寸,增加剪力墙有效设计长度,提高配筋率。这样一来,必然增加钢筋及混凝土用量,结构的造价将大幅度提高。

从抗震等级考虑,建筑甲的剪力墙抗震等级为二级,按照《高规》规定:一、二级抗震设计的剪力墙底部加强部位及其上一层的墙肢端部应设置约束边缘构件,而建筑乙剪力墙抗震等级为三级,只需配置构造边缘构件,其用钢量远小于约束边缘构件。现采用 PKPM 工程造价系列软件 sTaT 对两建筑的具体用钢量进行统计,每平方米钢筋、混凝土用量见表 5.4(钢筋单位:kg/m^2;混凝土单位:m^3/m^2)。

表 5.4 钢筋及混凝土用量

名 称	梁钢筋	板钢筋	剪力墙钢筋	总钢筋用量	混凝土用量
建筑甲	9.6	10	23.92	43.52	0.306
建筑乙	10.3	10.16	27.44	47.9	0.365

从表 5.4 中可以看出,建筑乙单位面积的钢筋及混凝土用量反而比建筑甲要高,归其原因,可以认为是高宽比的影响,建筑乙的高宽比远大于建筑甲且超过规范的适用值,是导致用钢量增加的直接原因。

按钢筋的单位价格为 4 650 元/t,混凝土的单位价格为 320 元/m^3,计算并比较由主材计算的两种建筑物的具体经济指标,数据如下:

建筑甲单方造价:0.043 52×4 650+0.306×320=300.29(元/m^2)

建筑乙单方造价:0.047 9×4 650+0.365×320=339.52(元/m^2)

通过计算分析发现,由于高宽比设计参数的影响,在 6 度区建筑的本应造价较低的建筑乙的单方造价却高于相同类型的建造于 7 度区的建筑甲,每平方米相差近 40 元。由此可知,建筑物的高宽比对造价有着重要的影响。

(4)建筑物的经济高度

在低层建筑中,往往以重力代表竖向荷载控制结构设计;在高层建筑中,尽管竖向荷载仍然对结构设计产生重要影响,但水平荷载却起着决定性的作用。随着建筑层数的增多,水平荷载也成为结构设计的控制因素。因而对结构构件的要求更高,对建筑物造价影响也较大。《高层建筑混凝土结构技术规范》中给出了各种结构体系的混凝土高层建筑最大适用高度,见表 5.5。

表 5.5 结构体系最大适用高度

结构体系		非抗震设计	抗震设防烈度			
			6 度	7 度	8 度	9 度
框架		70	60	55	45	25
框架-剪力墙		140	130	120	100	20
剪力墙	全部落地剪力墙	150	140	120	100	80
	部分框支剪力墙	130	120	100	80	不应采用
筒体	框架-核心筒	160	150	130	100	70
	筒中筒	200	180	150	120	80
板柱-剪力墙		70	40	35	30	不应采用

(5)建筑的层高及层数

①建筑的层高。建筑的层高直接影响工程造价,这是因为层高增加,墙体面积增加,柱体积增加,保温层面积、装饰面积增加。因空间体积加大而造成的水、暖、电、空调设备容量增加等,从而造成了工程造价的增加。根据不同地质条件和不同性质建筑物综合测算,建筑层高每增加 10 cm,相应建筑物单位面积造价增加 2%~3%。在满足建筑使用功能的前提下层高应尽可能降低,为达到建筑设计的经济性和国家节能的发展策略,国家建筑设计规范规定民用住宅的层高为 2.8 m。

②建筑的层数。增加建筑层数,一般有利于节约土地,因为在建筑物面积规模一定的前提下,层数越高,建筑物基底所占的用地面积就越少,而且从建筑物每平方米摊销的土地费用来看,也越经济。当然层数增加,日照、采光、通风所需要的间距也要增大,但总的来说用地仍然是节约的。例如,在居住建筑中,日照间距同建筑物的层数大致成正比例关系。因此同样建筑面积的住宅,6 层与 3 层相比,虽然日照间距所需的用地有所不同,但由于建筑物基底占地面积的减少,总体上还是节约了土地,见表 5.6。

表 5.6 住宅建筑层数与用地效果分析

层数	每户用地面积(m^2/户)	每户节约用地(m^2/户)	比第一层节约百分率(%)	节约用地增长百分率(%)
1	74.62	0	0	0
2	49.18	25.44	34.09	34.09
3	40.7	33.92	45.46	11.37
4	36.46	38.16	51.14	5.68
5	33.92	40.7	54.54	3.40
6	32.22	42.4	56.82	2.28
7	31.01	43.61	58.44	1.62
8	30.10	44.52	59.66	1.22
9	29.39	45.23	60.61	0.95

续表

层数	每户用地面积（m^2/户）	每户节约用地（m^2/户）	比第一层节约百分率(%)	节约用地增长百分率(%)
10	28.82	45.80	61.37	0.76
11	28.36	46.26	61.99	0.62

但高层建筑由于结构强度要求高，需增设许多附属设施，如电梯、消防安全通道、水电双路供给等，使工程造价大幅度提高。同时，过多的高层设计也会造成不良的环境影响，如绿化、光污染、局部的风灾等，因此要根据建筑物的使用功能合理选择建筑物的层数。

5.2.4 初步设计阶段工程造价信息的应用

在信息知识越来越丰富、互联网发展日益强盛的今天，设计工程师不仅需要掌握设计信息，在控制设计概算的条件下，还需要掌握造价信息。设计工程师如果不能掌握足够的信息，设计出来的产品将无法获得成功。尤其是在产品设计创意阶段和造价控制阶段，一个好的设计产品的诞生，前期必然离不开对相关设计及造价信息的研究、借鉴与学习。因此，以用户需求信息与设计实例信息等内容为主的设计和造价信息对产品的设计显得极其重要。有设计造价信息的影响因素分析，初步设计阶段需要大量的设计信息及造价信息来保证其创意的可行性、准确性，但在目前情况下，真正做到经过详尽的调研、统计、分析之后再进行设计非常困难。事实上，互联网出现之后导致的信息大爆炸对设计师的设计调研甚至起到了一些相反的作用——设计师将大量的时间用在了区分信息的可用性、准确性上。当真正展开设计时，才意识到设计信息的庞杂分散、设计者之间的信息闭塞造成的设计知识获取、设计方案借鉴与筛选、设计参数选取、有关人员快速广泛的有效交流、设计结果优化都出现严重困难。其实国内的设计工程师在设计新产品时，需要花费大量时间和精力（占总设计进程 60%~75%的时间）查阅资料与数据（如设计规范、人材机参数、借鉴优秀的色彩方案及设计实例等），即使这样也很难保证设计结果的有效性和最优性。另外，现有的针对工程项目设计阶段造价信息的网络化应用研究规模并不是很大。例如用户需求信息的获取，在现阶段，虽然为市场营销服务的调查问卷设计方法相当多，但是并没有专门为项目设计用户需求信息获取的调查问卷设计。而且在设计实例方面，通过虚拟三维产品库，在网络上为设计师提供展示的例子也不多见。针对以上问题，在网络技术研究应用的基础上，提出并构建设计信息网络化应用系统的体系框架，即产品设计信息网络化应用平台，在网络环境下，为设计师提供产品工业设计方面的设计资源服务，以验证技术的可行性与实用性。

1）网络应用系统总体框架设计

通过需求分析，可以将产品设计信息网络化应用系统划分为 4 部分：用户需求信息获取部分、设计实例信息部分、网络支撑部分、数据维护部分。对于用户需求信心获取部分和设计实例信息部分已在前面的叙述中描述了，现对网络支撑及数据维护部分进行分析规划。

（1）网络支撑部分

网络支撑部分是信息交互的基础，本系统以网站形式构建，以便最大范围为设计师提供帮助。通过借鉴现行类似网站的功能特点及本系统的要求，可以包含会员注册、会员登陆和留言。

(2)数据维护部分

系统数据维护功能是信息应用系统的重要组成,通过这一模块使管理员有效地对数据库系统进行管理与维护。

由此得出系统总体的功能框架,如图 5.2、图 5.3 所示分别为系统功能树及系统体系机构图。

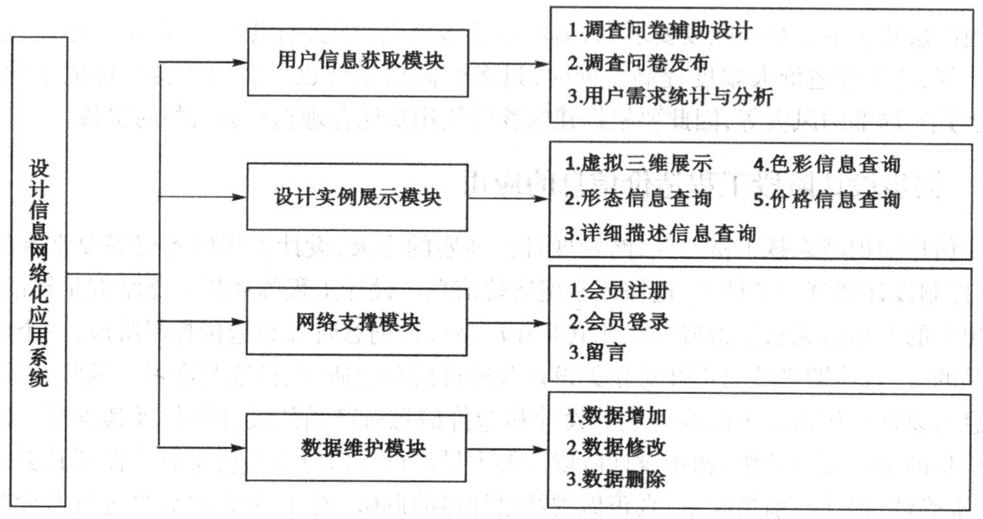

图 5.2　系统功能树

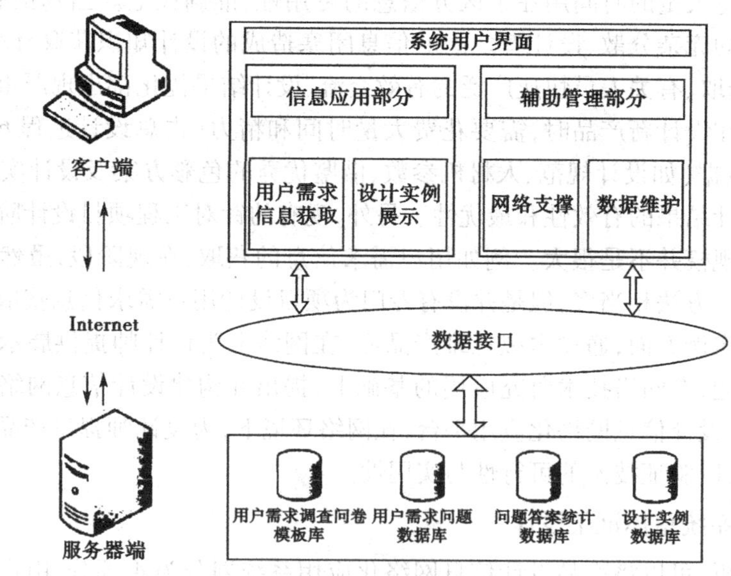

图 5.3　系统体系结构图

产品设计信息包括的内容众多,在此只针对设计及造价信息中所需要的关键技术以及系统必需的一些模块进行设计应用。由于系统采用规范的、可扩充的开发方式和数据库管理系统,对于产品设计信息的其他内容可以待今后进一步完善,使其成为一个内容全面的产品设计信息辅助系统。

2)网络环境下系统的应用

(1)建立与数据库的连接

首先获得与数据库的连接,然后给数据库发送命令来检索或修改数据库中的数据。为了获得连接,需要实例化一个数据库连接对象,并传递给它一个连接字符串。连接字符串的格式基于所使用的特定数据提供者,即用户使用过程中需要通过注册、登录的方式来获取所需求的信息。

(2)在系统中加载 Cult3D 模型

在使用过程中对用户电脑配置作要求,使用的电脑必须有 3D 显卡支持,从而保证用户能查看虚拟三维展示。

(3)应用中需要配置系统管理者和数据收集整理者

方便后期的使用和数据的更新。

5.3 施工图设计阶段工程造价信息管理

在建设工程造价信息管理过程中,设计单位设计成果的好坏,决定了投资者商品的好坏、成本的高低。决定建安成本的直接因素是从方案设计阶段就已经埋下了是否影响造价的伏笔。工程造价总是受到设计意图的制约,为此,通过对施工图内容不同角度的分析,阐述了全面理解施工图与准确做好工程造价工作的关系,是一个不容忽略的环节。

设计阶段是项目投资计划的重要环节,任何一个建设项目从计划立项到竣工交付使用,都必须经历立项、审批、确定造价、招标施工、竣工验收等一系列基建程序,而设计单位是完成这一系列程序的首要环节。在建设项目投资额中,设计费用占工程造价的 3%~5%,但建设过程中,由设计产生的对工程造价的影响程度占工程造价的 70%~80%。设计单位提出的设计方案经过充分的经济分析和成本核算必然对建设工程造价起到总控作用。施工图设计阶段主要是根据各专业规范和相关条例进行设计。在设计过程中把握控制建设成本,首当其冲的即是对造价信息的控制,其根本在于造价信息的管理。

5.3.1 施工图设计阶段影响工程造价信息的因素

建筑行业的技术含量和科技含量随着社会科技的发展越来越高,其行业所涉及的专业也越来越广,包括水电安装、消防设备的设置、建筑的通风、监控、室内的网络宽带安装等,这些设施的安装所需要的科学技术要求正逐步地提升,在每个专业满足自身特定位置和技术需要的同时还要满足建筑施工的时间需求以及空间位置上的需求。由于现代建筑逐渐地步入个性化发展时代,每一栋建筑由不同的设计、不同的施工完成,建筑设计者的设计图纸独一无二,也就必须从严格的角度上进行完成。

在多年的建筑工程施工图设计中发现了一些问题,虽然没有大的结构方案性错误,但是也反映出设计人员在设计过程中工作不够细致,对规范条文理解不够深入或贯彻不够,对强制性条文贯彻未给予高度重视,对抗震概念模糊不清,对计算软件没有吃透等原因导致的错误,也有一些错误是由于设计经验不足所造成的。当然客观上也有由于没有合理的设计周期,设计人员频于赶任务,没有时间进行详细的自校及校审而出现的错误。

设计完成之后的管理工作也相应地更严格。建筑产品的生产周期长,工序复杂不易变动,专业性和技能性也强,需要更专业的队伍去从事相关的专业工作,但目前的施工单位普遍存在分包的现象,其工作范围很难界定,在工序上造成纰漏情况的出现,甚至人为地产生一些问题,增加了建筑图纸设计管理上的复杂性,特别是在实际工作中,由于个人的专业、技术以及管理等的因素,各专业之间所造成的矛盾非常突出。要想解决好这些问题,其重要的途径之一就是加强对建筑图纸设计的管理,重视图纸的会审过程、工程变更时图纸的相应改动以及归档、设计完成时的质量检查工作。

不管出于何种原因,对设计者来说都要对质量终身负责,要把提高设计质量作为终身奋斗目标。在施工图设计阶段严把质量关,防止由于施工图设计造成的施工质量隐患而导致造价成本增加。以设计和造价两个方面作为切入点,以施工图设计阶段造价信息管理作为着重点。

施工图设计阶段是项目即将实施而未实施的阶段,为了避免施工阶段不必要的修改,避免设计洽商费用的增加,从而增加工程造价,应把施工图设计做细、做深入。因为设计的每一笔和每一线都需要投资来实现,所以在没有开工之前,把好设计关尤为重要,一旦设计阶段造价失控,就必将给施工阶段的造价控制带来很大的负面影响。

施工图设计阶段造价信息的影响因素有以下几个:

(1)时间因素

现在在施工图设计阶段有许多施工图项目时间要求十分紧迫,设计进度压力非常大。十几天的连续加班,每天工作十几个小时以上时有发生。不是正常有序地绘制,盲目赶工难免会导致施工图存在质量问题,并会引起施工图绘制成本的增加。由于高强度的工作时间,施工图设计人员只是一味地绘图,没有对施工图设计阶段的造价信息加以利用,对于施工图设计完成后的造价却因此偏高,不符合前期要求、留下质量隐患。故而施工图进度控制不仅关系到施工图进度目标是否能实现,还直接关系到施工图的质量和成本。在施工图设计的过程中,必须树立和坚持一个最基本的管理原则,即在确保施工图质量的前提下,符合工程造价要求条件下,控制施工图的绘制进度,见表5.7。

(2)设计人员因素

①设计人员综合素质不过关。设计单位设计人员工作责任心的强弱,业务素质的高低,是搞好施工图设计的关键所在。从目前施工图设计从业人员现状来看,自身水平远不能适应需要。

②设计人员工作经验参差不齐。相当一部分从事施工图设计的人员,从事工作年限少,实际接触工程项目少,并不了解和熟悉此项工作的内涵,只能依葫芦画瓢,或在以往相似的项目中套用,对施工图设计阶段的材料及工序没有一个清楚的认知,这样就使施工图设计在质量方面大打折扣。

③设计人员业务能力单一。由于一些设计人员专业知识狭窄,从事业务单一,仅仅掌握了设计方面的知识而对造价一窍不通,对整个工程的造价没有一个把控,这样就势必影响其在设计过程中的经济性,难以适应现在经济发展的需要。

表 5.7　施工图设计进度计划一览表

<table>
<tr><td>工程名称</td><td colspan="19">××××××××</td><td colspan="5">工程编号</td><td colspan="6">×××××</td></tr>
<tr><td colspan="31">进度计划</td></tr>
<tr><td>日期
内容</td><td>29</td><td>30</td><td>31</td><td>1</td><td>2</td><td>3</td><td>4</td><td>5</td><td>6</td><td>7</td><td>8</td><td>9</td><td>10</td><td>11</td><td>12</td><td>13</td><td>14</td><td>15</td><td>16</td><td>17</td><td>18</td><td>19</td><td>20</td><td>21</td><td>22</td><td>23</td><td>24</td><td>25</td><td>26</td><td>27</td></tr>
<tr><td>整理平面，提出问题</td><td>—</td><td></td><td></td><td></td><td></td><td></td><td></td><td></td><td></td><td></td><td></td><td></td><td></td><td></td><td></td><td></td><td></td><td></td><td></td><td></td><td></td><td></td><td></td><td></td><td></td><td></td><td></td><td></td><td></td><td></td></tr>
<tr><td>总平面、总天花图</td><td></td><td>—</td><td>—</td><td>—</td><td>—</td><td>—</td><td>—</td><td></td><td></td><td></td><td></td><td></td><td></td><td></td><td></td><td></td><td></td><td></td><td></td><td></td><td></td><td></td><td></td><td></td><td></td><td></td><td></td><td></td><td></td><td></td></tr>
<tr><td>自检、互检、总检</td><td></td><td></td><td></td><td></td><td></td><td></td><td>—</td><td>—</td><td></td><td></td><td></td><td></td><td></td><td></td><td></td><td></td><td></td><td></td><td></td><td></td><td></td><td></td><td></td><td></td><td></td><td></td><td></td><td></td><td></td><td></td></tr>
<tr><td>修改</td><td></td><td></td><td></td><td></td><td></td><td></td><td></td><td>—</td><td></td><td></td><td></td><td></td><td></td><td></td><td></td><td></td><td></td><td></td><td></td><td></td><td></td><td></td><td></td><td></td><td></td><td></td><td></td><td></td><td></td><td></td></tr>
<tr><td>立面图</td><td></td><td></td><td></td><td></td><td></td><td></td><td></td><td></td><td>—</td><td>—</td><td>—</td><td>—</td><td>—</td><td></td><td></td><td></td><td></td><td></td><td></td><td></td><td></td><td></td><td></td><td></td><td></td><td></td><td></td><td></td><td></td><td></td></tr>
<tr><td>自检、互检、总检</td><td></td><td></td><td></td><td></td><td></td><td></td><td></td><td></td><td></td><td></td><td></td><td></td><td>—</td><td>—</td><td></td><td></td><td></td><td></td><td></td><td></td><td></td><td></td><td></td><td></td><td></td><td></td><td></td><td></td><td></td><td></td></tr>
<tr><td>修改</td><td></td><td></td><td></td><td></td><td></td><td></td><td></td><td></td><td></td><td></td><td></td><td></td><td></td><td>—</td><td></td><td></td><td></td><td></td><td></td><td></td><td></td><td></td><td></td><td></td><td></td><td></td><td></td><td></td><td></td><td></td></tr>
<tr><td>立面图</td><td></td><td></td><td></td><td></td><td></td><td></td><td></td><td></td><td></td><td></td><td></td><td></td><td></td><td>—</td><td>—</td><td>—</td><td>—</td><td>—</td><td>—</td><td></td><td></td><td></td><td></td><td></td><td></td><td></td><td></td><td></td><td></td><td></td></tr>
<tr><td>自检、互检、总检</td><td></td><td></td><td></td><td></td><td></td><td></td><td></td><td></td><td></td><td></td><td></td><td></td><td></td><td></td><td></td><td></td><td></td><td></td><td>—</td><td>—</td><td></td><td></td><td></td><td></td><td></td><td></td><td></td><td></td><td></td><td></td></tr>
<tr><td>修改</td><td></td><td></td><td></td><td></td><td></td><td></td><td></td><td></td><td></td><td></td><td></td><td></td><td></td><td></td><td></td><td></td><td></td><td></td><td></td><td>—</td><td></td><td></td><td></td><td></td><td></td><td></td><td></td><td></td><td></td><td></td></tr>
<tr><td>节点图</td><td></td><td></td><td></td><td></td><td></td><td></td><td></td><td></td><td></td><td></td><td></td><td></td><td></td><td></td><td></td><td></td><td></td><td></td><td></td><td></td><td>—</td><td>—</td><td>—</td><td>—</td><td>—</td><td></td><td></td><td></td><td></td><td></td></tr>
<tr><td>自检、互检、总检</td><td></td><td></td><td></td><td></td><td></td><td></td><td></td><td></td><td></td><td></td><td></td><td></td><td></td><td></td><td></td><td></td><td></td><td></td><td></td><td></td><td></td><td></td><td></td><td></td><td>—</td><td>—</td><td></td><td></td><td></td><td></td></tr>
<tr><td>修改</td><td></td><td></td><td></td><td></td><td></td><td></td><td></td><td></td><td></td><td></td><td></td><td></td><td></td><td></td><td></td><td></td><td></td><td></td><td></td><td></td><td></td><td></td><td></td><td></td><td></td><td>—</td><td></td><td></td><td></td><td></td></tr>
<tr><td>编制编号、目录、说明</td><td></td><td></td><td></td><td></td><td></td><td></td><td></td><td></td><td></td><td></td><td></td><td></td><td></td><td></td><td></td><td></td><td></td><td></td><td></td><td></td><td></td><td></td><td></td><td></td><td></td><td></td><td>—</td><td></td><td></td><td></td></tr>
<tr><td></td><td></td><td></td><td></td><td></td><td></td><td></td><td></td><td></td><td></td><td></td><td></td><td></td><td></td><td></td><td></td><td></td><td></td><td></td><td></td><td></td><td></td><td></td><td></td><td></td><td></td><td></td><td></td><td></td><td></td><td></td></tr>
</table>

④设计人员责任心不强。有些设计人员不能根据当地建设标准、拟建项目特征、建设单位需求等进行仔细认真的研究、分析、设计，仅根据经验分析、判断，对一些影响工程造价的关键部位未能在仔细考虑之后再进行设计，降低了在施工图设计阶段控制工程造价这项工作的质量。

⑤设计人员没有结合实际进行配合设计。由于当前正规设计院一般工程较多，设计人员都比较忙，有时一人同时要进行几个项目的设计，这就使得设计人员跟踪项目及各专业间的配合设计出现问题。

⑥设计人员没有进入现场勘查。设计人员因工作的繁忙，影响其对工程现场的勘查，对现场没有完全的把控，使设计脱离了实际情况，这样就让设计仅仅停留在了图纸上，而没有根据实际设计，现实中的问题在图纸上也没有显示出来，到最后会产生各种各样的变更。

⑦设计人员各专业人员配合不到位。施工图设计中所包含的专业有建筑、结构、给排水、电气、暖通等专业，在整个设计的过程中，如果这些专业人员不能很好地衔接各自的工作，就可能出现一些错误，有些错误也会增加造价上的负担。

(3)政策因素

①设计制度存在缺陷。现行的设计费计算方法,不论是按投资规模计价,还是按平方米收费,没有任何经济责任,不管工程设计的质量好坏,不论投资超不超预算,甚至不管建设项目有没有实施,设计人员有没有到现场服务,只要出了图纸,就得给设计费。这种计费办法助长了设计单位只重视技术性,忽视科学性、经济性。实际工作中经常会碰到设计过于保守或设计功能没有达到最优或在施工过程中随意变更,致使工程造价居高不下和决算价大大超出原概算,对建筑业的正常发展造成不良的影响。

②对限额设计的不重视。所谓限额设计,就是按照批准的设计任务书和投资估算来控制初步设计,按照批准的初步设计总概算控制施工图设计,同时各专业在保证达到使用功能的前提下,按分配的投资限额控制设计,严格控制技术和施工图设计的不合理变更,保证总投资额不被突破。然而现今一些设计院甚至一些建设单位在设计初期对限额设计的不重视,使工程到了施工图阶段时所设计的东西完全偏离了当初所制订的限额。

③标准设计未被广泛运用。设计过程中,没有按当地的标准、习惯做法、地方规范、地方材料、当地施工做法来设计,这就增加了设计的周期,一些不常用的构件需要去寻找专业厂家,甚至需要定制,大大增加了工程的造价。

④对施工图审核工作的轻视。有些设计单位在施工图设计完成后,没有组织相关专业人员进行图纸的自审,直接送交给政府审图部门审核,使得政府审图部门和施工单位拿到的图纸“错、漏、碰、缺”过多,为图纸的审查和施工带来了麻烦。

5.3.2 施工图设计阶段工程造价信息的收集

施工图设计为工程设计的一个阶段,在初步设计、技术设计两阶段之后。这一阶段主要通过图纸,把设计者的意图和全部设计结果表达出来,作为施工制作的依据,它是设计和施工工作的桥梁。在施工图设计阶段信息的收集主要有以下5种:

①施工图纸(保证施工工程量核算准确无误)。

②预算定额(符合国家标准规范编制要求)。

③施工图预算。

④初步设计概算(与施工图预算作对比,审查是否超过初步设计概算)。

⑤投资额度、施工工期、投资年限等相关经济指标。

5.3.3 施工图设计阶段工程造价信息的整理和分析

1)计算费用法(最小费用法)

在各设计方案功能相同的条件下,项目全寿命费用最小的方案为最优方案。

(1)静态法

$$C_{年}=K\times E+V \tag{5.2}$$

$$C_{总}=K+V\times T \tag{5.3}$$

式中 $C_{年}$——年总计算费用;

$C_{总}$——项目总计算费用;

K——总投资;

E——投资效果系数,投资回收期的倒数;

V——年生产成本;

T——投资回收期,年。

(2)动态法

寿命期相同方案:净现值法、净年值法、差额内部收益率法。

寿命期不相同方案:净年值法。

$$PC = \sum_{i=0}^{n} CO_t(P/F, i_C, t) \tag{5.4}$$

$$AC = \sum_{i=0}^{n} CO_t(P/F, i_C, t) \cdot (A/P, i_c, n) \tag{5.5}$$

式中 PC—— 费用现值;

CO_t—— 第 t 年的现金流出量;

i_c—— 基准折现率;

AC ——费用年值。

【例 5.2】某建设项目有 3 个可行而互斥的投资方案,3 个方案的投资回收期均为 6 年,行业基准收益率为 10%。3 个方案的现金流量见表 5.8。用净年值法进行方案比选。

表 5.8 3 个方案的现金流量表 单位:万元

方 案	初始投资	年经营成本
A	670	35
B	736	15
C	565	55

【参考答案】

①静态计算法费用法

由:$C_{年} = K \times E + V$

$C_{年} A = 670/6 + 35 = 146.67$

$C_{年} B = 736/6 + 15 = 137.67$

$C_{年} C = 565/6 + 55 = 149.17$

因为 $C_{年} B$ 最小,故方案 B 最优。

②动态计算费用法

a.净年值法

$AC_A = 670(A/P, 10\%, 6) + 35 = 188.85$(万元)

$AC_B = 736(A/P, 10\%, 6) + 15 = 184$(万元)

$AC_C = 565(A/P, 10\%, 6) + 55 = 184.74$(万元)

根据计算结果可知,B 方案的净年值最小,因此 B 方案最佳。

b.净现值法(NPV)。

$PC_A = 670 + 35(P/A, 10\%, 6) = 822.43$(万元)

$PC_B = 736 + 15(P/A, 10\%, 6) = 801.33$(万元)

$PC_C=565+55(P/A,10\%,6)=804.53$(万元)

根据计算结果可知,B 方案的净现值最小,因此 B 方案最佳。

2)投资回收期法

通过比较各方案的投资回收期来比选设计方案,投资回收期越短的方案越好。

3)多指标评价法

通过对反映建筑产品功能和耗费特点的若干技术经济指标的计算、分析、比较,评价设计方案的经济效果。分为多指标法对比法和多目标优选法。

(1)多指标法对比法

使用一组适用的指标体系,将对比方案的指标列出,再进行一一对比分析,根据指标值的高低分析判断方案的优劣。其优点是指标全面,分析确切。

缺点是不便于考虑某一功能评价,不便于综合定量分析。

(2)多目标优选法

首先设定若干评价指标,并确定各指标的权重及评分标准。然后就各设计方案对各指标的满足程度打分,最后计算各方案的加权得分,得分最高者为最优方案。

$$S=\sum_{i=1}^{n}S_iW_i \tag{5.6}$$

式中 S—— 设计方案的综合得分;

S_i—— 各设计方案在不同评价指标上的得分;

W_i—— 各评价指标的权重;

n ——评价指标数。

【例 5.3】某建筑工程有 4 个设计方案,选定评价指标为实用性、平面布置、经济性、美观性 4 项。各指标的权重几个方案的得分(10 分制)见表 5.9,试选择最优设计方案。

表 5.9 多指标综合评分计算表

评价指标	权重	方案 A		方案 B		方案 C		方案 D	
		得　分	加权得分	得　分	加权得分	得　分	加权得分	得　分	加权得分
实用性	0.4	9	3.6	8	3.2	7	2.8	6	2.4
平面布置	0.2	8	1.6	7	1.4	8	1.6	9	1.8
经济性	0.3	9	2.7	7	2.1	9	2.7	8	2.4
美观性	0.1	7	0.7	9	0.9	8	0.8	9	0.9
合　计			8.6		7.6		7.9		7.5

从上述加权得分可以看出,方案 A 的得分最高,因此,通过多指标优选法的比较应选择方案 A 作为最优方案。

5.3.4 施工图设计阶段工程造价信息的应用

根据整理分析的信息,对设计的结果进行优化(同理也可应用到其他设计阶段等)。施工图设计优化途径如下:

①通过设计招标和设计方案竞选优化设计方案。

②运用价值工程优化设计方案。

③推广标准化设计,优化设计方案。

价值工程的原理是用最低的寿命周期成本,可靠地实现必要功能,并着重于功能分析的有组织的活动。价值、功能和成本三者的关系如下:

$$价值=功能/成本 \tag{5.7}$$

式中　价值——寿命周期成本投入所获得的产品必要功能;

功能——必要功能;

成本——寿命周期成本(包括生产成本和使用成本)。

一般可以通过以下5种方式提高价值:

①提高功能和降低成本同时进行。

②保持成本不变的情况下,提高功能水平。

③保持功能不变的情况下,降低成本。

④成本略微增加,但功能水平大幅度增加。

⑤功能水平略微下降,但成本大幅度下降。

价值工程一般工作程序如下:

对象选择→收集整理信息资料→功能分析→功能评价→方案创新与评价

运用价值工程方法对项目设计方案优化的步骤:

主要利用加权评分法,计算不同方案的综合得分(价值系数),反映方案功能和费用的比例,选择合理的方案,进行效果评价。

基本步骤如下:

①确定各项功能评价系数。功能评价系数又称为功能权重,确定功能权重的方法由0~1评分法(两个功能相比,相对重要的得1分,相对不重要的得0分)、0~4评分法(两个功能相比,相对很重要的得4分,相对不重要的得0分,相对较重要的得3分,相对较不重要的得1分,同样重要的得2分)、环比评分法等。功能评价系数计算公式为:

$$某功能评价系数=\sum\frac{该功能对各项评价指标评分\times该指标权重}{各项指标评分之和} \tag{5.8}$$

②计算方案的成本系数。其计算公式为:

$$某方案成本系数=该方案成本/各方案成本之和 \tag{5.9}$$

③计算方案的价值系数。计算公式为:

$$某方案价值系数=该方案功能评价系数/该方案成本系数 \tag{5.10}$$

④比较各方案的价值系数。以价值系数最大的方案为最佳方案。

⑤进行效果评价。

【例5.4】某住宅工程项目设计人员根据业主的要求,提出甲、乙、丙3个方案。邀请专家进行论证。专家从5个方面(以f_1~f_5表示)对方案的功能进行评价,各方案的功能得分见表5.10。

表 5.10 功能得分表

功能名称	方案功能得分		
	甲	乙	丙
f_1	8	7	10
f_2	9	9	9
f_3	10	5	6
f_4	6	8	8
f_5	9	9	10

各功能的重要性分析如下：f_3 相对 f_4 很重要，f_3 相对 f_1 较重要，f_2 相对 f_5 同样重要，f_4 相对 f_5 同样重要。如建设规模为 12 000 m^2，甲、乙、丙 3 个方案的单位造价分别为 1 685 元/m^2、1 585 元/m^2、1 750 元/m^2。试运用价值系数法选择最优方案，并评价效果。

【参考答案】

根据各功能之间的关系，运用 0~4 评分法，得出功能评分见表 5.11。

表 5.11 0~4 评分表

方案功能	f_1	f_2	f_3	f_4	f_5	得 分	权 重
f_1	×	3	1	3	3	10	$\frac{10}{40}=0.25$
f_2	1	×	0	2	2	5	$\frac{5}{40}=0.125$
f_3	3	4	×	4	4	15	$\frac{15}{40}=0.375$
f_4	1	2	0	×	2	5	$\frac{5}{40}=0.125$
f_5	1	2	0	2	×	5	$\frac{5}{40}=0.125$
合 计						40	1.000

然后再计算功能系数：将各方案的各功能得分与该功能的权重相乘，汇总后得到该方案的功能加权得分。

$$W_{甲}=8\times0.25+9\times0.125+10\times0.375+6\times0.125+9\times0.125=8.75$$

$$W_{乙}=7\times0.25+9\times0.125+5\times0.375+8\times0.125+9\times0.125=6.875$$

$$W_{丙}=10\times0.25+9\times0.125+6\times0.375+8\times0.125+10\times0.125=8.125$$

$$W=W_{甲}+W_{乙}+W_{丙}=8.75+6.875+8.125=23.75$$

各方案的功能系数为：

$$F_{甲}=8.75/23.75=0.368$$

$$F_{乙}=6.875/23.75=0.289$$

$$F_{丙}=8.125/23.75=0.342$$

成本系数:

$$C_{甲}=1\ 685/(1\ 685+1585+1\ 750)=0.336$$

$$C_{乙}=1\ 585/(1\ 685+1585+1\ 750)=0.316$$

$$C_{丙}=1\ 750/(1\ 685+1585+1\ 750)=0.349$$

价值系数:

$$V_{甲}=F_{甲}/C_{甲}=0.368/0.336=1.095$$

$$V_{乙}=F_{乙}/C_{乙}=0.289/0.316=0.915$$

$$V_{丙}=F_{丙}/C_{丙}=0.342/0.349=0.980$$

由于甲方案的价值系数最大,因此甲方案为最佳方案。

5.4 设计阶段工程造价信息管理展望

(1)加强设计人员的综合素质

设计单位必须重视专业技术知识提升,具体做法是设计单位可通过引进或外聘兼职的优秀设计人员以提升本单位的工作效果和带动本单位原有设计人员的作业水平,另外,还应鼓励本单位设计人员参与本地举办的培训班进一步学习有关的新型材料、新型技术以及新建筑规范的有关知识,了解最新文件和规定的精神,与友邻单位的设计人员相互交流实际工作中所积累的经验,共同提高业务水平。

(2)设计人员应深入施工现场

设计人员应深入施工现场,同经济人员一同跟踪对设计的具体施工,当发现设计与实际有差别,材料可以代用时,要及时征得监理人员同意进行更改,并由经济人员检查实际费用的增减,控制在投资范围内。

(3)实行设计质量的奖惩制度

应对现行设计费的计费方法进行改革,建立激励机制,实行设计质量的奖罚制度。试行在原设计费的基础上,对因设计而节约投资,按节约部分给予提成奖励,因设计变更而增加投资也按增加部分扣除一定比例的设计费,实行优质优价的计费办法,这样将有利于激励设计人员精益求精地进行设计,加强设计人员的经济意识,时刻考虑如何降低造价,把控制工程造价观念渗透到各项设计和施工技术措施之中。另外,对设计单位编制的概预算实行送审后决算设计费的制度,对概预算编制项目不完整,估算指标不合理,没有进行限额设计,概预算超计划投资的责成设计单位重新编制,设计费也预留一个百分数尾款,待工程竣工后再结清尾款,这样就可防止设计人员在施工过程中不到现场进行技术指导的现象,迫使设计单位重视建设项目的投资控制,重视技术经济人员的工作。

(4)严格实施限额设计

限额设计并不是一味地考虑节约投资,也绝不是简单地将投资砍一刀,而是包含了尊重科学、尊重实际、实事求是、精心设计和保证设计科学性的实际内容。投资分解和工程量控制是实行限额设计的有效途径和主要方法。"画完算"变为"算着画",时刻想着"笔下一条线,投资千千万"。要求设计单位在工程设计中推行限额设计。凡是能进行定量分析的设计内容,均要通过计算,技术与经济相结合,用数据说话,在设计时应充分考虑施工的可能性和经济性，要和技术水平和管理水平相适应，要特别注意选用建筑材料或设备的经济性，尽量不用那些技术未过关、质量无保证、采购困难、运费昂贵、施工复杂或依赖进口的材料和设备；要尽量搞标准化和系列化的设计；各专业设计要遵循建筑模数、建筑标准、设计规范、技术规定等进行设计；要保证项目设计达到使用功能的前提下，按分配的投资限额控制设计，严格控制技术设计和施工图设计的不合理变更，保证总投资额不被突破。设计者在设计过程中应承担设计技术经济责任，以该责任约束设计行为和设计成果，把握两个标准，即功能（质量）标准和价值标准，做到两者协调一致。将过去的“画完算”改为现在的“算着画”，力保设计文件、施工图及设计概算准确无误，保证限额设计指标的实施。

限额设计绝不是业主（建设单位）说个数就限额了，这个限额不仅仅是一个单方造价，更重要的是：第一步，要将这个限额按专业（单位工程）进行分解，看其合理否；第二步，若第一步分解的答案合理，则应按各单位工程的分部工程再进行分解，看其是否合理。若以上的分解分析均得到满意的答案，则说明该限额可行；同时，在设计过程中要严格按照限额控制设计标准；若以上的分解分析（不论哪一步）没有得到满意的答案，则都说明该限额不可行，必须修改或调整限额，再按上面的步骤重新进行分析分解，直到得到满意的答案为止，该限额才成立。限额设计的技术关键是要确定好限额，控制好设计标准和规模。在设计之前，对限额进行分解分析是万万不可缺少的一步。加强对设计图纸和概算的审查。概算审查不光是设计单位的事，业主（建设单位）和概算审批部门也应加强对初步设计概算的审查，概算的审批一定要严，这对控制工程造价都是十分有益的。设计阶段的工程造价管理任务，必须增强设计人员的经济观念，促使他们在工作中把技术与经济、设计与概算有机地结合起来，克服技术与经济、设计与概算相互脱节的状态。严格遵守初步设计方案及概算投资限额设计，既要有最佳的经济效果，又要保证工程的使用功能，这就需要设计者选择技术先进、经济合理的最优设计，从而保证质量，达到控制或降低工程造价的目的。

(5)推广标准设计，提高设计质量

推广标准设计即采用国家、省、市级各专业部属的标准通用设计，既可以缩短设计周期，还由于采用标准构件，可以在预制厂采用定型工艺，组织成批均衡生产，既能提高劳动生产率，又有利于降低生产成本，并可加快施工速度，缩短整个建设周期。因而，在施工图设计阶段采用标准设计，也是降低造价的一个方法。

(6)加强图纸审核工作

图纸的审核工作是以往工作中的薄弱环节。审核的内容不仅仅是各专业图纸之间的联系，更重要的是检验设计图纸与投资决策中相关内容的吻合。由技术部门负责审核图纸的设计范围、结构水平、建筑标准等内容，由造价管理部门负责审核设计概算与施工图纸的一致性，设计概算与投资估算的协调性，如有超概算的项目，应与各部门之间全力配合，将突破投资的内容进行调整，为工程施工阶段的投资控制打下坚实的基础。

(7)结论及建议

设计阶段的造价控制虽然并不那么轻松，但它确实真正体现了事前控制的思想，确实能起到事半功倍的效果，达到花小钱办大事的目的。在设计一开始就将控制投资的思想根植于设计人员的头脑中，通过在设计阶段开展限额设计、进行设计招标和设计方案竞选、推广标准设计及运用价值工程原理等优化设计方案，提高设计质量，做到技术与经济的统一。工程造价管理人员在设计过程中与设计人员要密切配合，及时对项目投资进行分析对比，反馈造价信息,能动地影响设计,优化设计,以保证有效地控制投资。只有当业主(建设单位)真正把控制造价的关键阶段确立在设计阶段时,才能收到投资省、进度快、质量好的效果。

课后练习

1.设计阶段工程造价信息管理的涵义是什么?

2.设计阶段工程造价信息管理存在的问题有哪些?

3.初步设计阶段影响工程造价信息管理的因素有哪些?

4.施工图设计阶段影响工程造价信息管理的因素有哪些?

5.请简述设计阶段工程造价信息整理分析的方法。

6.价值工程一般的工作程序是什么?

附表 工程设计前的信息了解

尊敬的业主，为更好地让我公司向您提供我们优良的服务，让您更加准确地把自己的建筑描述给我公司设计部，以便我公司设计部为您提供出最合理、最优化的设计方案，请您根据自己工程的情况，向我们提供如下信息，并让我们共同携手，共同构筑一个精品工程。

一、工程名称

____

二、工程概况了解

1.本工程是( )，是否考虑与周围建筑相协调。

A.新建工程　B.接建工程　C.改建工程　D.其他工程

2.本工程位于( )。

A.近海面和海岛、湖岛及沙漠地区　B.乡镇和城市郊区

C.有密集建筑群城市市区　D.有密集建筑群且房屋较高的城市市区

3.本工程是否准备报建？( )如果是，本工程是否已经有地质勘察报告？( )

A.是　B.否　C.有　D.无

4.本工程的建筑用途是( )，该工程主要用于生产______产品。

A.办公楼　B.超市　C.展厅　D.宿舍楼

E.生产车间　F.仓库　G.简易棚　H.其他

5.本工程拟采用的结构型式是( )

A.全轻钢结构　B.钢筋混凝土柱与钢梁组合结构

C.全钢筋混凝土结构　D.其他

6.本工程建筑层数是( )，层高为______米，是否设置女儿墙及女儿墙设置情况。

A.单层　B.多层　C.高层　D.局部多层

7.本工程建筑尺寸情况：

(1)长度：( )其尺寸为：A.钢柱外皮尺寸　B.墙外皮尺寸　C.其他

(2)宽度：( )其尺寸为：A.钢柱外皮尺寸　B.墙外皮尺寸　C.其他

(3)宽度方向做( )跨？是否由我公司技术部为您考虑最优化、最佳跨度( )

(4)檐口高度：( )

三、工程详细信息了解

1.如本工程没有地质勘察报告，针对场地土情况，选择下面最接近的一项。( )

A.种植土，地耐力小于120 kPa，无回填土现象，地坪起伏较小。

B.种植土，地耐力120~180 kPa，无回填土现象，地坪起伏较小。

C.种植土，地耐力大于180 kPa，无回填土现象，地坪起伏较小。

D.回填土，地耐力小于150 kPa，回填深度小于1.0 m。

E.回填土，地耐力大于150 kPa，回填深度大于1.0 m。

F.种植土，地坪起伏大，有沟壑现象。

G.回填土，地坪起伏大，有沟壑现象。

2.本工程地面做法为(　　)。

A.普通混凝土地面　B.金刚砂地面　C.大理石地面　D.其他

3.本工程土建墙体情况(　　)。

A.标高 0.3 m 以下为 240 砖墙　B.标高 1.2 m 以下为 240 砖墙

C.墙体全部采用 240 砖墙　D.标高______ m 以下为 240 砖墙

4.本工程砖墙部分做法为(　　)。

A.内外侧普通涂料　B.外侧丙烯酸涂料,内侧普通涂料

C.外侧磁质面砖,内侧普通涂料　D.外侧磁质面砖,内侧丙烯酸涂料

E.其他

5.本工程砖墙以上,轻钢墙体部分做法为(　　)。

A.双层彩板,50 厚玻璃丝棉保温　B.双层彩板,75 厚玻璃丝棉保温

C.双层彩板,100 厚玻璃丝棉保温　D.50 厚聚苯乙烯泡沫复合板(平板)

E.75 厚聚苯乙烯泡沫复合板(平板)　F.100 厚聚苯乙烯泡沫复合板(平板)

G.单板　H.其他

6.本工程门采用(　　),设置情况为(　　)。

A.复合板推拉门　B.塑钢平开门　C.铝合金平开门　D.复合板平开门

E.复合板折叠门　F.铝合金卷帘门　G.其他

7.本工程窗采用(　　),设置情况为(　　　　　　　　)。

A.塑钢推拉窗　B.塑钢固定窗　C.铝合金窗　D.钢窗

E.其他

8.本工程屋面做法为(　　)。

A.V125 单板

B.______厚聚苯乙烯泡沫复合板

C.锁边屋面顶板______+______厚玻璃丝棉+HV-225A 底板

D.HV-125 顶板+______厚玻璃丝棉+钢丝网底衬

E.锁边屋面顶板______+______厚玻璃丝棉+钢丝网底衬

说明:锁边屋面板常用的有:HV-475 和 HV-380,HV-470。

9.本工程屋面采光要求(　　)。

A.不设采光带　B.每间设一道采光带　C.隔间设一道采光带

D.隔间设两道采光带　E.其他

10.本工程屋面通风要求(　　)。

A.不设通风系统

B.设______ m 高的通气楼

C.设______ m 高的天窗

D.设______个屋面通风器,直径______ m

E.其他

11.本工程屋面排水要求(　　),天沟材质为______

A.自由排水　B.设内天沟　C.设外挂天沟　D.其他

12.本工程吊车设置情况为(　　)每跨均设,牛腿标高为______

A.设______t电动单梁吊车　　B.设______t桥式双梁吊车　　C.无吊车

13.本工程围护结构颜色要求:墙面__________,屋面__________,包件__________。

14.本工程构件外观要求:构件刷______色______遍防锈漆,______色______遍面漆。

15.除上述信息外,您需要特别声明和补充的信息,请记录如下(或加附页说明图示)。

对以上信息,请给予确认:

设计公司经理:____________　　________年______月______日

甲方:____________　　________年______月______日

6

施工阶段工程造价信息管理

6.1 施工前期工程造价信息管理

6.1.1 招标

招标投标是市场经济中的一种竞争方式，是建设市场的一种交易行为，是由唯一的买方设定标的，招请若干个卖方通过投标竞争，从中选择优胜者并与之签订合同的过程。招投标行为，本质上是一种法律行为，招投标的原则是鼓励竞争，防止垄断，因此在招投标工作中应坚持依法办事、平等互利、协商一致、诚实信用的原则，鼓励投标人以其技术水平、管理水平、社会信誉和合理报价等优势开展竞争，不受地区、部门的限制。

建设工程实行招投标制是目前国际上广泛采用的分派建设任务的主要交易方式，因此，买方和卖方都要对标的给出预期的交易价格，这就是招标控制价（或标的）和报价，本节主要介绍招投标阶段的信息管理。

招标采购阶段，招标人自行或者委托具有相应资质的工程招标代理机构编制招标文件，工程量清单是招标文件的重要组成部分，包括了拟建工程分部分项工程量项目、措施项目、其他项目和相应数量的明细清单。由于建筑工程本身的特性，工程的不确定性和变更因素多，工程建设的风险较大。采用工程量清单招标，招投标双方业务主体共担项目合同确定所应有的责任和风险，也就是投标单位只有对自己所报单价、成本负责，而对工程量计算等原因引起的错位则由招标方承担。造价信息管理在招标环节要求造价员准确地计算工程量，不漏项、不错项，因此需要大量历史工程数据的积累，面对相同工程类型、相同工程结构和基础形式、相似工程特征的工程,对编制出来的清单项进行审核时,很快就能发现是否有丢项、漏项、错项,而对清单项的工程量进行审核时,也能快速判断主要清单项的量是否在经验值范围之内。

6.1.2 招标文件的组成

1)招标公告或招标邀请书

招标公告是公开招标时发布的一种周知性文书,要公布招标单位、招标项目、招标时间、招标步骤及联系方法等内容,以吸引投资者参加投标,通常由招标条件、项目概况和招标范围、投标人资格要求,招标文件获取方式、投标文件递交、发布公告媒介、联系方式等。

投标邀请书是招标人向投标人正式发出参加本项目的邀请,因此也是投标人参加投标的资格证明。对于采用邀请招标方式的投标邀请书,其内容主要有项目概况与招标范围、投标人资格要求、招标文件的获取、投标文件的递交及相关事宜。

2)投标(人)须知

投标(人)须知是一份为让投标单位了解招标项目及招标的基本情况和要求而准备的文件。投标须知中应说明以下内容:

①项目概况。

②投标单位的资格要求。

③投标中的时间安排及相应的规定。

④投标书的编制要求。包括投标书的组成、编制要求及密封和递送要求等。

⑤开标、评标与定标的基本原则。

3)评标办法

(1)最低评标价法

最低评标价法作为国际上最常用的评标方法,主要优点有:一是能较大程度节约资金,提高资金使用效率。二是遏止腐败现象,规范市场行为。三是有利于企业走向国际市场。国际市场的竞争方式,主要是最低评标价法,如果投标人对低价中标一无所知,则很难想象我国的企业今后如何能在国际市场立足。四是提高企业的经营能力和管理水平。那些管理水平低、设备技术落后的企业,要么中不了标,要么中标后无利可图,最后被市场无情淘汰,这样就促使企业必须提高经营能力和管理水平。当然,最低评标价法也存在一些问题:一是价格最低,并不能保证服务和质量最优。二是投标供应商有危机感。风险太大了,供应商会心有顾虑。三是成本价不易界定,是最低评标价法受到质疑的核心问题。

(2)综合评分法

综合评分法具有更科学、更量化的优点,主要表现在:一是引入权值的概念,评标结果更具科学性。二是有利于发挥评标专家的作用。三是有效防止低价的不正当竞争。同样,综合评分法也存在一些不足,主要有:一是评标因素及权值难以合理界定。评标因素及权值确定起来比较复杂,用户往往希望产品性能占较高权值,财政部门往往希望价格占较高权值,真正做到科学合理更为不易。二是评标专家不适应。由于专家组成员属临时抽调性质,在短时间内让他们充分熟悉被评项目资料,全面正确掌握评价因素及其权值,有一定的困难。三是赋予了评委较大的权力,由于评委的业务水平不尽相同,如果对评委没有有效的约束,就有可能出现“人情标”。

(3)性价比法

性价比法与综合评分法比较,具有相似的优点,但其自身独特的优点是充分考虑使用价值,更能体现政府采购“物有所值”的原则。性价比法与综合评分法比较,同样存在评标因素及权值难以界定的缺点。

4)合同条款及格式

合同条款主要规定了合同履行中当事人的基本权利和义务以及合同履行中的工作程序等。合同条款通常分通用条款和专用条款两部分。通用条款在整个项目中是相同的,一般直接采用有关权威机构或国家制订的范本。在合同执行中,如果合同通用条款与合同专用条款不一致而产生矛盾时,应以合同专用条款为准。

合同附件格式包括合同协议书、廉政合同、安全生产合同、其他主要管理人员和技术人员最低要求、主要机械设备和实验检测设备的最低要求、项目经理委任书、履约担保格式、预付款担保格式、工程资金监管协议格式等。

5)工程量清单

工程量清单是招标文件的重要组成部分,其用途之一是为投标人报价提供依据,投标人根据合同条款、图纸、技术规范以及拟订的施工方案,根据本企业以往的经验或通过单价分析,对清单中各项目进行报价,并逐项汇总为各个章和整个工程的投标报价。用途之二是在合同执行过程中进行中期支付和结算时,可按已实施项目的工程数量、工程量清单中的单价来计算应付给承包人的款项。

招标文件的工程量清单包括说明和清单表两部分内容。工程量清单说明包括工程量清单说明、投标报价说明、计日工说明及其他说明(见表6.1);清单表包括工程量清单(见表6.2)、计日工表、暂估价表、投标报价汇总表、工程量清单单价分析表等。

表6.1 ××工程工程量清单说明

1.工程量清单说明 ①本工程量清单是根据招标文件中包括的、有合同约束力的图纸以及有关工程量清单的国家标准、行业标准、合同条款中约定的工程量计算规则编制。约定计量规则中没有的子目,其工程量按照有合同约束力的图纸所标示尺寸的理论净量计算。计量采用中华人民共和国法定计量单位。 ②本工程量清单应与招标文件中的投标人须知、通用合同条款、专用合同条款、技术标准和要求及图纸等一起阅读和理解。 ③本工程量清单仅是投标报价的共同基础,实际工程计量和工程价款的支付应遵循合同条款的约定和第七章“技术标准和要求”的有关规定。 ④补充子目工程量计算规则及子目工作内容说明:采用补遗形式发出。 2.投标报价说明 ①工程量清单中的每一子目须填入单价或价格,且只允许有一个报价。 ②工程量清单中标价的单价或金额,应包括所需人工费、施工机械使用费、材料费、其他(运杂费、质检费、安装费、缺陷修复费、保险费,以及合同明示或暗示的风险、责任和义务等),以及管理费、利润等。 ③工程量清单中投标人没有填入单价或价格的子目,其费用视为已分摊在工程量清单中其他相关子目的单价或价格之中。 ④暂列金额的数量及拟用子目的说明:暂列金为300 000元,投标人按此金额填入其他项目清单中的暂列金项目中,不得随意更改,否则按废标处理。

续表

⑤暂估价的数量及拟用子目的说明：材料暂估价及专业工程暂估价应按提供的金额填入，不得更改，否则视为废标，具体金额详见工程量清单中材料暂估价表及专业工程暂估价。 3.其他说明

表 6.2　××工程分部分项工程量清单表（部分）

工程名称：××辅助楼工程（土建）

序号	项目编码	项目名称	计量单位	工程数量	综合单价	合　价	其中：材料暂估价
1	010101 001001	平整场地 1.土壤类别：三类土 2.弃土运距：1 km 3.取土运距：1 km	m^2	676.64			
2	010101 003001	挖基础土方 1.土壤类别：三类土 2.基础类型：条形基础 3.挖土深度：2.5 m 4.弃土运距：1 km	m^3	17.35			
3	010101 003002	挖基础土方 1.土壤类别：三类土 2.基础类型：条形基础 3.挖土深度：2.0 m 4.弃土运距：1 km	m^3	24.95			

6）图纸

图纸是指应由招标人提供的用于计算招标控制价和投标人计算投标报价所必需的各种详细程度的图纸。

7）技术标准和要求

招标文件规定的各项技术标准应符合国家强制性规定。招标文件中规定的各项技术标准均不得要求或标明某一特定的专利、商标、名称、设计、原产地或生产供应者，不得含有倾向或排斥潜在投标人的其他内容。如果必须引用某一生产供应商的技术标准 才能准确或清楚说明拟招标项目的技术标准时，则应当在参照后面加上“或相当于”的字样。

8）投标文件格式

提供各种投标文件编制所应依据的参考格式。

9）规定的其他材料

如需其他材料，应在“投标人须知前附表”中予以规定。

6.1.3　投标须知对工程造价的影响

（1）投标人能享受一定幅度价格优惠的条件

对世界银行贷款的土建工程的国际竞争性招标，世界银行《采购指南》规定，在比较已经通过资格审查的借款国的土建工程投标人和外国投标人的投标时，世界银行作为一个开发性的国际金融机构，一个重要的宗旨是帮助发展中国家发展本国的制造业，对于人均国民生产总值低于规定水平的借款国投标人可给予7.5%的优惠价格，享受价格优惠的承包人合格条件标准将在投标人须知中写明。具体的做法是：在计算评标价格时，在国外投标人的投标报价上加7.5%的幅度，再同国内的投标人价格比较。这种做法虽然对实际的签订合同的价格没有任何影响，对中外企业的投标报价也没有任何影响，但在计算评标价时有效，有利于国内投标人中标，因此投标人在确定投标时必然会考虑这一因素。

(2)投标费用

投标费用包括招标文件购买费、投标人员差旅费、投标文件编制费等。招标文件购买费在投标邀请书中已经写明。投标人员的差旅交通费包括到工程现场和周围环境进行现场考察，参加标前会议，去有关厂家和设备材料供应部门调查研究，递交投标文件以及参加开标和澄清会议等的费用，投标人编制费包括组织各方面的技术人员编制投标文件和聘请咨询、顾问人员的费用，投标文件的打印、装订成册费用等。

投标费用一般规定由投标人自己承担，也有的招标文件规定给不中标的投标人以一定补偿费。不管怎样，投标费用是会考虑到报价中去的。

(3)投标保证金和投标有效期

投标须知中规定了投标保证金金额和投标有效期。投标保证金可以用现款、保兑支票、银行汇款、政府发行的国库券、银行保函等。投标人一般不愿意把现款作为抵押，而宁愿委托银行开保函。银行开保函是有条件的：一是投标人在该银行有一定的存款和信誉；二是要交一定的手续费。银行开保函的手续费和担保金额与担保时间有关，投标保证金、银行保函的有效期为投标有效期加给予的中标人提供履约保证金和签订合同的时间，一般为投标有效期后30 d内有效。投标人也会将银行手续费等考虑在报价中。

6.1.4 合同条款对工程造价的影响

合同条款包括“通用合同条款”和“专用合同条款”，牵涉工程造价的以下方面在合同条款中要有一定的体现。

1)履约保证金和有效期

承包人为履行合同须向招标人提供履约保证金，履约保证金额一般为合同总价的10%，若采用银行保函加现金，履约担保的形式，一般均涉及银行保函，开保函牵涉保函的有效期和银行收取的手续费，这些必然要反映到报价中去。

2)保险

保险条款是施工合同条款中必不可少的内容。一般包括工程一切险和第三者责任险，应以承包人和招标人的共同名义投保。要投保势必要支付保险费，保险费按不同项目的危险程度、地理位置、工地环境、工期长短和免赔额的高低等因素确定。除了以上两种保险外，承包人应按照合同条款要求，为其履行合同所雇用的全部人员缴纳工伤保险费，在整个施工期间为其现场机构雇用的全部人员投保人身意外伤害保险并为其施工设备办理保险，其费用由承包人负担，见表6.3。

表 6.3　××工程合同里关于保险的规定

1.工程保险 除专用合同条款另有约定外,承包人应以发包人和承包人的共同名义向双方同意的保险人投保建筑工程一切险、安装工程一切险。其具体的投保内容、保险金额、保险费率、保险期限等有关内容在专用合同条款中约定。 2.人员工伤事故的保险 (1)承包人员工伤事故的保险 承包人应依照有关法律规定参加工伤保险,为其履行合同所雇用的全部人员缴纳工伤保险费,并要求其分包人也进行此项保险。 (2)发包人员工伤事故的保险 发包人应依照有关法律规定参加工伤保险,为其现场机构雇用的全部人员,缴纳工伤保险费,并要求其监理人也进行此项保险。 3.人身意外伤害险 ①发包人应在整个施工期间为其现场机构雇用的全部人员,投保人身意外伤害险,缴纳保险费,并要求其监理人也进行此项保险。 ②承包人应在整个施工期间为其现场机构雇用的全部人员,投保人身意外伤害险,缴纳保险费,并要求其分包人也进行此项保险。 4.第三者责任险 ①第三者责任系指在保险期内,对因工程意外事故造成的、依法应由被保险人负责的工地上及毗邻地区的第三者人身伤亡、疾病或财产损失(本工程除外),以及被保险人因此而支付的诉讼费用和事先经保险人书面同意支付的其他费用等赔偿责任。 ②在缺陷责任期终止证书颁发前,承包人应以承包人和发包人的共同名义,投保第 20.4.1 项约定的第三者责任险,其保险费率、保险金额等有关内容在专用合同条款中约定。 5.其他保险 除专用合同条款另有约定外,承包人应为其施工设备、进场的材料和工程设备等办理保险。

3)税收

承包人应根据《中华人民共和国税法》的规定和地方政府的规定缴纳有关税费。但合同条款中是否包含税金,各地的做法不尽相同。有的条款规定承包人为建设承包工程需要运往施工现场的设备和材料的关税、增值税,承包人的营业税等,均由招标人负担。也有的条款规定哪些由招标人负担,哪些由承包人负担。

4)招标人能为承包人提供的施工条件

施工现场的征地、拆迁和水、电、通信等设施,招标人提供到什么程度,施工现场征地拆迁工作什么时间完成,场地平整由谁负责,电力线路招标人负责到变压器装好还是什么都不管,施工用道路怎么办,这些与报价均有直接关系。

5)招标人可能提供的材料和设备

工程建设所需要的材料、设备的采购供应办法必须在合同条款中予以明确。如果一部分的材料和设备由招标人采购供应,则应明确所供应材料、设备的具体规格和品种,是供应到工地现场还是承包人去提货,若承包人去提货,则提货的地点在哪里,交接和验收办法如何,价款的结算办法怎样,均应在合同条款中写明。这些内容的具体处理方法不同,其报价也会不同。

6)支付条款

合同条款中规定的支付条款应合情合理,并且符合有关的商业惯例,一旦承包人履行了合同规定的义务,即应支付全部款项,这样的支付条款将会促使潜在的投标人提出较低的报价。支付条款对报价影响较大,支付条款主要涉及预付款支付、材料和设备预付款支付、质量保证金支付、暂列金额支付、工程进度付款等。

(1)预付款

支付预付款是以改善投标人的运营资金紧张状况以降低投标报价的一种做法。

施工企业承包工程,一般实行包工包料,需要有一定数量的备料周转金,由建设单位在开工前拨给施工企业一定数额的预付备料款,构成施工企业为该承包工程储备和准备主要材料、结构件所需的流动资金。

预付款还可以带有"动员费"的内容,以供组织人员、完成临时设施工程等准备工作之用;预付款相当于建设单位给施工企业的无息贷款。

预付款与建筑材料供应方式相关联:

①包工包全部材料工程。预付备料款数额确定后,建设单位把备料款一次或分次付给施工企业。

②包工包地方材料工程。需要确定供料范围和备料比重,拨付适量备料款,双方及时结算。

③包工不包料的工程。建设单位不需预付备料款。

预付款的有关事项,如数量、支付时间和方式、支付条件、偿还(扣还)方式等,应在施工合同条款中具体明确规定。施工企业从建设单位取得工程预付款属于企业筹资中的商业信用筹资,作为投标人来讲,应根据预付款数额、比例、支付和扣回的方式,考虑预付款对自己投入运营资金多少和利息的影响,最终确定对报价的影响。

(2)质量保证金

建设单位全部或者部分使用政府投资的建设项目,按工程价款结算总额5%左右的比例预留保证金,社会投资项目采用预留保证金方式的,预留保证金的比例可以参照执行。发包人与承包人应该在合同中约定保证金的预留方式及预留比例。

作为投标人来讲,应考虑招标人扣留质量保证金对自己资金投入利息的影响,进而确定对报价的影响。

(3)暂列金额

暂列金额是指招标人在工程量清单中暂定并包括在合同价款中的一笔款项。用于施工合同签订时尚未确定或者不可预见的所需材料、设备、服务的采购,施工中可能发生的工程变更、合同约定调整因素出现时的工程价款调整以及发生的索赔、现场签证确认等的费用。

暂列金额一般可按分部分项工程费的10%~15%计算。采用工程量清单计价的工程,暂列金额按招标文件编制,列入其他项目费。采用工料单价计价的工程,暂列金额单独列项计算。暂列金额是业主方的备用金,这是由业主的咨询工程师事先确定并填入招标文件中的金额。暂列金额应由监理人报发包人批准后指令全部或部分地使用,或者根本不予使用。

(4)工程进度款

《建设工程价款结算暂行办法》中有关规定如下:

①根据规定的工程计量结果,承包人向发包人提出工程进度款支付申请 14 d 内,发包人应按不低于工程价款的 60%,不高于工程价款的 90%向承包人支付工程进度款。按约定时间发包人应扣回的预付款,与工程进度款同期结算抵扣。

②发包人超过约定的支付时间不支付工程进度款,承包人应及时向发包人发出要求付款的通知,发包人收到承包人通知后仍不能按要求付款,可与承包人协商签订延期付款协议,经承包人同意后可延期支付。协议应明确延期支付的时间和从工程计量结果确认后第 15 d 起计算应付款的利息(利率按同期银行贷款利率计)。

③发包人不按合同约定支付工程进度款,双方又未达成延期付款协议,导致施工无法进行,承包人可停止施工,由发包人承担违约责任。

对招标人来讲,只要操作程序时间合理,又有资金,早付款对承包人和招标人都更有利,因为承包人贷款利息肯定比招标人将资金放在银行利息高。

7)工期的限定范围与提前完工的效益

投标人须知中规定了工期的限定范围和提前完工的效益。要提前完工,承包人一般要多投入施工资源,可能会增加费用,但早完工可给招标人带来超前的收益,投标人须知规定了提前完工效益,通常规定为每月或每天效益占投标报价的百分比,评标时将每个投标人不同的提前完工效益贴现为现值,计算到评标价中,投标人就必须考虑是降低造价好还是缩短工期好,应权衡利弊,两者取一最佳数字,使评标价最低。

8)价格调整

价格调整与否是合同条款中最为重要的条款,也是承包人和招标人最为关注的一点。通常的做法是:对工期 12 个月以内的短期合同,招标人通常不进行价格调整,采用固定价格合同,让投标人预测市场价格趋势,将合理的风险费用计入报价中,而对于工期在 18 个月以上的工程,为了不使投标人承担太大的风险和防止投标报价太高,则大多数采用价格调整;对于工期在 12~18 个月的工程,有的进行价格调整,有的不调整。

(1)物价波动引起的价格调整

一般在专用合同条款中规定,调整方式可按照价格指数采用价格调整公式进行或采用造价信息调整价格差额。

价格指数应首先采用国家或省、自治区、直辖市价格部门或统计部门提供的价格指数。当缺乏上述指数时,可采用上述部门提供的价格代替。价格调整公式中的变值权重,由招标人根据项目实际情况测算确定范围,并在投标函附录价格指数和权重表中约定范围;承包人在投标时在此范围内填写各可调因子的权重,合同实施期间将按此权重进行调整。

当采用造价信息调整价格差额时,《标准施工招标文件》“通用合同条款”规定,施工期内因人工、材料、设备和机械台班价格波动影响合同价格时,人工、机械使用费按照国家或省、自治区、直辖市建设行政主管部门、行业建设管理部门或其授权的工程造价管理机构发布的人工成本信息、机械台班单价或机械使用费系数进行调整;需要进行价格调整的材料,其单价和采购数应由监理人复合,监理人确认需调整的材料单价及数量,作为调整工程合同价格差额的依据。

因人工、材料和设备等价格波动影响合同价格时,根据专用合同条款中约定的数据,按以下公式计算差额并调整合同价格:

$$\Delta P=P_0\left[A+\left(B_1\times\frac{F_{t1}}{F_{01}}+B_2\times\frac{F_{t2}}{F_{02}}+B_3\times\frac{F_{t3}}{F_{03}}+\cdots+B_n\times\frac{F_{tn}}{F_{0n}}\right)-1\right] \tag{6.1}$$

式中 ΔP——需调整的价格差额；

P_0——约定的付款证书中承包人应得到的已完成工程量的金额，此项金额应不包括价格调整、不计质量保证金的扣留和支付、预付款的支付和扣回，约定的变更及其他金额已按现行价格计价的，也不计在内；

A——定值权重（即不调部分的权重）；

$B_1,B_2,B_3,\cdots,B_n$——各可调因子的变值权重（即可调部分的权重），为各可调因子在签约合同价中所占的比例；

$F_{t1},F_{t2},F_{t3},\cdots,F_{tn}$——各可调因子的现行价格指数，指约定的付款证书相关周期最后一天的前 42 d 的各可调因子的价格指数；

$F_{01},F_{02},F_{03},\cdots,F_{0n}$——各可调因子的基本价格指数，指基准日期的各可调因子的价格指数。

(2)法律变化引起的价格调整范围

《标准施工招标文件》"通用合同条款"规定，在基准日后，因法律变化导致承包人在合同履行中所需要的工程费用发生除物价波动外引起的价格增减时，监理人应根据法律、国家或省、自治区、直辖市有关部门的规定，按《标准施工招标文件》"通用合同条款"第 3.5 款商定或确定需调整的合同价款。

例如，重庆市 2016 年发布的《渝建发〔2016〕71 号》规定按 08 计价定额执行的项目，定额人工单价的调整按原定额人工单价乘以调整系数进行计算。土石方人工乘以系数 2.41，建筑、市政、维修人工乘以系数 2.48，装饰人工乘以 3.04，安装、机械人工乘以系数 2.39，仿古、园林绿化乘以系数 2.39。

除了以上 8 个方面以外，诸如国际合同的货币和兑换率，索赔条款的规定，检验试验费用由谁负担、工期和缺陷责任期的长短等也都影响报价，作为一个有经验的投标人，应该弄清楚合同条款的有关内容后，再作决定报价的数额。

6.2 施工阶段工程造价信息管理

施工阶段是一个工程造价信息管理的关键阶段，牵一发而动全身，但是这一阶段的造价管理难题也是最多的，例如实际施工材料与设计方案的规定不一致，因天气原因耽误的施工工期，因预算不到位而造成的工程款项不到位问题，都直接影响着施工单位的建筑进程以及质量，所以，须对整个项目工程造价信息进行科学的估测，以便在进行管理的过程中做到科学决策、合理控制，特别是在施工阶段要严密把关，遇到原材料价格的浮动、资金运转不畅、管理出现漏洞等问题要及时进行处理。否则，在施工阶段中一旦出现造价信息控制管理不力，就会导致整个建筑行业工程造价居高不下。

6.2.1 施工阶段与工程造价信息的关系

建设项目施工阶段是按照设计文件、图纸等要求，具体组织施工建造的阶段，即把设计蓝图付诸实现的过程。

在我国,建设项目施工阶段的造价信息管理一直是工程造价信息管理的重要阶段。承包商通过施工生产活动完成建设工程产品的实物形态,建设项目投资的绝大部分支出花费都在这个阶段上。由于建设项目施工是一个动态系统的过程,设计环节多、难度大、式样多;设计图纸、施工条件、市场价格等因素的变化直接影响工程的实际价格;建设项目实施阶段是业主和承包商工作的中心环节,也是业主和承包商工程造价信息管理的关键阶段。因此,这一阶段的工程造价信息管理最为复杂,是工程造价确定与控制理论和方法的重点和难点所在。

建设项目施工阶段工程造价信息管理的目标,就是把工程造价控制在承包合同或施工图预算内,并力求在规定的工期内生产出质量好、造价低的建设(或建筑)产品。

工程造价是项目决策的依据,是制订投资计划和控制投资的依据,是筹集建设资金的依据,是评价投资效果的重要指标,是利益合理分配和调节产业结构的手段,可见工程造价是很重要的。而施工阶段是项目决策实施、建成投产发挥效益的关键环节,是工程建设最终的实施阶段,是形成工程产品的最后一步。这个阶段也是项目运行过程中资金投入量最大的阶段。工程施工是使工程设计意图最终实现并形成工程实体的阶段,也是最终形成工程产品质量和工程使用价值的重要阶段。施工阶段工期长、资金投入大、资源消耗多,不可预见因素多,因此其造价管理的好坏,直接影响到项目的效益。施工阶段的工程造价确定与控制是实施建设工程全过程造价控制的重要组成部分,在实际的工程管理中采取有效措施加强施工阶段的造价信息管理,对管理好有效资金,提高投资效益有着重要意义。因此,施工阶段当然是工程造价信息管理的主要阶段之一。

6.2.2 施工阶段影响工程造价信息的因素

施工阶段影响工程造价信息的因素主要有地质条件、物价、工程量、施工组织设计、工程索赔以及天气情况。物价的变化不是以人的意志为转移的,是人力所不能控制的,气候的变化一般情况下是有规律的,唯有工程量的变化大多来源于工程变更。工程变更的多少直接决定了施工阶段的工程造价的变化数量。因此施工阶段造价控制的重点应该是工程变更。因为设计阶段是工程造价的形成阶段,而施工阶段是工程造价的实现阶段。如果施工中不发生工程变更,造价就不会超出施工图预算的范围。

目前我国的工程造价信息管理主要以国家和地方政府主管部门为主,通过各种渠道进行工程造价信息的搜集、处理和发布。特别是在工程造价体制改革后,国家对工程造价的管理逐渐由直接管理到间接管理。国家制订了统一的工程量计算规则,在推出工程量清单计价方式的同时,编制了全国统一的工程项目编码,随着计算机网络技术及因特网的普及,国家也开始建立工程造价信息网,定期发布价格信息及其产业政策,为各地主管部门、咨询机构、造价编制和审定单位提供基础数据。然而由于种种原因,我国的现状还不能令人满意,同发达国家相比差距还比较明显,这个差距存在于整个建筑业,而具体说到工程造价信息的管理和应用,目前主要存在的问题和不足包括以下 6 个方面:

(1)投资估算指标缺乏

由于我国多年以来一直实施概预算定额制度,因此概预算定额的历史资料比较丰富,但投资估算指标却相对缺乏。虽然各专业设计院,如冶金、轻工、公路工程等设计院积累了一些估价指标,但民用建筑的估价指标几乎没有。因此,投资估算指标的缺乏是我国建设项目估价过程中一个亟待解决的问题。

(2)信息化管理缺乏统一标准

实施工程造价信息网络化管理的前提条件是推行信息指标体系标准化、信息分类编码标准化、信息系统开发标准化、信息交换接口标准化、信息技术支撑标准化。目前由于国内对造价信息的采集、加工和传播缺乏统一规划、统一编码,系统分类、信息系统开发与资源拥有之间处于相对封闭、各自为政的状态,其结果是无法达到信息资源的共享。另外,还有不少管理者满足于目前的表面信息,忽略深加工。

(3)信息质量不高,无法满足市场需求

由于信息采集技术落后,信息分类标准不统一,数据格式和存取方式不一致,信息来源渠道少,使得对信息资源的远程传递、加工处理变得非常困难,信息资源的内在质量很难提高,信息维护更新速度无法跟上市场的变化,因此不能满足信息市场的需要。

(4)企业缺乏信息收集、管理与应用的能力和意识

由于定额一直是由国家或地区部门编制,这就使得其带有一定的官方色彩,因此企业缺乏收集、积累工程造价信息的意识,再加之资料整理、建档及综合利用的能力有限,最终导致一些工程完工后没有具体的工程造价资料保存下来,进而无法实现其应有的价值。

(5)信息网建设有待完善

现在工程造价信息网多为定额站或公司介绍、定额发布、价格信息、相关文件转发、招投标信息发布等,而信息的全面性和时效性却相对较差。很多网站仅将造价信息在网上进行登载,而缺乏对这些信息的整理、分析和纵横向比较,使得信息的效用降低。

(6)信息资料的积累和整理没有实现与工程量清单计价模式的接轨

目前各类工程造价信息资料的收集和整理仍然是按定额模式进行的,并且工程量清单计价模式仍未普及到所有建设项目中,因此使得我国目前工程造价信息资料不能与清单计价模式相衔接。

6.2.3 施工阶段工程造价信息管理的内容

施工单位在施工阶段进行工程造价信息管理的目标就是利用科学管理的方法,合理确定和有效控制造价,以提高施工企业的经营效果,因此在施工阶段的工程造价信息管理需要注意以下几点。

1)合同管理

施工合同是工程建设的主要合同,它明确了企业在工程承包中的权利和义务,将工程招投标、工程款的拨付方式、索赔方式、材料的购置、竣工结算方式等以法律的形式确定下来,是企业组织施工、进行项目经验的法律依据。由于建设工程具有投资大、工期长、涉及原材料种类多、过程工序复杂、质量要求严格和受地理环境影响大的特点,在施工过程中经常要与设计单位、政府主管部门等取得联系,所有这些都决定了施工合同涉及的内容多而复杂。因此,要有效控制工程造价,提高企业的利润,首先要从施工合同管理入手,加强对施工合同的管理。

①加强合同管理应树立合同意识,不管是单位的决策者、执行层,还是合同管理人员都应重视合同管理,认真学习国家的法律、法规,掌握业务知识,在制订施工合同时应认真把关。

②加强企业内部的合同管理,结合企业的实际情况,制订合同的管理办法,明确相关人员的责、权、利,制订出既保护企业自身利益又满足业主要求和投标承诺的施工合同条款。

③实行合同会签制度，合同签订后，认真进行交底，施工人员特别是现场施工管理人员应认真学习合同，明确合同规定的施工范围及甲乙双方的责任、权利和义务等。

2）优化施工方案并组织实施

施工前，要结合施工图纸及施工现场实际情况、自身的机械设备、施工经验、管理水平和技术规范验收标准，编制一套切实、经济、可行的施工方案。施工方案因指导施工准备乃至施工全过程的技术经济文件的不同而不同，一份好的施工方案能指导项目部合理利用人力、物力、财力，以最低投入满足合同要求。因此，施工方案是过程实施的行动纲领。由于中标价格较低或设计概算先天不足等原因，这就要求施工企业必须合理组织施工，节约成本，力求在管理中出效益。

3）现场管理

（1）工程变更

由于工程建设的周期长、涉及的经济关系和法律关系复杂、受自然条件和客观因素的影响大，导致项目的实际情况与项目招标投标时的情况相比会发生一些变化，因此应重点加强设计变更的管理。在施工过程中，如果发生设计变更，将对施工进度产生很大的影响。因此，应尽量减少设计变更，如果必须对设计进行变更，应尽量提前，变更发生得越早损失越小，反之就越大，尤其对影响过程造价的重大设计变更，更要用先算账后变更的方法解决，使工程造价得到有效控制。否则，现场施工技术人员只顾施工，对于施工中的工程项目或工程量增减未能与业主及时办理变更委托手续或手续模糊等，都给结算带来很多麻烦。

（2）材料费用的控制

加强材料、设备的采购供应，控制材料价格。材料费用是构成工程造价的主要因素。据测算，一般建筑工程中材料费用占60%～70%，且呈上升趋势。由此可知，选用材料是否经济合理，对降低造价起着十分关键的作用。在施工前，对工程所需材料不仅要进行货源的调查研究，广泛收集供货信息，尽量寻找货和价的最佳结合点，而且还要根据施工方案及有关技术实际需要的材料、设备总量，编制好需求计划。在施工中作好旬、月计划，要充分考虑资金的合理运转和现场场地实际情况以及工程进度需要，合理安排施工所需机械的进退场，特别要注意材料的保管，以免出现如水泥在保管中因违规堆放出现受潮及底层结块、钢筋未垫好而出现锈蚀导致不能试验等现象，避免不必要的浪费，制订合理的材料采购、保管制度，监理材料价格信息中心和材料价格监管机制，提高采购人员的自身素质和业务水平，保证货比三家，质优价廉地购买材料，减少工程成本，提高企业利润。

（3）做好现场的签证工作

在工程项目实施过程中，由于施工过程的复杂和设计深度、质量等方面原因，经常会出现工程量、地质、进度的变化，工程承发包双方在执行合同中需要修改变动的部分，须经双方同意，并采用书面形式予以记录。合同、预算中未包括的工程项目和费用，须及时办理现场签证，以免事后补签而造成结算困难。

4）在施工阶段要加强索赔意识

按索赔目的可分为工期索赔和费用索赔，其中费用索赔是重点。工期索赔只是要求业主合理延长工期推迟竣工日期，这只能使施工单位工期得到补偿，但是由此造成的费用损失只能通过费用索赔来实现。施工索赔是一项复杂的、系统性很强的工作，在索赔工作中施工单位要充分理解施工图纸、技术规范、签订的合同、补充协议及与业主、监理的各项往来文件,必须依合同、重证据、讲技巧、树信誉,踏踏实实地做好索赔管理基础工作,严格按程序办事。施工索赔是项目管理的重要内容,是施工单位赢取利润的重要手段,只有把索赔工作处理好,才能切实维护企业的合法权益,取得效益最大化。

5)竣工结算

建设工程竣工结算是施工单位所承包的工程按照建设工程施工合同所规定的施工内容全部完工交付使用后,向发包单位办理竣工后工程价款结算的文件。竣工结算编制的主要依据为:

①施工承包合同补充协议,开、竣工报告书。

②设计施工图及竣工图。

③设计变更通知单。

④现场签证记录。

⑤甲乙双方供料手续或有关规定。

⑥采用有关的工程定额、专用定额与工期相应的市场材料价格及有关预结算文件等。施工单位在完成合同规定的全部内容,经验收符合合同要求后,根据以上原则组织专业人员编制完整的结算,并及时报送建设单位。

工程完工后,必须对该工程的所有财产和物资进行清理,作为企业内部成本核算的依据,并认真总结,进行成本分析,计算节约或超支的数额并分析原因,吸取经验教训,以利于下一个工程施工造价的管理与控制。

6.3 施工组织设计的优化

6.3.1 施工组织设计与工程造价的关系

施工组织设计是以一个工程项目或者建筑群为对象,规划其施工全过程各项活动的技术、经济的全局性和控制性文件。它是针对施工全过程的复杂性,采用系统工程的思维方法并依据技术经济规律,对拟建工程项目施工全过程各阶段、各环节和涉及的各种资源进行统筹规划的计划管理行为。其目的是对整个工程项目或建筑群复杂的施工生产过程经过科学、经济、合理的统筹规划,使工程项目可以持续、平稳、协调地进行施工,达到工程项目对安全、进度、质量、投资和环保等方面的各项要求。施工组织设计按编制时间分为标前设计和标后设计,主要内容包括工程概况和施工条件、施工部署和施工准备工作、施工方案、施工总进度计划、施工现场平面布置、施工技术、组织与安全保证措施等。

工程造价是指进行一个工程项目的建造所需要花费的全部费用,即从工程项目确定建设意向直至竣工验收为止的整个建设期间所支付的总费用。项目工程造价是依据设计文件结合施工组织设计,并按照国家的有关文件合理有效地为项目决策提供科学依据以及投资规模和宏观控制目标。合理地确定工程造价,能有效地节约投资,使有限的资源得到合理的运用,并取得较高的社会和经济效益。

(1)从施工组织设计的内容看,工程造价的编制必须以前者作为重要基础

施工组织设计的主要内容都与工程造价的编制息息相关,这就要求施工企业必须根据施工组织设计和施工现场的具体情况来计算工程造价。施工组织设计的主要内容包括:第一是施工程序的安排,这体现了施工步骤的规律性,往往是先地下,后地上;先土建,后设备;先结构,后装修等。第二是施工方案的选择,这是施工组织设计的核心内容,往往直接影响工程造价的确定与控制。因此不同的施工方案会导致工程造价的差异。

(2)工程施工组织设计以工程造价为依据,使施工组织设计不断得到优化

工程施工组织设计编制人员必须根据造价工程师在计算工程造价过程中测算出的工程所需人工、材料的数量以及施工机械的种类和数量等,在此基础上加以分析研究,对各类资源进行合理调配,做到人工按需定员、材料合理流向、机械类型配备合理。施工组织设计编制人员必须以造价工程师所计算出的分部分项工程量为基础,按各施工班组的分工进行分解,划分出合理的流水段,指定合理的网络计划,在工程建设过程中也要以分部分项工程量为基础调整施工进度计划,确保施工过程均衡、连续、节奏顺畅,最终使得施工组织设计发挥出应有的效力。

6.3.2 优化施工组织设计的意义

优化施工组织设计对合理确定工程造价的意义主要体现在以下 3 个方面:

(1)保证施工组织设计的编制质量是合理确定工程造价的关键

施工组织设计编制质量的好坏是合理确定工程造价的关键,加强设计的编制质量对确定工程造价有很重要的作用。由于设计工作做得不够深入,对工程造价的确定带来很大的麻烦,同时也为合同的正常执行带来困难。因此,在施工组织设计的编制过程中,施工方案的选定不能简单地用行政命令的手段决定,而应当依靠集体的智慧,认真进行比较讨论,从技术经济两个方面综合评定。

(2)优化施工组织设计是控制工程造价的基础

施工方案的设计是施工组织设计的中心环节,工程造价能否得到控制,首先取决于方案是否优良。在设计过程中,应对各种方案进行比较,在充分论证的基础上,从中选择最佳的设计方案。有时也可以博采众长,形成新的、更完善的方案。

(3)采用新技术、新工艺是降低工程造价的主要手段

在施工组织设计中应用新技术、新材料、新工艺、新设备,既可以提高生产力,又可以降低工程造价。比如,碾压混凝土筑坝,大体积混凝土通仓浇筑及用土工布、土工膜代替土石坝反滤料等新技术、新材料、新工艺,既可加快施工进度,节省材料消耗,减少设备数量,又可降低工程造价。在设计中,应大力应用先进的技术和设备,为降低成本提供主要手段。

6.3.3 施工组织设计优化措施

(1)编制人员优化

施工组织设计编制前应首先得到施工企业领导者的重视,由公司技术负责人牵头,由生产计划、经营管理、项目部负责人和现场技术人员共同参加编制。施工组织设计具有很强的技术性和指导性,是指导拟建工程施工全过程中各项活动的技术、经济和组织的综合性文件,因此参加编制的人员必须是具有坚实的理论基础和丰富的施工经验,善于借鉴他人的先进施

工经验和科技成果的高素质人才。

(2)施工方案优化

好的施工方案应以提高经济效益、简化施工工序为原则,尽量采用先进的施工技术和施工机械,努力提高标准化、机械化、工厂化施工水平,重视每一个技术环节,采取有效的质量保证措施,获取最佳经济效益。比如采用大模板和清水混凝土施工技术,就可免除框剪结构工程的墙、柱、梁、板大量抹灰工程量,既简化了工序、节约了材料,又缩短了工期。因此,选择科学、合理的施工方案是施工组织设计的核心,直接关系到工程项目的施工质量和工期。

(3)施工进度计划优化

施工进度计划可以用横道图表示,也可用网络图表示。横道图简便、直观,流水作业排列整齐有序、一目了然,但难以表现大型、复杂工程的全貌,不能指出关键工作、关键线路和机动时间,无法进行优化;网络计划最大优点是时间参数表达丰富,可通过时间参数计算出各项工作的最早开始、最早完成时间,找出关键工作、关键线路,明确紧前、紧后工作的重点,通过计算各项工作的自由时差、总时差,向非关键工作要时间、要资源,将时间和资源转移到关键工作中去,从而找出可优化的时空间隙,使施工进度计划最优化。

(4)施工现场平面布置优化

一个安全、文明的施工现场,应该是道路畅通、场容美观整洁,各种材料、模板、架材堆放有序,各种机械布置科学、合理,各工序施工有条不紊。为优化平面布置,规划场地时应遵循以下原则:尽量减少施工用地,使平面布置紧凑、合理;合理组织运输,以减少运输运费,确保运输通畅;施工区段划分应符合施工流程要求,尽量减少工种间和工序间的相互干扰;油漆、溶剂等易燃、易挥发物库房及散装水泥罐、木工棚应置于下风处且远离拟建建筑;充分利用现场原有设施,降低临设费用;施工区与职工生活区分开,以确保安全施工和便于工人休息;重视并加强现场安全防火设施和职工劳动保护工作。

6.4 工程变更及其价款确定

6.4.1 变更的概念

工程变更是指在施工过程中设计变更、进度计划变更、施工条件变更、使用建材变更、原招标文件变更和工程量清单中没有的新增工程变更等的发生。工程变更可能会增加工程成本,比如一些工程的价格变更,不是招投标时的竞争价格,而是重新议定的价格,这样的更改会对项目总成本的控制造成不利,这其中主要涉及工程变更资料的凭证和管理问题。只要是工程变更资料,一定找相关代表签字或者是盖章,设计上的变更一定要找设计单位、相关的设计人员签字或盖章后才能实施生效。从造价控制角度来讲,并非所有的工程变更通知单都可以计算工程价款的,像一些新增造价的项目,如果相关的变更手续资料不全也是不能得到对应的价款。工程变更合同价款确定程序如图 6.1 所示。

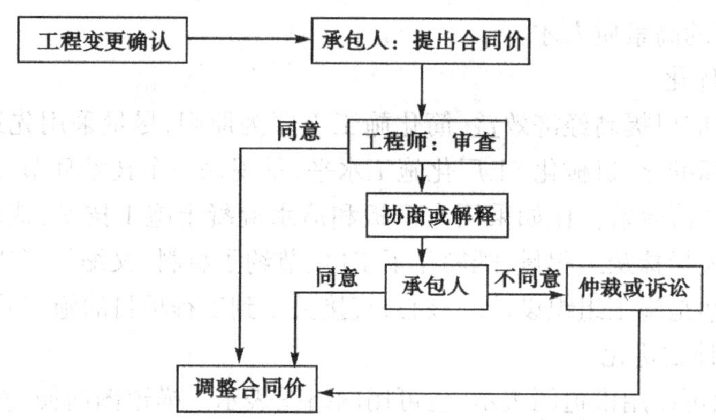

图 6.1　工程变更后合同价款的确定程序

6.4.2　变更产生的原因

工程项目应该经过严格的可行性研究和投资额度的审批程序，其工程造价的控制该按批准的投资额度，把工程建设实施中各阶段的工程造价实际发生额度控制在限额以内，强调精心准备，科学合理地组织实施，严格地监控。但很多建设单位急于开工，又没有做好必要的准备，对投资额度的要求、建筑标准的把握、设计深度的审查、招标文件和承包合同的合理与完善程度没有严格把关，造成边施工边变更，对施工中的工程想改就改，有的项目一改再改，对更改的必要性和合理性没有监督，对更改造成的损失没有相应的责任制约。有的报价人员没有深入、详细地勘测现场，对于设计方案能否进行优化以节约成本心中无数；对地方资源可利用程度把握不准；料源、料价调查结果缺乏准确性，编制报价时不作对比分析而直接套用信息价，以致使成本分析缺乏可靠基础，使得决策者心中无数，对施工技术规范了解不细致，导致工程报价盲目偏离实际。

有些现场工程师的业务素质差，对合同、预算和有关规定不熟悉，不应签证的项目盲目签证，有的现场工程量问题不经核实随意签证、确认，或者工程量该签立方的签成平方，又不标明厚度，等造价师发现时工程已隐蔽，给最后结算留下隐患，有的承包商为获取高利润，设法巧立名目，弄虚作假，有意扭曲合同的界限含义，以少报多，高估冒算，如遇上业务差或不负责的监理或甲方人员，就容易蒙混过关，造成造价失控。

6.4.3　工程变更的管理

1）工程变更的内容

工程范围的变更是指超出合同规定的工程范围的变更。

工程量的变更是指属于原合同工程范围以内的工作，只是在其工程数量上有所变化，一般被统称为“工程变更”。

2）工程变更的管理

（1）施工中发包方（建设单位）需对原工程设计进行变更的处理程序

根据《建设工程施工合同（示范文本）》的规定，应提前 14 d 以书面形式向承包方发出变更通知。变更超过原设计标准或批准的建设规模时，需经原规划管理部门和其他有关部门重新审查批准,并由原设计单位提供变更的相应图纸和说明。发包方办妥上述事项后,承包方根据发包方变更通知并按工程师要求进行变更。因变更导致合同价款的增减及造成的承包方损失,由发包方承担,延误的工期相应顺延。合同履行中发包方要求变更工程质量标准及发生其他实质性变更,由双方协商解决。

(2)承包商要求对原工程进行变更

①施工中乙方不得对原工程设计进行变更。因乙方擅自变更设计发生的费用和由此导致甲方的直接损失,由乙方承担,延误的工期不予顺延。

②乙方在施工中提出的合理化建议涉及对设计图纸或施工组织设计的更改及对原材料、设备的换用,须经工程师同意。未经同意擅自更改或换用时,乙方承担由此发生的费用,并赔偿甲方的有关损失,延误的工期不予顺延。

③工程师同意采用乙方合理化建议,所发生的费用和获得的收益,甲乙双方另行约定分担或分享。

6.5 工程索赔

6.5.1 工程索赔概述

工程索赔是指工程承包合同履行中,当事人一方因对方不履行或不完全履行既定的义务,或者由于对方的行为使权利人受到损失时,要求对方补偿损失的权利。

施工索赔是建设项目施工阶段经常发生的事,施工方要做好索赔管理,它是造价控制管理的重要手段,索赔事件是双方争议最大又是最难以解决的。合同双方要做好施工过程管理,除了施工技术,还要树立索赔意识,熟悉索赔业务。如果是在索赔工作范围里发生事故,属于索赔事项的,就要通过正确的渠道,合法的途径提出索赔,要做到实事求是,以理服人,更要重视那些想以低价报价,再通过高索赔获取更高的经济利益的行为。

6.5.2 工程索赔处理原则及程序

索赔会导致项目的造价发生变化,索赔的控制也是对工程项目实施阶段工程造价控制的重要手段。根据施工合同做好工程的索赔工作,索赔工作应是全部竣工结算的内容之一,施工单位应当重视索赔的理论和方法。当工程施工中,出现合同内容之外的自然因素、社会因素引起工程发生事故或拖延工期等,施工单位应及时收集文字依据,认真分析,提出索赔报告,追补损失。索赔是建筑市场经济活动中常见的社会现象,是一种以合同和法律为依据、合情合理的签证认可行为,是现代工程承包中不可避免的事情。因此,加强管理,加强合同执行意识,提高索赔的管理水平,对提高企业的经济效益有着重要的作用。同时,工程索赔也是前期投标报价策略的后续工作,应认真对待,尽可能做到成本减少收入增加。

在工程实施过程中往往会发生工程的变更修改,工程变更来自多方面,有建设单位、设计单位、监理公司、施工企业等,由于工程变更引起工程量和综合单价的变化、施工条件的变化、施工时间顺序变化等,从而影响工程造价和施工工期。这些问题的产生,不得不改变施工项目或增减工程量。施工单位在收到业主或监理工程师发出工程变更指令后,按照合同的条款和程序向监理工程师提出工程签证,并提交工程索赔款费用报告和工期延长的报告,待监理工程师和业主签认后作为工程结算的依据。施工单位在办理工程签证时,要严格按照合同规定的时间进行,改变以往到工程竣工才把工程签证送监理工程师签认的做法。如某工程项目施工单位在完成了砌砖工程后才收到要修改内墙间隔的工程变更通知,这时施工单位应立即请监理工程师到现场确认已砌内墙的数量,并及时办理工程签证手续。如果到工程竣工才办理,就无法确认已完成的工作量,施工单位就会蒙受损失。

索赔的程序一般按提出索赔要求、报送索赔资料和索赔报告、协商解决索赔问题、争端裁决委员会调解和仲裁或诉讼5个步骤进行。

(1)提出索赔要求

按照我国《建设工程施工合同(示范文本)》的规定,“在索赔事件发生后28 d之内,向工程师发出索赔意向通知”。

按照FIDIC《施工合同条件》的规定,这个书面的索赔通知书应在承包商知道或本应知道该事件发生后的28天以内,向工程师正式提出,并抄送业主。否则,逾期再报,承包商的索赔要求将遭到业主和工程师的拒绝。

索赔通知书一般包括以下内容:

①索赔事件发生的时间、地点。

②事件发生的原因、性质,责任。

③承包商在事件发生后所采取的控制事件进一步发展的措施。

④说明索赔事件的发生可能给承包商带来的后果,如工期的延长,费用的增加。

⑤指明合同依据,申明保留索赔的权利。

索赔通知书的一般格式见表6.4。

表6.4 索赔意向通知书

工程名称: 编号:

致:____________ 根据施工合同____________(条款)约定,由于发生了____________事件,且该事件的发生非我方原因所致。为此,我方向____________(单位)提出索赔要求。 附件:索赔事件资料 提出单位(盖章) 负 责 人(签字) 年 月 日

(2)报送索赔资料和索赔报告

按照我国《建设工程施工合同(示范文本)》的规定,"发出索赔意向通知后28 d内,向工程师提出延长工期和(或)补偿经济损失的索赔报告及有关资料""工程师在收到承包人送交的索赔报告和有关资料后,于28 d内给予答复,或要求承包人进一步补充索赔理由和证据""当该索赔事件持续进行时,承包商人应当阶段性向工程师发出索赔意向,在索赔事件终了后28 d内,向工程师送交索赔的有关资料和最终索赔报告"。

按照FIDIC合同条件,"在承包商得知(或本应意识到)索赔事件发生后的42 d内,或承包商建议并经过工程师同意的其他事件内,向工程师提交完整的索赔报告。"

(3)协商解决索赔问题

第一次协商一般采取非正式的形式,双方交换意见,互相探索立场观点,了解可能的解决方案,争取达到一致的见解,解决索赔问题。

如果需要举行正式会谈,双方应作好准备,提出论证根据及有关资料,内定可以接受的方案,友好求实地协商,争取通过一次或数次会谈,达成解决索赔问题的协议。

谈判要讲究技巧,不仅要熟悉有关的法律条款,了解工程项目的技术经济情况和施工过程,而且要善于同对手斗脑力,在不失掉原则的前提下善于灵活退让,最终达成双方满意的协议。

(4)争端裁决委员会(中间人)调解

当争议双方直接谈判无法取得一致的解决意见时,为了争取通过友好协商的方式解决索赔争端,根据工程索赔的经验,可由争议双方协商邀请中间人进行调停,也能比较满意地解决索赔争端。

(5)仲裁或诉讼

在工程索赔的实践中,许多国家都提倡通过仲裁解决索赔争端,而不主张通过法院诉讼的途径。这是为了减轻法院系统民事诉讼案件数量的压力,更主要的原因是,施工合同争端经常涉及许多工程技术专业问题,案情审理过程甚久。

6.5.3 索赔证据与文件

1)索赔证据

索赔事件确立的前提条件是必须有正当的索赔理由,索赔证据的种类有以下9种:

①本工程合同协议书。

②中标通知书。

③投标书及附件。

④本合同专用条款。

⑤本合同通用条款。

⑥标准、规范及有关技术文件。

⑦图纸。

⑧工程量清单。

⑨工程报价单或预算书。

2)索赔文件

索赔文件是承包商向业主索赔的正式书面材料,也是业主审议承包商索赔请求的主要依据,它包括总论、合同引证、论证、证据4部分内容。

(1)总论部分

总论部分概要叙述发生索赔事项的日期和过程,说明承包商为了减轻该所索赔事项造成的损失而作过的努力,索赔事项对承包商施工增加的额外费用以及自己对索赔的要求。包括序言、索赔事项概述、具体索赔要求(工期、费用)、报告编写与审核人员。

(2)合同引证部分

合同引证部分从该合同条件以及工程所在国的有关法律规定引证说明自己理应得到补偿,一般内容包括:

①概述索赔事项的处理过程,如发生、发展、处理和最终解决的过程。

②发出索赔通知的时间。

③引证索赔的合同条款。

④指明所附的证据资料。

⑤结论。

(3)论证部分

①费用索赔。首先,论证遇到了合同规定以外的额外任务或不利的合同实施条件,并由此遭受经济损失,并且这些损失应由业主承担;其次,选择适当的费用计算方法,据此提出索赔额。可以列出数额计算表,一般写出总额,然后写出计算公式和计算结果。

②工期延长。首先,进行工期索赔论证首要目的是获得工期延长,以免承担误期赔偿损失;其次,为赶工获得经济补偿,因此,应对工期延长、实际工期和理论工期的长短进行详细论述,并说明工期延长的根据。论证工期的方法包括横道图法、关键路线法、顺序作业法等。

(4)证据部分

证据部分常以索赔报告附件形式出现。常见的证据包括工程所在国的政治经济资料,如重大自然灾害、重要经济政策等;施工现场记录和报表,如施工日志、业主和工程师的指令和来往信件、现场会议记录、施工事故的详细记录、分部分项工程施工质量检查记录、施工实际进度记录、施工图纸移交记录等;工程项目财务报表,如施工进度款月报表、索赔款月报表、付款收据单据等。

6.5.4 常见施工索赔处理

1)承包商向业主的索赔

(1)工程变更的索赔

在进行工程变更索赔时,一定要注意具有工程变更价款的索赔权。当工程变更是由非承包商原因造成且由业主或其授权代表——工程师发出变更指令以后进行的,承包商才具有对工程变更价格的索赔权。

如果承包商按照其他人的指示进行工程变更,则将失去得到此项变更的经济补偿的权利。按照我国现行《建设工程施工合同(示范文本)》通用条款第31.2条的规定,如果承包商在双方确定变更后14 d内不向工程师提出变更工程价款报告时,视为该项变更不涉及合同价款的变更。

(2)工程延误的索赔

在施工中,常常由于各种原因而导致工程的实际进度落后于进度计划,如果延误的责任在业主方面或应由业主方承担风险,则承包商有权就此延误提出索赔要求。其索赔的要求通常包括两个方面:一是承包商要求偿付由于非承包商原因或其风险而导致工程延误而造成的损失(纯属业主方面原因);二是承包商要求延长工期(属于客观原因、业主也无法预见到的情况)。

(3)现场物质条件变化的索赔

现场物质条件是指承包商在现场施工时遇到的自然物质条件和人为其他物质障碍和污染物,包括地下和水文条件,但不包括气候条件。

由于物质条件比招标文件中所描述的更为困难和恶劣,是一个有经验的承包商也无法预见到的,从而增加了施工的难度,导致承包商的成本增加和工程拖期,就此情况承包商可提出工期索赔和费用索赔。

(4)加速施工的索赔

①由于非承包商原因造成工期延误,业主为了能够按时接收工程,由工程师发出指示,要求承包商采取加速施工措施。

②工程按进度计划进行,并未发生拖期现象,但考虑到市场等原因,业主希望工程能提前交付使用,与承包商协商采取加速施工措施。

(5)不可抗力的索赔

由于战争、政变、非承包商及其分包商人员的罢工以及战争军火和自然灾害等不可抗力所造成的工程延误或费用损失,承包商有权索赔。但战争和自然灾害情况,承包商只能要求工期延长,不能要求费用补偿。

(6)业主风险的索赔

工程承包施工是一项高风险的事业,任何合同条件中都包含有关风险分配的条款,像FIDIC《施工合同条件》的第17.3和17.4款和我国现行《建设工程施工合同(示范文本)》的风险分担与施工索赔存在着直接的关系。

在工程实践中如果发生了应由业主承担的风险,承包商有权就此风险造成的工期拖期和费用增加提出索赔。雇主风险主要有:

①战争、敌对行动(不论宣战与否)、入侵、外敌行动。

②工程所在国内的叛乱、恐怖主义、革命、暴动、军事政变或篡夺政权或内战。

③承包商人员及承包商和分包商的其他雇员以外的人员在工程的所在国内的暴乱、骚动或混乱。

④工程所在国内的战争军火、爆炸物资、电离辐射或放射性引起的污染,但可能由承包商使用此类军火、炸药、辐射或放射性引起的除外。

⑤由音速或超音速飞行的飞机或飞行装置所产生的压力波。

⑥除合同规定以外雇主使用或占有的永久工程的任何部分。

⑦由雇主人员或雇主对其负责的其他人员所作的工程任何部分的设计。

⑧不可预见的或不能合理预期的,一个有经验的承包商已采取适宜预防措施的任何自然力的作用。

⑥和⑦两项的情况,还可以获得相应的利润补偿。

(7)工效降低的索赔

在施工过程中,由于恶劣的气候条件和地质条件、其他承包商的干扰、工程变更等多种因素的影响,会造成实际施工工效低于承包商投标报价时所依据的工效水平,从而造成承包商的工程成本增加,实际施工进度落后于计划进度。承包商通常就此提出索赔,希望弥补自己的损失。

(8)物价上涨的索赔

在工程施工承包实践中,由于建设项目的施工周期长,因此物价变动通常对工程造价带来很大的影响。对于工期在一年以内的项目,可能采用固定价格合同,物价上涨的风险由承包商承担。但是,对于工期在一年以上的项目,物价上涨可能会引起工程成本的大幅提高,因此,通常在合同条件中都规定有物价调整的条款。如FIDIC《施工合同条件》中的13.8款和我国现行《建设工程施工合同(示范文本)》第23款。

(9)业主拖期付款的索赔

通常在施工合同中都有关于工程款支付方面的条款,而且一般规定有时间范围。如果拖期付款,承包商有权对工程款和延期支付期间的利息进行索赔。如FIDIC《施工合同条件》第14.7款和14.8款以及我国现行《建设工程施工合同(示范文本)》第26款都是关于付款的规定。

(10)承包商暂停施工或终止合同的索赔

在施工合同中通常规定,由于业主拖期付款,承包商有权暂停施工或放慢施工速度。由于其他非承包商原因按照工程师的指示暂停施工,或者业主严重违约,或业主破产等原因,承包商有权终止合同。这几种情况,承包商均有权向业主提出索赔要求。

(11)业主违约的索赔

施工合同中明确规定有业主方和承包方的合同义务,如果业主没有履行合同义务就构成了合同违约。如果这种违约行为造成承包商的损失,则承包商就有权就此索赔。

例如,在FIDIC《施工合同条件》第2.1款规定,雇主应在投标书附录中规定的时间内给予承包商进入现场、占有现场各部分的权利。否则,就构成了违约,承包商就有权提出索赔。

(12)政府法令变化的索赔

通常在合同中均规定在投标书递交截止日期前28 d之后,工程所在国的政府法令如果发生变化导致承包商的工程成本增加,承包商有权向业主提出索赔。例如,工人工资的法令性增加,就会导致人工费增加。

2)业主向承包商的索赔

(1)工期延误索赔

在工程项目的施工过程中,由于多方面的原因,往往使竣工日期拖后,影响到业主对该工程的利用,给业主带来经济损失。承包商支付误期损害赔偿费的前提是:这一工期延误的责任属于承包商方面。施工合同中的误期损害赔偿费,通常是由业主在招标文件中确定的。一般按每延误一天赔偿一定的款额计算,累计赔偿额一般不超过合同总额的5%~10%。

(2)质量不满足合同要求索赔

当承包商的施工质量不符合合同的要求,或使用的设备和材料不符合合同规定,或在缺陷责任期未满以前未完成应该负责修补的工程时,业主有权向承包商追究责任,要求补偿所受的经济损失。如果承包商在规定的期限内未完成缺陷修补工作,业主有权雇用他人来完成工作,发生的成本和费用由承包商负担。如果承包商自费修复,则业主可索赔重新检验费。

(3)承包商不履行的保险费用索赔

如果承包商未能按照合同条款指定的项目投保,并保证保险有效,业主可以投保并保证保险有效,业主所支付的必要的保险费可在应付给承包商的款项中扣回。

(4)对超额利润的索赔

如果工程量增加很多,使承包商预期的收入增大,因工程量增加承包商并不增加任何固定成本,合同价应由双方讨论调整,收回部分超额利润。

由于法规的变化导致承包商在工程实施中降低了成本,产生了超额利润,应重新调整合同价格,收回部分超额利润。

(5)对指定分包商的付款索赔

在承包商未能提供已向指定分包商付款的合理证明时,业主可以直接按照监理工程师的证明书,将承包商未付给指定分包商的所有款项(扣除保留金)付给这个分包商,并从应付给承包商的任何款项中如数扣回。

(6)业主合理终止合同或承包商不正当地放弃工程的索赔

如果业主合理地终止承包商的承包,或者承包商不合理放弃工程,则业主有权从承包商手中收回由新的承包商完成工程所需的工程款与原合同未付部分的差额。

6.6　工程价款结算管理

6.6.1　工程价款结算依据

工程结算是指建筑工程施工企业在完成工程任务后,依据施工合同的有关规定,按照规定程序向建设单位收取工程价款的一项经济活动。其结算依据如下:

①工程竣工报告和工程竣工验收报告。

②建设工程施工合同。

③施工图预算、施工图纸、设计变更和施工变更资料。

④现行建筑安装工程预算定额、费用定额、其他取费标准及调价规定等。

⑤有关施工技术的资料等。

6.6.2　工程预付款的计算

工程预付(备料)款是指工程项目开工前,为了确保工程施工正常进行,建设单位应按照合同规定,拨付给施工企业一定限额的工程预付(备料)款。此预付款构成施工企业为该工程项目储备主要材料和结构件所需的流动资金。

对于材料由建设单位供给的只包工不包料工程,则可以不预付工程备料款。招标时在合同条件中约定工程预付款的百分比。如承包人滥用工程预付款,发包人有权立即收回。

当工程进展到一定阶段,随着工程所需储备的主要材料和结构件逐步减少,建设单位应将开工前预付的备料款,以抵充工程进度款的方式陆续扣回,并在竣工结算前全部扣清。扣款有两种方式:

①发包人和承包人通过洽商用合同的形式予以确定。

②从未施工工程尚需的主要材料及构件的价值相当于工程预付款数额时扣起，按材料及构件比重扣抵工程价款，至竣工之前全部扣清。工程预付款起扣点可按下式计算：

$$T=P-\frac{M}{N} \tag{6.2}$$

式中 T——起扣点，即工程预付款开始扣回的累计完成工程金额；

P——承包工程合同总额；

M——工程预付款数额；

N——主要材料及构件所占比重。

【例 6.1】某项工程合同总额为 600 万元，工程预付款为合同总额的 20%，主要材料和构件所占比重为 60%，求该工程的工程预付款、起扣点为多少万元？

【参考答案】工程预付款为 600×20%＝120（万元）

工程起扣点：$T=P-\frac{M}{N}=600-\frac{120}{60\%}=400$（万元）

则当工程完成 400 万元时，本项工程预付款开始扣回。

6.6.3 工程进度款、保修金结算

工程进度款是指工程项目开工后，施工企业按照工程施工进度和施工合同的规定，以当月（期）完成的工程量为依据计算各项费用，向建设单位办理结算的工程价款。工程进度款的结算分 3 种情况，即开工前期结算、施工中期结算和工程尾期结算。

【例 6.2】某企业承包的建筑工程合同造价为 780 万元。双方签订的合同规定工程工期为 5 个月，工程预付备料款额度为工程合同造价的 20%，预付款从未施工工程尚需的主要材料及构件价值相当于工程预付款数额时起扣，按材料及构件比重扣抵工程价款。工程进度款逐月结算，经测算其主要材料费所占比重为 60%，工程保留金为工程合同造价的 5%，最后一个月一次性扣留。各月实际完成的产值见表 6.5，求该工程如何按月结算工程款？

表 6.5 各月实际完成的产值

月 份	三月	四月	五月	六月	七月	合 计
完成产值/万元	95	130	175	210	170	780

【参考答案】(1) 该工程的预付备料款＝780×20%＝156（万元）

由起扣点式(6.2)知：起扣点 $T=780-156/60\%=520$（万元）

(2) 开工前期每月应结算的工程款，按计算公式计算结果见表 6.6。

表 6.6 开工前期每月应结算的工程款

月 份	三月	四月	五月
完成产值	95	130	175
当月应付工程款	95	130	175
累计完成的产值	95	225	400

以上三、四、五月份累计完成的产值均未超过起扣点(520 万元),故无须抵扣工程预付备料款。

(3)施工中期进度款结算:

六月份累计完成的产值=400+210=610(万元)>起扣点(520 万元)

故从六月份开始应从工程进度款中抵扣工程预付的备料款。

六月份应抵扣的预付备料款=(610−520)×60%=54(万元)

六月份应结算的工程款=210−54=156(万元)

(4)工程尾期进度款结算:

应扣保留金=780×5%=39(万元)

七月份办理竣工结算时,应结算的工程尾款为:

工程尾款=170×(1−60%)−39=29(万元)

(5)由上述计算结果可知:

各月累计结算的工程进度款=95+130+175+156+29=585(万元)

再加上工程预付备料款 156 万元和保留金 39 万元,共计 780 万元。

课后练习

1.施工阶段影响工程造价信息的因素有哪些?

2.施工阶段工程造价信息管理的内容是什么?

3.如何做好施工阶段工程造价信息管理?

4.工程变更和工程索赔对工程造价信息管理有哪些影响?

7

工程造价信息管理信息化

7.1 工程造价管理信息化概述

7.1.1 工程造价管理信息化概念

工程造价管理是建筑工程管理的重要组成部分,贯穿了从项目决策到竣工验收的整个过程,它涉及部门众多,决定了建筑工程管理的整体效果。工程造价管理的根本目的是通过对工程建设全过程的控制和管理,使相关的技术和经济紧密结合,充分利用人力、资金和物力,使其达到完全合理化,最终保证质量并实现投资收益的最大化。而在这一目标的实现过程中,工程造价的信息化管理起着重要的作用。

在信息技术日益发展和深入应用的今天,工程造价管理信息化将作为建设领域信息化的一个重要组成部分,将在工程造价管理活动中发挥重要作用。计算机技术和网络技术在企业经营管理中广泛应用,这给工程造价管理带来很多新的特点。在简要分析工程造价管理信息化建设现状及存在问题的基础上,从信息标准化、数字化、软件开发等方面进行了初步探讨,进而对推进工程造价管理信息化建设提出一些设想。建筑产品进入市场后,市场对工程造价信息的需求不断膨胀,我们只有利用高科技信息化,充分发挥我国工程造价的自身优势,加强工程造价的信息化管理,才能使工程造价管理向着更高效更合理的方向发展。因此,高度重视工程造价的信息化管理,并通过采用动态工程造价管理系统使工程造价信息作为一种资源进行开发、利用和共享是我国的工程造价领域乃至建筑业实现更好发展的必由之路。

1)工程造价管理信息化内涵

建筑工程造价进行信息化管理指的是把工程造价信息化技术或者是信息化系统运用于建筑工程的项目当中,针对建筑项目建设的整个进程实施财务评价与投资估算等,从承包商的承包、招标模式、项目相关技术的设计水平、前期融资方案的设计以及项目的投资规模等相关内容实施造价管理。信息化技术对于建筑工程造价管理工作来说不仅是挑战,同时也是机遇,未来高速发展的信息化技术在建筑工程造价的管理当中必然会得到越来越广泛的应用,对建筑工程造价管理产生深远的影响。工程造价管理信息化并不简单地等同于计算机化或网络化,而是一个关系到整个工程造价管理改革和工程造价管理现代化的系统工程。在工程造价管理信息化的建设过程中,将信息技术与工程造价管理业务流程紧密结合,高度重视用信息的观点进行工程造价信息分析,并在此基础上将信息技术、工程造价信息资源融入工程造价管理活动的业务中。关于工程造价管理信息化的内涵,需要从以下5个方面深入理解。

(1)工程造价管理信息化是一个动态发展的过程

工程造价管理信息化是从初级、中级到高级的发展过程,是随着信息技术的进步、工程造价管理改革与组织管理的变化而不断演进和深化的动态过程。不同时期的工程造价管理信息化进程是不相同的;不同时期的工程造价管理信息化建设是不一样的。

(2)工程造价管理信息化需要掌握自身的特点

工程造价管理各类组织的工程造价信息流构成是不同的,各种工程造价信息流的比重、作用、规模也有所不同,它们面向市场的角度、程度和应用信息技术的范围、作用也都不尽相同。应当根据自身的特点,在工程造价管理信息化建设过程中,充分考虑上述情况及特点。在工程造价管理信息化建设实践过程中,要把握好平衡点和主要因素。

(3)工程造价信息资源的作用

工程造价信息资源是人们借以对其他资源进行有效管理的工具。也就是说,人们对各种工程造价信息资源的有效获取、有效分配和有效利用无一不是凭借对工程造价信息资源的开发利用来实现的。工程造价信息资源及其有序管理在推动工程项目建设全过程一体化管理中显示出日益重要的作用。主要作用有先导作用、中枢神经作用、支持保障作用和增值作用。

(4)提高工程造价管理决策的效率和水平

工程造价管理理念的创新是实施工程造价管理信息化的根本,而不断发展的信息技术作为推动工程造价管理组织创新和提高竞争力的手段,无疑会大大提高工程造价管理决策的效率和水平。我们应整合各种信息技术的应用侧重点,抓住工程造价管理组织机构所需要的信息技术。

(5)信息化建设成效以工程造价管理整体协调发展为依据

从工程造价管理信息化的内涵我们知道,充分运用信息技术手段实现工程造价管理整体协调发展集中体现在工程造价信息资源的共享和有效利用上,确保不同工程造价管理主体及组织机构内部各层级人员都能及时得到所需的工程造价信息,使之为完成工程项目与实现目标而协同工作。

2)工程造价信息化管理的意义

(1)工程造价信息化管理有利于工程造价的降低

在我国的建筑工程安装费中材料设备费占整个投资的65%~70%,而且近几年来,这一比例正在逐年加大。由此可以看出,控制好建筑工程的材料设备费用对于实现工程管理的合理化、高效化是很重要的。在实现工程造价信息化管理之后,其中的价格信息系统可为使用者提供材料设备的厂家最新报价,并且每一种材料都与相应的厂家进行了链接,用户可以很清楚地选择最适合的材料和设备。并且,系统中还备有价格栏,提供对工程造价有重要影响的主要材料价格,以及不同地区的横向价格系统和纵向的比较走势图。通过研究这一栏,造价人员可以充分判断建筑材料和建筑设备的价格走势,并对造价信息有更清楚和详细的掌握,有利于进行合理选择,降低工程造价。

(2)工程造价信息化管理有利于建筑市场管理服务的加强

所有与工程造价特征及其变动信息有关的内容组成了工程造价系统的核心。建立具有共享性的资源,完善工程造价信息系统,可以使工程造价信息化有更大的普及,起到更大的作用。此外,建筑工程信息的共享可以使其更好地为工程建设市场和工程造价管理服务,可以为建筑项目的承包商、工程咨询单位、业主及其他参与工程各个方面工作的人员提供各类信息,包括工程法规、各个部分的造价、细化的各部分材料价格信息等,加强了建筑市场的管理服务。

(3)工程造价信息化管理能够为招投标工作提供合理依据

当下,在我国招投标相关制度不同的地区,工程造价信息中的人工费、材料价格和机械费等方面也截然不同。而且众所周知,建筑施工企业流动性很大,而招投标活动却不受地区限制,对于其他地区的施工单位,招标方可能并不了解其具体资质和实力,而通过建筑工程造价信息化管理的实现,招标方可以全方位地了解竞标企业的相关情况,选择最适合的施工企业,这使得评标工作更客观,减少了人为操作的可能性。而且,实现工程造价信息化管理之后,建筑施工企业即可以通过工程造价信息系统来查看工程的相关情况,确定施工方案之前,可以先考察投标地区的材料价格、周围环境等方面,据此规划出更合理的方案。

7.1.2 现阶段工程造价管理信息化面临的问题与解决方案

1)工程造价管理信息化面临的问题

总体上来说,目前我国工程造价管理信息化面临的问题还比较突出,归纳起来,这些问题体现在以下5个方面:

(1)工程造价管理信息化工作机制尚不健全

由于缺乏统一、有效的工程造价管理信息化工作机制,工程造价信息管理缺乏有效指导和协调,各地管理方式各有差异,综合管理层次不高,管理手段较为单一,信息资源相互封闭,管理的广度和深度有待提高。

(2)工程造价管理信息标准体系有待于完善

由于我国建设工程工料机价格信息数据标准尚未实施,工程造价数据文件交换标准缺失,各地区工程定额库数据、工程量清单计价中的数据无法实现交换与共享,工程造价信息资源开发与使用者之间的数据交换、共享也无法实现,工程造价管理信息化建设进度和规模都受到很大影响。

(3)工程造价管理的信息化基础建设较薄弱

适合工程造价当前业务和近期发展要求的信息设备、通信网络、数据库和支撑软件整体解决方案仍在探索之中，由于缺乏相应的标准，工程造价管理信息系统的基础建设规模受到一定影响。长期以来只重视对生产、设计信息化的投入，而对造价管理信息化投入不足，使得造价管理的信息化基础建设还比较薄弱。

(4)工程造价信息资源处理手段落后

现今，工程造价信息采集技术依旧落后，采样点少，收集的信息量少，收集时间长，加工处理又有很大的随意性，并不能真实反映造价信息实际动态。由于没有建立一个有效的工程造价信息网络系统，工程造价信息资源处理效率低，智能化水平偏低。信息分类标准不统一，数据格式和存取方式不一致，使得信息资源的加工处理非常困难，信息资源的内在质量难以提高。

(5)工程造价管理人员不能适应信息化的要求

随着信息系统专业化、科学化程度的提高，信息系统的运行维护和使用都需要配备专业的人员。长期以来，工程造价管理人员主要知识和技能是与工程造价相关的，可以说，工程造价信息技术人员还严重不足，一般的造价管理人员又缺乏相应的培训，导致实际工作中工程造价管理信息技术无法发挥应有的作用，严重阻碍了工程造价管理信息化的进程。另外，现阶段尚缺乏先进软件技术对工程造价信息的分析，难以实现对各类工程造价技术经济指标及人料机价格的变化进行准确的预测，难以满足深层次造价管理的需要，无法为使用者提供核心应用服务，在这方面还有待完善。

2)工作造价管理信息化解决方案

(1)增强工程造价管理人员的信息意识

工程造价管理人员的信息意识是工程造价管理信息化建设的前提。首先，要对工程造价管理信息化有正确的认识。信息化是个动态发展过程；信息化建设不仅仅是部署软件的问题，而且还是企业管理的组成部分，是实现管理目标的重要保障；信息化需综合运用信息技术、经济管理、工程建设等方面的知识，除了涵盖各个职能部门外，还要将业主、设计、施工、中介机构等价值链上的各方都纳入其中。其次，结合自身的特点和实际情况，明确信息化建设的目标。

(2)作好工程造价管理信息化的规划

工程造价管理信息化是个从初级、中级到高级的发展过程，随着信息技术的进步、工程造价管理改革与组织管理的变化而不断演进和深化。工程造价管理的各类组织的工程造价信息流构成是不同的，各种工程造价信息流的比重、作用、规模也有所不同，它们面向市场的角度、程度和应用信息技术的范围、作用也不尽相同，各方应根据自身的特点与实际情况，遵循客观规律，制订适合自己的信息化建设规划。

工程造价管理信息化的规划不能仅局限于工程造价的某一个方面，要深入地拓展到工程造价管理的全过程，即从一个项目的可行性分析的投资估算，到概算、预算、结算和竣工决算等，要涉及施工技术、安全管理、质量管理、设备和材料供应及管理等。

可以积极引入信息化咨询服务方，在充分调研的前提下，指导、协助或参与造价管理部门制订符合并服务于其战略规划的信息化规划，包括信息化目标、组织责任、实施策略、信息化基础架构规划、信息化应用架构规划、执行计划（进度）规划；完成信息化系统建设方案、信息化项目选型，对信息化项目实施管理。通过信息化咨询方的引入，从而降低实施信息化的风险。

(3)推进标准化进程,完善标准体系

要依据《建设工程工程量清单计价规范》逐步建立全国统一的项目划分、工程量计算规则、计算单位,统一的材料、机械名称规格、代码等技术标准,保证信息传输,数据处理和资料共享。

制订全国统一的工程造价软件接口技术规范标准,或是规定软件开发公司公布接口的实现程序;制订全国造价管理信息网络统一的数据库方法,统一的数据格式标准,统一的网络接口设置。

通过标准化的完善,大力开展基于BIM(建筑信息模型)的信息集成研究,解决好工程设计与造价管理间的数据通道,力求直接从工程图纸的计算机文件中直接获得材料描述和规范、造价信息、施工阶段、设备等造价管理所需要的信息。

(4)以数字化为手段,提高工程造价信息资源处理及利用能力

①做好信息的合理分类　工程造价信息资源从结构上可划分为文字型、数据型、混合型;从性质上可分为政策法规、定额标准、价格指数及指数指标等种类。全面准确的分类是做好信息资源数字化的前提。

②信息编码　在做好资源分类的基础上,科学合理的编码是数字化过程中的重中之重,也是有效提高信息资源利用能力的基础。

③完善信息资源库　以数字化为手段,扩大信息收集范围,提高资源处理速度,满足工程造价信息使用需求。

(5)加快培养工程造价信息化人才,为信息化发展提供保障

实现工程造价管理信息化,迫切需要培养造就一大批既懂信息技术,又懂工程造价业务的人才,要建立相应的机制,采取多种有效形式,培养大量的各类层次的适应工程造价管理信息化发展的人才,建立一支强大的信息技术开发与应用专业队伍,满足工程造价管理信息化建设的需要。

7.1.3　我国工程造价管理信息化应用展望

随着信息技术和工程造价行业的不断发展,面向将来的工程造价行业信息技术应用,将不断向着网络化、全过程、全方位的方向快速展开。

(1)利用信息技术的网络化管理

行业信息的有效收集、分析、整理、发布、获取全部网络化,有能力的网络化信息供应商将在整个工程造价行业中扮演至关重要的角色。建筑市场的交易网络化(电子商务),届时,招投标工作将全部转移到网络平台,软件系统将会自动监测网上的信息,并及时告知用户网上的商机,供用户迅速把握机会。资源的有效利用网络化,工程造价的每个过程中,用户都可以充分发掘和利用网络资源。

(2)利用信息技术的动态的全过程造价管理

全过程造价管理的含义是:在造价工作的全过程中对建筑工程造价信息进行收集和有目的的分析整理,并将分析得出的数据用于形成使用者自己的企业个体的实际消耗量标准,或者称为企业的真实成本,并在后续的商业活动中发挥重要的参考作用。全过程造价管理的信息技术应用,强调的关键是动态管理。只有充分收集各方面的相关信息,把握全过程造价的

各个关键环节,并且能不断利用数据挖掘、分析技术对历史数据和新的工程数据进行动态提取和分析,形成经验性的积累,从而形成一个不断循环积累的平台性全过程造价管理软件。这样的应用才能从根本上帮助用户实行有效的成本控制和管理,从而获得持久的竞争力。

(3)利用信息技术的全方位管理

随着信息技术的快速发展,整个工程造价行业都将工作在以互联网为基础的信息平台上,不论是行业协会,还是甲方、乙方、中介等相关企业和单位,都将在信息技术的帮助下,重建自己的工作模式,以适应未来社会的竞争模式。从工作内容上,行业信息发布、收集、获取,企业商务交易模式,或者是工程造价计算及分析,以及各个企业的全面内部管理都将全面借助信息技术。

工程造价管理是工程建设的重要组成部分,工程造价管理的目标按照经济规律的要求,根据市场经济发展形势,采用科学管理方法和先进管理手段,合理确定造价和有效控制造价,以提高投资效益和建筑企业的经营效果。工程造价管理就是利用现代信息手段改造传统造价管理,创造新的造价管理理念和管理体系,提高造价管理水平和效率。工程造价管理信息化是建设领域信息化的一个重要组成部分。工程造价管理信息化建设是我国建设领域的一次新的技术革命。广大造价人员需要更新观念、提高认识,合理利用工程造价信息资源,充分发挥工程造价信息的作用,为实行全过程造价管理提供信息技术和内容上的支持,尽早实现工程造价管理现代化。

7.2　广联达软件与工程造价管理信息化

7.2.1　广联达软件简介

广联达科技股份有限公司成立于 1998 年 8 月 13 日,是我国建设信息技术领域的龙头企业。在发展的历程中,广联达公司逐步确立了“引领全球建设领域信息化服务产业的发展,为推动社会的进步与繁荣作出杰出贡献”的企业使命,紧紧围绕工程项目管理的核心业务,走专业化、服务化、国际化的发展战略。

7.2.2　广联达软件的分类

(1)广联达计价软件 GBQ4.0

广联达计价软件 GBQ4.0 是融招标管理、投标管理、计价于一体的全新计价软件。作为工程造价管理的核心产品,GBQ4.0 以工程量清单计价为基础,全面支持电子招投标应用,帮助工程造价单位和个人提高工作效率,实现招投标业务的一体化解决,使计价更高效、招标更快捷、投标更安全。

(2)广联达图形算量软件

基于各地计算规则与全国清单计算规则,采用建模方式,整体考虑各类构件之间的相互关系,以直接输入为补充,软件主要解决工程造价人员在招投标过程中的算量、过程提量、结算阶段构件工程量计算的业务问题,不仅将使用者从繁杂的手工算量工作中解放出来,还能在很大程度上提高算量工作效率和精度。自 GCL7.0,GCL8.0 推出以来,广联达图形算量软件成功应用于国家大剧院、奥运鸟巢等经典工程,单独使用图形软件的人数接近10万人,应用广联达图形算量软件也已经成为工程量计算的主流趋势。

(3)广联达安装算量GQI2013

广联达安装算量GQI2013具有瞬间识别模型,自动判断属性,轻松应对变更,灵活调整CAD图纸的功能。全部智能化操作,释放时间和精力。可控可查计算过程,逐一排查算量盲角,清晰定位报表数据,全面内置计算规则。数据精细化处理,再无后顾之忧。

(4)广联达市政BIM算量软件

广联达市政BIM算量软件是市面上唯一一款基于三维一体化建模技术,集成多地区、多专业的专业化市政算量软件,面向市政、小区室外工程建设各参与方的造价线客户,解决城市和小区道路、排水、砌筑和混凝土结构等的工程量计算问题,提供轻松高效、准确专业、清晰完整的算量价值,进一步提升企业信息化水平,引领市政行业正式步入电算化时代。

(5)广联达钢筋算量软件GGJ2013

2012年10月正式推出全新钢筋算量软件GGJ2013软件。广联达钢筋算量GGJ2013,秉承"专业、高效、易学易用"的产品定位,致力成为用户最信赖的平法专家,持续为客户创造价值。在全面继承GGJ2009卓越品质上,做了更多的完善和优化。其对11G新平法规则和高强钢筋的处理最全面,完全处理了11G三本平法规则,设置灵活,计算准确。提供了全新的高效智能CAD图纸识别,以及截面配筋法轻松处理复杂的柱配筋形式和约束边缘构件。给用户带来全新的产品体验,持续提升算量工作效率。

(6)广联达钢筋抽样软件GGJ10.0

基于国家规范和平法标准图集,采用建模方式,整体考虑构件之间的扣减关系,辅助以表格输入,解决工程造价人员在招投标、过程提量和结算阶段钢筋工程量的计算。

钢筋软件内置规则极大地方便了用户,建模的方式自动考虑了构件之间的关联关系,使用者只需要完成绘图即可,软件多样化的统计方式和丰富的报表,满足使用者在不同阶段的需求。钢筋抽样软件还可以帮助我们学习和应用平法,降低了钢筋算量的难度,大大提高了钢筋算量的工作效率。

7.2.3 广联达软件的功能应用

1)广联达计价软件

GBQ4.0融招标管理、投标管理、计价于一体,在保留了广联达计价系列软件强大功能的基础上,融合了招标管理、投标管理模块。

(1)招标管理

①项目三级管理:可全面处理一个工程项目的所有专业工程数据,可自由地导入、导出专业工程,方便多人工程数据合并,使工程数据的管理更加方便和安全。

②项目报表打印:可一次性全部打印工程项目的所有数据报表,并可方便地设置所有专业工程的报表格式。

③清单变更管理:可对项目进行版本管理,自动记录对比不同版本之间的变更情况,自动输出变更结果。

④项目统一调价:同一项目自动汇总合并所有专业工程的人材机价格和数量,修改价格

后,自动重新计算工程总造价,调价方便、直观、快捷。

⑤招标清单检查:通过检查招标清单可能存在的漏项、错项、不完整项,帮助用户检查清单编制的完整性和错误,避免招标清单因疏漏而重新修改。

(2)投标管理

①招标清单载入:招标方提供的清单完整载入(包括项目三级结构),并可载入招标方提供的报表模式,免去投标报表设计的烦恼。

②清单符合检查:可自动将当前的投标清单数据与招标清单数据进行对比,自动检查是否与招标清单一致,并可自动更正为和招标清单一致。极大地提高了投标的有效性。

③投标版本管理:可对项目进行版本管理,自动记录对比不同版本之间的变化情况,自动输出项目因变更或调价而发生的变化结果。

④自动生成标书:可一键生成投标项目的电子标书数据和文本标书,大大地提高了投标书组织与编辑的效率。

2)广联达图形算量软件

2007年,广联达围绕图形算量软件"准确、简单、专业、实用"这四大核心定位,秉承了GCL8.0的优点,推出了全新的工程量计算软件:广联达图形算量软件GCL2008。GCL2008基于广联达公司最先进的GSP平台进行开发,并采用公司自主研发的动态三维技术,从构件绘制到构件显示,再到构件计算,均在GCL8.0基础上有了很大的提升。

软件设置了工程量表,回归算量的业务本质,帮助工程量计算人员理清算量思路,完整算量。选择或定义各类构件的工程量表——自动套用做法——计算汇总出量,三步完成算量过程。软件提供了完善的工程量表和做法库,并可按照需要进行灵活编辑,不同工程之间可以直接调用,一次积累,多次使用。广联达图形算量软件具有以下特点:

(1)自主平台技术领先

自主平台软件,不受CAD平台限制,产品稳定,质量风险有保障。用户无需另外购买和安装正版CAD软件,为用户节约采购成本,保护用户正版合法权益。

(2)计算规则,全面准确

GCL2013软件内置全国各地现行清单、定额计算规则,第一时间响应全国各地行业动态,远远领先于同行软件,确保用户及时使用。各构件类型之间的扣减关系均按当地规定准确调整。用户无需牢记当地计算规则,无需调整。值得一提的是,软件中提供的扣减关系不单单是简单的扣与不扣,而是真正根据当地的特殊需求进行考虑。如土方增量、附墙柱、有梁板、短肢剪力墙、全国各地复杂的室内装修、超高模板计算等,均得到大量实际工程的验证,确保用户放心使用。

(3)复杂结构,简单准确

根据工程特点,GCL2013通过区域或者调整标高均可解决错层、夹层、跃层等复杂结构工程量的处理;三维整楼布尔运算技术,跨层、夹层、跃层扣减精准,确保工程量计算准确。

(4)拱斜结构,简单处理

GCL2013采用真三维建模技术,对于拱斜进行了精准的处理,斜墙、斜柱、拱梁、拱墙、拱板处理专业,真三维建模,依附构件如墙面、天棚、屋面等都专业处理,确保计算准确。

(5)装修处理,专业精确

GCL2013 房间装修符合实际装修思路,通过依附装修构件,处理范围更广、更精确,做法管理更清晰。软件提供两种思路:直接新建房间→新建装修构件→套做法→布置房间,满足老用户操作习惯。先新建装修构件→套做法→新建房间添加装修构件→布置房间。各类内外装修构件布置更灵活,算量更精确。

(6)分类统计,提量方便

GCL2013 软件提供了分类查看构件工程量功能,可以根据清单项目特征值来自由组合进行工程量统计,符合全国各地不同清单特征及定额分量的需求,提量简单,同时也大大减少了统计工程量的时间。

(7)数据共享,协同合作

公司整体解决方案提供 GCL2013 与公司其他产品的数据接口,真正实现多人合做同一工程,大大提高了工作效率。

①自身:合并 GCL2013 工程,可按栋、按楼层、按构件分别绘制,最后合并成同一工程。

②钢筋:导入 GGJ2013,GGJ2009,GGJ10.0 的钢筋工程,真正实现一图两算;快速建模。

③计价:将图形中的做法及工程量直接导入 GBQ4.0,GBQ3.0 中,快速出价。

GCL2013 不仅与公司内部的其他产品有数据接口,而且跟随国家 BIM 的发展趋势与应用,也实现了与外部通用模型的数据接口, GCL2013 不但可以一键识别二维的施工图,也可以一键识别三维的设计软件的模型,真正实现了 BIM 模型全过程。

(8)三维绘图,直观易学

GCL2013 中构件的绘制和编辑都基于三维视图,不仅可以按原有方式在俯视图上绘制构件,还可以在立面图、轴测图上进行绘制。同时,在原有绘图方式的基础上增加了动态输入,结合自动捕捉设置功能,可数倍提升绘图效率。

(9)报表反查,核量快捷

根据报表中提供的工程量,反查出工程量的来源、组成,方便用户对量、查量及修改。

3)广联达安装算量软件

广联达安装算量软件具有以下功能及特点:

①复杂管道——智能出量:电气管线、通风管道,喷淋管道、给排水管道,均能“自动识别”。自动判断回路走向、自动提取规格型号、自动计算长度与面积。管道提取,体味“智能”的内涵。

②规格内置——调整灵活:计算规则的全面与否,将直接决定计算结果是否准确。GQI2013 全面内置 6 个专业计算规则。根据工程特点,灵活调整。从根本上保证数据的精准。

③漏项检查——扫除盲角:图纸细节有无疏忽,零星构件有无漏算。漏量检查,漏斗式筛选,逐一排查漏量内容,规避手工算量的失误,避免直接经济损失。

④多种报表——任你选择:GQI2013 提供清单汇总表、部位汇总表、工程量明细表等多种报表,贯穿招投标全过程。丰富的报表,为您的对量结算保驾护航。

⑤蓝图算量——同样高效:GQI2013 提供图片描图和表格输入两种蓝图算量模式。描图算量直观简单,描图即出量。表格输入思路明确,完全符合手工习惯。没有 CAD 图,工作将

同样高效!

⑥分类提量——方便实用:分类查看工程量,按照各种条件出量。无论按名称、按楼层、还是按回路,轻松应对各种提量要求。

⑦三维显示——生动形象:软件里也能看现场?尖端的三维建模技术,真实的三维实体效果,360°全角动态观看查。用指尖把握工程的细节 。

4)广联达市政算量软件

(1)一键识别异型路面,路缘石自动扣减

结合图纸识别(兼容 CAD 和 pdf 格式文件)和描图绘制,不规则路面快速计算、快速布置路缘石、路面自动扣减路缘石、结构层自动加宽与灵活修整、按中心线桩号自动分段计算出量,材质自动汇总。

(2)自动生成戴帽图,路基土石方快速出量

通过自动引用路面工程中的各桩号点的各车道路幅宽度和结构层厚度及坡度设置,批量导入中桩点标高信息,自动生成路床线和原地面线,绘制戴帽图,自动计算填、挖及土方平衡、护坡等工程量。

(3)井、管、沟槽土方自动识别便捷出量

结合图纸(平面或纵断面)识别、排水计算表批量输入和绘制,批量提取或快速输入标注信息,内置复杂的计算规则、汇总规则、国标图集,自动汇总出所有项目工程量。

(4)构筑物多种方式快速建模,计量轻松快捷

结合图纸识别、参数图、手工定义等多种方式创建三维模型,并计算主体和附属工程量,如挡墙、池、井、渠、出水口……

(5)多维度结果显示,一键备料、报量,工程量一目了然

可以对工程进行全部、分段、分区域快速提量,形成料单,可以打印或导出 Excel,满足中期施工报量、结算报量、备料需求。

(6)数据互通,无缝集成

市政 BIM 算量保存的工程文件可直接导入计价 GBQ 中进行组价,做到无缝链接,从算量到组价轻松搞定,从传统手算阶段真正步入电算化时代。

5)广联达钢筋算量软件

广联达钢筋算量软件具有以下功能:

(1)专业——平法专家

快速响应行业标准,全面处理 11G101-1,11G101-2,11G101-3 三本图集,设置灵活,计算准确。快速响应国家政策,积极推动建设领域“十二五”节能减排目标实现,率先在软件中实现高强钢筋的处理。新增对措施钢筋梁垫铁快速算量,符合行业规范要求及实际业务情况。

(2)高效——智能 CAD 识别

全新的、具有自主知识产权的 CAD 智能识别技术,对 CAD 图纸的识别已达到行业领先水平,使算量工作效率极大提高。增加了功能强大的图纸管理,自动拆分图纸、定位图纸,实现图纸与楼层、构件的自动关联,一次导入,轻松无忧;各类构件识别准确率和效率进一步提高;人性化的识别结果校核,可以帮助您清晰地检查出各构件识别过程中遇到的图纸错误、漏识别等问题。

(3)易学易用——自由灵活截面配筋

操作简单、功能强大的截面配筋功能,灵活处理各种复杂柱大样的钢筋构造。让约束边缘、并筋、多排布筋、非封闭箍筋……不再成为算量工作的“烦心事”。软件还提供了更多灵活方便的功能,如快速地自动生成圈梁和架立筋、方便的自定义钢筋图库、批量查改标注等,让用户用得更轻松更高效!

6)广联达钢筋抽样软件

钢筋抽样软件具有以下功能及特点:

(1)规则内置,专业全面——学习简单

软件内置了结构设计规范、施工验收规范、平法系列图集,降低了钢筋算量的专业门槛,降低了学习的难度,使钢筋量的计算变得轻松,高效。

(2)规则开放,调整灵活——算量全面

针对平法设计与传统设计模式并存的行业现状,软件开放了计算规则,可以灵活调整不同各类构件对钢筋的算法的不同要求,从而达到能够全面处理结构的钢筋工程量。

(3)画图算量,一次翻图——省时省事

通过画图算钢筋,可以分构件采用“地毯式”算量的方法,一次性把每一张图纸要计算的量全部录入,构件之间的关系和层之间的关系由软件根据位置自动处理,简单、省时、省事。

(4)结果明了,依据清晰——对量以我为主

软件提供了每根钢筋的计算公式及计算式的描述,清楚每一根钢筋的计算过程。各类构件的算法可以追溯到图集的每一页,并详细地讲述了节点中钢筋长度算法,保证了在对量的过程中有据可依,占据优势。

(5)CAD 识别——专业高效

钢筋软件不仅可以识别 CAD 电子文件中结构构件,而且可以识别梁、柱的平法标注信息,可以识别板的钢筋信息,大大提高了信息录入的工作量,灵活高效方便。

(6)图形算量、钢筋算量一体化——共享图形,成倍提高效率

实现了图形算量和钢筋抽样的互导,只需要画一次图,就可以满足建筑实体量和钢筋算量的要求,达到了少画图多算量的目的,工作效率得以数倍提高。

7.2.4 广联达信息化应用

1)广联达技术应用基础理论

BIM 作为一种先进的工具和工作方式,符合建筑行业的发展趋势。BIM 不仅改变了建筑设计的手段和方法,而且通过在建筑全生命周期中的应用,为建筑行业提供了一个革命性的平台,并将彻底改变建筑行业的协作方式。基于 BIM 的工程造价管理作为 BIM 技术的一项重要应用,在 BIM 倡导的全寿命周期应用的理念下对工程造价管理的各个阶段也产生着影响。BIM 工具在工程造价管理中的应用对投资决策、规划设计、招投标、施工、结算各个阶段的工作方式带来了新的变革。

BIM 的推广和应用,首要解决的是模型由谁创建的问题。基于三维模型的工程量计算软件的普及和应用为基于 BIM 的工程造价管理提供了丰富的模型来源。广联达算量系列软件具备设计 BIM 模型一键导入、CAD 识别建模、手工建模多种建模优势,可以方便高效地完成

工程造价BIM模型的建立。同时,由广联达公司主导编制的二维CAD图纸建模规范和Revit三维模型建模规范将会对设计阶段BIM模型的创建过程提供有效的指导,也将极大地提高模型在广联达算量软件的导入效果。

全寿命期工程造价BIM模型的核心并非模型本身(几何信息、可视化信息),而是存放在其中的多种专业信息,如计算规则(工程量清单、各地定额、钢筋平法等)信息、材料信息、工程量信息、成本信息等。作为工程造价BIM模型创建者和使用者的从业人员需要掌握国家相关的计量规范、计价规范、施工规范等。

BIM以模型为载体、信息为核心、重点是应用,关键是协同。基于全寿命期工程造价的BIM模型及加载在模型上的专业信息支持在工程造价管理的各个阶段进行相应的应用,并为各参与方在各阶段的BIM应用输出信息(工程量、成本等)。

2)基于BIM的全寿命期工程造价管理解决方案

(1)投资决策——高效准确的投资估算

基于BIM模型的工程造价大数据管理及分析可以为企业决策层提供精准的数据支撑。通过历史项目的工程造价BIM模型生成指标信息库,进一步建立并完善企业数据库,从而形成企业定额。支持企业高效准确地完成项目可行性研究、投资决策、编制投资估算、方案比选等。

(2)勘查设计与招投标——快速准确编制招投标文件

广联达土建、钢筋、安装BIM算量产品支持对设计BIM模型的一键导入,可实现设计阶段的BIM模型(建筑、结构、机电)到工程造价BIM模型的信息传递。同时,软件具备的CAD识别和手工建模功能可以很好地支持造价BIM模型的快速建立。

(3)施工阶段——变更管控可视化,过程结算更便捷

基于BIM造价模型的广联达变更算量软件是以施工过程和竣工结算的变更单计量业务为核心的算量软件。通过预算模型修改快速生成变更结算数据,过程变更修改详细记录、直观显示,并输出最终竣工模型,便于结算工作,避免造价数据与实际结算不符。

(4)竣工结算——高效对量,轻松结算

造价审核的核心是算量、套价,其中正确、快速地计算工程量是这一核心任务的首要工作,而且其精确度和快慢程度将直接影响预算的质量与速度。基于BIM算量模型的对量审核软件对于提高结算效率,审定透明度都具有十分重要的意义。它通过快速对比量差,智能分析原因,解决对量过程中工程量差算不清,查找难,易漏项的问题。

3)广联达技术的实际案例应用

(1)工程概况

××花园二期项目位于天津市南开区黄河道与广开大街交口,建筑面积95 697 m^2,其中地上建筑面积62 160 m^2,地下建筑面积33 537 m^2,为4栋8~34层住宅楼和1栋19层商业办公楼及配套用房,地下3层为汽车库和设备用房。

该项目是××置业有限公司在天津市开发建设的大型综合性建设项目,工程重点及难点:①建筑规模较大、楼座密集,地下建筑和楼号覆盖了整个场地,场地狭小,给施工组织和现场布局带来较大困难;②工程地下结构为3层,占地面积大,基坑深度-13.95 m,土方工程量大,如何组织好土方挖运,保证场外交通顺畅和环境清洁也是施工中要注意的重点问题;③地下

室各种设施和设备管线众多,给设计和施工带来难度。

(2)BIM 应用内容及阶段

××花园二期项目中 BIM 技术应用的内容主要有:建筑、结构及设备管线模型搭建及碰撞检查;施工场地布置;样板间动画交底;BIM 模型及信息集成、浏览;工程量统计、物资提取;流水段管检查整理;项目质量安全管理等。

(3)BIM 建模

××花园二期项目应用的软件是 Autodesk 公司的 Revit 软件。由于 Revit 软件与二维软件 CAD 具有数据的兼容性,建模人员将 CAD 施工图导入 Revit 软件中,进而开始基于二维图形构建三维模型。CAD 图纸往往是十分复杂的,如管线及设备的施工图,交叉纵横现象较多,这就要求建模人员有很强的识图能力,而且识图过程要求非常仔细。

总体来说,建模过程分 3 步进行:一是对 CAD 施工图进行识别,了解建筑、结构及管线设备的大致结构;二是对广联达建模标准进行熟悉;三是将 CAD 文件导入 Revit 软件中,依照施工图中的图元、轴网、标高等信息,利用 Revit 所含有的三维模型构件,沿着二维图形的分布进行绘图,当然,Revit 中含有的三维模型构件是不全面的,比如门窗、异形柱、设备等因项目而异,这就需要建模人员自己绘制相关的族文件,从而为 Revit 软件所用,在绘制过程中,三维模型将同步显示在软件的视图窗口中。利用上述方法,天津永基花园二期建筑、结构、管线设备等模型得以实现。

(4)BIM 碰撞检查

碰撞检查可提前查找、报告建筑中不同部位之间的冲突。碰撞检查分为两种情况:硬碰撞检查和软碰撞检查。硬碰撞检查是指实体之间的碰撞检查,软碰撞检查是指实体之间虽没有碰撞,但空间间距已无法满足相关施工要求,比如空间中两根管道并排架设时,需考虑保温层的厚度及安装空间等要求,故两者之间必须有足够的间距,如若此间距不够,即使两根管道并未发生碰撞,设计也是不合理的。

在一个项目中,CAD 作图难免出现主观上的疏漏与错误,有时这种错误的数量是比较大的。有些在审图过程中得以改正,有的没有被查出来,到了施工阶段就会制造很多麻烦。BIM 在碰撞检测这个环节便起到了人工难以无法实现的作用。建模人员根据自身的专业知识以及所收集的资料信息,提出施工图优化建议和意见,形成报告,与碰撞检查结果一并交于建设单位与设计单位,以供其及时修改纠正。待设计单位修改后,建模人员根据其修改的内容对 BIM 模型进行修改,从而达到模型跟踪修改的目的。

××花园二期项目建立好 BIM 施工模型后,利用碰撞检测工具 Navisworks 对模型中出现的错、漏、碰、缺等不合理或者错误的地方进行多次检测,发现了大小 30 多处的设计问题,并一一进行了修改,形成碰撞检查报告,避免了大量返工,缩短了工期。

(5)三维施工场地布置

本工程施工场地狭小,土方工程量大,如何组织好土方挖运,保证施工组织的有序进行,施工现场的合理布置显得尤为重要。传统的施工现场布置多以技术人员和专家的经验为主,很难直观比较、优化场地布置方案,更无法预料施工过程中的突发情况。为此,利用施工现场三维布置软件 GSL2015 对施工场地进行了模拟布置,通过该软件实现操作智能化。软件采用符合技术人员习惯的 CAD 和 Windows 操作风格和导航式操作界面,系统内嵌消防、安全文明施工、绿色施工、环境卫生标准等规范,以及丰富的现场经验,为规划提供更多的参考依据。

同时多点平衡能实现最切合实际的临时设施规划方案,并配套提供工作所需的施工各阶段规划图,细部构造详图,临时用水、用电方案等。利用此款软件,建模人员优化比拟施工现场布置方案,得到最优的天津永基花园二期三维施工场地布置图,保证了后续施工的有序进行,确保了工程的施工进度。

(6)施工模拟及样板间动画交底

对于该项目施工过程中的重点和难点,应用BIM技术设计施工动画,意图用立体、形象、直观的方式向一线施工人员展示具体的操作过程及注意事项,这其中包括一些复杂节点的处理、施工流程、施工顺序等。为更好地进行施工交底,天津永基花园二期利用BIM技术对项目的施工工序进行详细模拟,对复杂节点进行样板模型展示。

(7)BIM 5D软件应用

三维模型加上进度和成本就是5D,即BIM2.0。广联达BIM 5D软件,以BIM平台为核心,集成土建、机电、钢构、幕墙等各专业模型,并以集成模型为载体,关联施工过程中的进度、合同、成本、质量、安全、图纸、物料等信息,利用BIM模型的形象直观、管理等提供数据支撑,协助管理人员有效决策和精细管理,从而达到减少施工变更、缩短工期、控制成本、提升质量的目的。

天津永基花园二期项目利用BIM 5D软件平台可以实现GCL格式模型的直接导入,并拥有IFC格式通用接口,对于Revit等软件建立的模型均可转换为IFC格式后导入BIM 5D进行集成,形成完整的BIM应用模型,完成模型与进度计划文件(project格式)的关联,与合同、清单、定额信息的关联,与施工图纸的关联。利用此款软件,还可以在模型中任意点击构件,查看构件的类型、材质、体积等属性形象,有效地协助施工管理人员进行决策,从而实现精细管理,节约施工成本,提升施工质量。

利用广联达BIM 5D中记录的完成情况、现场签证情况,商务人员可以快速统计已完成部分的清单工程量,快速完成向甲方的进度款申请及分包工程量的审核,通过软件进行三算(合同收入、预算成本、实际成本)对比,以清单和资源不同维度得出盈亏(收入-支出)和节超(预算-支出)值,定期不定期进行损益分析,帮助公司了解项目资金情况,加强了该工程的成本管理。

技术人员按照流水段划分,进行流水段管理,将模型划分为可以管理的工作面,并且将进度计划、分包合同、甲方清单、图纸等信息按照工作面进行组织及管理,这样可以清晰地看到各个流水段的进度时间、钢筋工程量、构件工程量、图纸、清单工程量、所需的物资量、定额劳动力量等,帮助生产管理人员合理安排生产计划,提前规避工作面冲突,确保了该工程的进度,节约了工程成本。

在施工现场,发现质量安全问题后,通过手机对质量安全内容进行拍照、录音和文字记录,并关联模型。同时,协助生产人员对质量安全进行管理,减少了施工风险,确保了该工程的质量安全。

4)BIM在项目中的应用价值

××花园二期应用了BIM技术后,在施工图碰撞检查中,有效地辅助设计施工单位扫清了施工图中几乎所有的主观性错漏,避免了施工阶段设计变更、施工返工的麻烦;工程量统计为该项目概预算节省了大量的劳动力和时间,提高了工作效率和数据准确性;施工模拟为将来的施工提供了指导作用，让施工人员更加直观地了解施工工艺，使施工过程更加有序性、科学性；样板间及重要部分的可视化为施工提供了视觉上的参考，更加明晰建筑构造和设计布局；施工动态管理实现了施工场地布置动态优化，使得流水段划分合理化，提升了管理的精细化水平，同时协助生产人员对质量安全进行管理。

尽管 BIM 技术在××花园二期项目中应用到的内容不是很多，但 BIM 给该项目带来的价值是非常可观的。参建各方是否从 BIM 上获得利益是大家对 BIM 应用价值评价的关键所在。BIM 应用价值应体现在项目体系上，包括项目本身、各参建方、材料、机械设备及相关数据等。在项目的推进过程中，数字信息技术将项目的全方位、全生命周期、全领域中的信息集中在一起，运用可视化、虚拟现实的表达方式将准确而完备的信息传递给参建各方，使大家将注意力都集中在整个项目本身，进而实现项目利益的最大化。而××花园二期项目所体现的价值恰恰在于项目本身。

通过××花园二期项目的应用，可以看出 BIM 应用平台较多，软件的兼容性还有待提高，参与各方对 BIM 的认可度还未达成一致。但其具有强大的发展潜力，随着我国数字化、信息化进一步推进，BIM 定能成为建筑业的主流。

BIM 技术创建的三维建筑承载着构件信息，通过 BIM 技术可以精确、真实地进行设计优化、施工方案优化、虚拟施工等，保证了工程质量、节约成本、缩短工期，在工程量大、工期紧、工程形式复杂、场地空间有限的条件下，BIM 的价值会体现得更加明显。

7.3 数据库管理软件与工程造价管理信息化

7.3.1 数据库管理软件简介

目前市场上比较流行的数据库管理系统产品主要是 Oracle、IBM、Microsoft 和 Sybase、Mysql 等公司的产品。

1）Oracle 数据库

Oracle 数据库被认为是业界目前比较成功的关系型数据库管理系统。Oracle 的数据库产品被认为是运行稳定、功能齐全、性能超群的贵族产品。对于数据量大、事务处理繁忙、安全性要求高的企业，Oracle 无疑是比较理想的选择。随着 Internet 的普及，Oracle 适时地将自己的产品紧密地和网络计算结合起来，成为在 Internet 应用领域数据库厂商的佼佼者。

Oracle 数据库可以运行在 Unix，Windows 等主流操作系统平台，完全支持所有的工业标准，并获得最高级别的 ISO 标准安全性认证。Oracle 采用完全开放策略，可以使客户选择最适合的解决方案，同时对开发商提供全力支持。

2）DB2

DB2 是 IBM 公司的产品，是一个多媒体、Web 关系型数据库管理系统，其功能足以满足大中公司的需要，并可灵活地服务于中小型电子商务解决方案。1968 年 IBM 公司推出的 IMS（Information Management System）是层次数据库系统的典型代表，是第一个大型的商用数据库管理系统。1970 年，IBM 公司的研究员首次提出了数据库系统的关系模型，开创了数据库关系方法和关系数据理论的研究,为数据库技术奠定了基础。目前,财富100强企业中的100%和财富500强企业中的80%都使用了IBM的DB2数据库产品。DB2的另一个非常重要的优势在于基于DB2的成熟应用非常丰富。2001年,IBM公司兼并了世界排名第四的著名数据库公司Informix,并将其所拥有的先进特性融入DB2中,使DB2系统的性能和功能有了进一步提高。

DB2数据库系统采用多进程多线索体系结构,可以运行于多种操作系统之上,并分别根据相应平台环境作了调整和优化,以便能够达到较好的性能。DB2目前支持从PC到Unix,从中小型机到大型机,从IBM到非IBM(HP及SUN Unix系统等)的各种操作平台,可以在主机上以主/从方式独立运行,也可以在客户机/服务器环境中运行。其中,服务平台可以是OS/400,AIX,OS/2,HP-Unix,SUN-Solaris等操作系统,客户机平台可以是OS/2或Windows,DOS,AIX,HP-UX,SUN Solaris等操作系统。

3)Sybase系列

Sybase公司成立于1984年11月,产品研究和开发包括企业级数据库、数据复制和数据访问。主要产品有:Sybase的旗舰数据库产品Adaptive Server Enterprise,Adaptive Server Replication,Adaptive Server Connect及异构数据库互连选件。SybaseASE是其主要的数据库产品,可以运行在Unix和Windows平台。Sybase Warehouse Studio在客户分析、市场划分和财务规划方面提供了专门的分析解决方案。Warehouse Studio的核心产品有Adaptive Server IQ,其专利化的从底层设计的数据存储技术能快速查询大量数据。围绕Adaptive Server IQ有一套完整的工具集,包括数据仓库或数据集市的设计、各种数据源的集成转换、信息的可视化分析,以及关键客户数据(元数据)的管理。

4)FoxPro

Visual FoxPro是微软公司开发的一个微机平台关系型数据库系统,支持网络功能,适合作为客户机/服务器和Internet环境下管理信息系统的开发工具。Visual FoxPro的设计工具、面向对象的以数据为中心的语言机制、快速数据引擎、创建组件功能使它成为一种功能较为强大的开发工具,开发人员可以使用它开发基于Windows分布式内部网应用程序(Windows Distributed interNet Applications——DNA)。

Visual FoxPro是在dBASE和FoxBase系统的基础上发展而成的。Visual FoxPro的出现是xBASE系列数据库系统的一个飞跃,给PC数据库开发带来了革命性的变化。Visual FoxPro不仅在图形用户界面的设计方面采用了一些新的技术,还提供了所见即所得的报表和屏幕格式设计工具。同时,增加了Rushmore技术,使系统性能有了本质的提高,但Visual FoxPro只能在Windows系统下运行。

5) Access

Access是微软Office办公套件中的一个重要成员。现在它已经成为世界上最流行的桌面数据库管理系统。和Visual FoxPro相比,Access最大的特点是界面友好,简单易用,和其他Office成员一样,极易被一般用户所接受。因此,在许多低端数据库应用程序中,经常使用Access作为数据库平台。在初次学习数据库系统时,很多用户也是从Access开始的。同时,Access的功能也足以应付一般的小型数据管理及处理需要。无论用户是要创建一个个人使用的独立的桌面数据库,还是部门或中小公司使用的数据库,在需要管理和共享数据时,都可以使用 Access 作为数据库平台,提高个人的工作效率。例如,可以使用 Access 处理公司的客户订单数据;管理自己的个人通讯录;科研数据的记录和处理等。但 Access 只能在 Windows 系统下运行。

6)SQL Server

SQL Server 是微软公司开发的大型关系型数据库系统。SQL Server 的功能比较全面,效率高,可以作为大中型企业或单位的数据库平台。SQL Server 在可伸缩性与可靠性方面做了许多工作,近年来在许多企业的高端服务器上得到了广泛的应用。同时,该产品继承了微软产品界面友好、易学易用的特点,与其他大型数据库产品相比,在操作性和交互性方面独树一帜。SQL Server 可以与 Windows 操作系统紧密集成,这种安排使 SQL Server 能充分利用操作系统所提供的特性,不论是应用程序开发速度还是系统事务处理运行速度,都能得到较大的提升。另外,SQL Server 可以借助浏览器实现数据库查询功能,并支持内容丰富的扩展标记语言(XML),提供了全面支持 Web 功能的数据库解决方案。对于在 Windows 平台上开发的各种企业级信息管理系统来说,不论是 C/S(客户机/服务器)架构还是 B/S(浏览器/服务器)架构,SQL Server 都是一个很好的选择。但与 Access 一样,SQL Server 的缺点是只能在 Windows 系统下运行。

下面以 SQL Server 为例介绍数据库管理软件的应用。

7.3.2 Microsoft SQL Server 软件概述

1)SQL server 的简介

SQL 是英文 Structured Query Language 的缩写,意思为结构化查询语言。SQL 语言的主要功能就是同各种数据库建立联系,进行沟通。SQL Server 是一个关系数据库管理系统,按照 ANSI(美国国家标准协会)的规定,SQL 被作为关系型数据库管理系统的标准语言。它最初是由 Microsoft, Sybase 和 Ashton-Tate 3 家公司共同开发,于1988 年推出了第一个 OS/2 版本。在 Windows NT 推出后,Microsoft 与 Sybase 在 SQL Server 的开发上就分道扬镳了,Microsoft 将 SQL Server 移植到 Windows NT 系统上,专注于开发推广 SQL Server 的 Windows NT 版本。Sybase则较专注于 SQL Server 在 Unix 操作系统上的应用。

SQL 语句可以用来执行各种各样的操作,例如更新数据库中的数据,从数据库中提取数据等。绝大多数流行的关系型数据库管理系统,如 Oracle,Sybase,Microsoft SQL Server,Access 等都采用了 SQL 语言标准。虽然很多数据库都对 SQL 语句进行了再开发和扩展,但是包括 Select,Insert,Update,Delete,Create,以及 Drop 在内的标准的 SQL 命令仍然可以被用来完成几乎所有的数据库操作。

2)版本介绍

(1)2005 版

Microsoft SQL Server 2005 是一个全面的数据库平台,使用集成的商业智能 (BI)工具提供了企业级的数据管理。Microsoft SQL Server 2005 数据库引擎为关系型数据和结构化数据提供了更安全可靠的存储功能,使用户可以构建和管理用于业务的高可用和高性能的数据应用程序。此外 Microsoft SQL Server 2005 还结合了分析、报表、集成和通知功能。这使企业可以构建和部署经济有效的 BI 解决方案,帮助团队通过记分卡,Dashboard, Web services 和移动设备将数据应用推向业务的各个领域。

(2)2008 版

Microsoft SQL Server 2008 是一个重大的产品版本，它推出了许多新的特性和关键的改进，使得它成为至今为止的最强大和最全面的 Microsoft SQL Server 版本。此版本具有以下特点：

①可信任性：使公司可以以很高的安全性、可靠性和可扩展性来运行他们最关键任务的应用程序。在过去的 Microsoft SQL Server 2005 的基础之上，Microsoft SQL Server 2008 做了以下方面的增强来扩展它的安全性：

②简单的数据加密：Microsoft SQL Server 2008 可以对整个数据库、数据文件和日志文件进行加密，而不需要改动应用程序。进行加密使公司可以满足遵守规范及其关注数据隐私的要求。

③外键管理：Microsoft SQL Server 2008 为加密和密钥管理提供了一个全面的解决方案。为了满足不断发展的对数据中心的信息的更强安全性的需求，公司投资给供应商来管理公司内的安全密钥。Microsoft SQL Server 2008 通过支持第三方密钥管理和硬件安全模块(HSM)产品为这个需求提供了很好的支持。

④增强了审查：Microsoft SQL Server 2008 提供了可审查数据操作的功能，从而提高了遵从性和安全性。审查不只包括对数据修改的所有信息，还包括关于什么时候对数据进行读取的信息，Microsoft SQL Server 2008 还可以定义每一个数据库的审查规范，因此，审查配置可以为每一个数据库作单独的制订。为指定对象作审查配置使审查的执行性能更好，配置的灵活性也更高。

⑤高效性：使公司可以降低开发和管理他们的数据基础设施的时间和成本。

⑥智能性：提供了一个全面的平台，可以在公司客户需要的时候发送观察和信息。

⑦可持续性：改进了数据库镜像，Microsoft SQL Server 2008 基于 Microsoft SQL Server 2005，提供更可靠的加强数据库镜像的平台。新的特性包括：

a.页面自动修复。Microsoft SQL Server 2008 通过请求获得一个从镜像合作机器上得到的出错页面的重新拷贝，使主要的和镜像的计算机可以透明地修复数据页面上的 823 和 824 错误。

b.性能的提高。Microsoft SQL Server 2008 压缩了输出的日志流，以便使数据库镜像所要求的网络带宽达到最小。

c.强大的审计功能。使用 CDC，用户能够捕获和记录发生在数据库中的任意 Insert、Update 或 Delete 等操作。一旦一个数据库启用了 CDC 功能，便可以对该数据库中的一个表进行跟踪记录。SQL Server 会记录对这些表进行修改的信息，并将其写到启用 CDC 功能的数据库的某些系统表中。当一个用户针对此数据表运行 Insert、Update 或 Update 操作时，相关操作事务和相关数据就会被记录下来。而在此以前，我们一般要借助于第三方工具来实现这一功能。

(3)2012 版

SQL Server 2012 版包括新的商务智能版本，增加 Power View 数据查找工具和数据质量服务。其具有以下新功能：

①AlwaysOn ：这个功能将数据库的镜像提到了一个新的高度，用户可以针对一组数据库

做灾难恢复而不是一个单独的数据库。

②Windows Server Core 支持：Windows Server Core 是命令行界面的 Windows，使用 DOS 和 PowerShell 来作用户交互。它的资源占用更少，更安全，支持 SQL Server 2012。

③Columnstore 索引：这是 SQL Server 独有的功能。它们是为数据仓库查询设计的只读索引。数据被组织成扁平化的压缩形式存储，极大地减少了 I/O 和内存使用。

④自定义服务器权限：DBA 可以创建数据库的权限，但不能创建服务器的权限。比如说，DBA 想要一个开发组拥有某台服务器上所有数据库的读写权限，必须手动地完成这个操作。但是 SQL Server 2012 支持针对服务器的权限设置。

⑤增强的审计功能：所有的 SQL Server 版本都支持审计。用户可以自定义审计规则，记录一些自定义的时间和日志。

⑥BI 语义模型：这个功能是用来替代"Analysis Services Unified Dimentional Model"的。这是一种支持 SQL Server 所有 BI 体验的混合数据模型。

⑦Sequence Objects：用 Oracle 的人一直想要这个功能。一个序列（sequence）就是根据触发器的自增值。SQL Serve 有一个类似的功能，identity columns，但是用对象实现了。

⑧增强的 PowerShell 支持：所有的 Windows 和 SQL Server 管理员都应该认真地学习 PowderShell 的技能。微软正在大力开发服务器端产品对 PowerShell 的支持。

⑨分布式回放（Distributed Replay）：这个功能类似 Oracle 的 Real Application Testing 功能。不同的是 SQL Server 企业版自带了这个功能，而用 Oracle 的话，你还得额外购买这个功能。这个功能可以让你记录生产环境的工作状况，然后在另外一个环境重现这些工作状况。

⑩PowerView：这是一个强大的自主 BI 工具，可以让用户创建 BI 报告。

⑪SQL Azure 增强：这和 SQL Server 2012 没有直接关系，但是微软确实对 SQL Azure 作了一个关键改进，例如 Reporint Service，备份到 Windows Azure。Azure 数据库的上限提高到了150 G。

⑫大数据支持：这是最重要的一点，虽然放在了最后。PASS（Professional Association for SQL Server）会议，微软宣布了与 Hadoop 的提供商 Cloudera 的合作。一是提供 Linux 版本的 SQL Server ODBC 驱动。主要的合作内容是微软开发 Hadoop 的连接器，也就是 SQL Server 也跨入了 NoSQL 领域。

（4）2014 版

SQL Server2014 版相比以前版本新增了以下特点：

①内存技术改进。将内存 OLTP 整合到 SQL Server 的核心数据库管理组件中，它不需要特殊的硬件或软件就能够无缝整合现有的事务过程。一旦将表声明为内存最优化，那么内存 OLTP 引擎就将在内存中管理表和保存数据。当它们需要其他表数据时，它们就可以使用查询访问数据。SQL Server 2014 增强内存相关功能的另一个方面是允许将 SQL Server 内存缓冲池扩展到固态硬盘（SSD）或 SSD 阵列上。扩展缓冲池能够实现更快的分页速度，但是又降低了数据风险。

②云整合。SQL Server 2014 引入了智能备份的概念，其中 SQL Server 将自动决定要执行完全备份还是差异备份，以及何时执行备份。SQL Server 2014 还允许将本地数据库的数据和日志文件存储到 Azure 存储上。

7.3.3 Microsoft SQL Server 软件在工程造价信息管理中的应用

工程造价信息管理主要是对定额信息和价格信息进行管理，而信息的管理不可能完全依靠人工来进行，还需要依靠相应的管理软件和管理系统来实现全面、快捷、及时、方便的信息化管理。利用 SQL Server 进行工程造价信息管理，主要是创建与工程造价信息主要用途相适应的信息管理系统。下面就定额信息管理和价格信息管理系统的需求进行说明。

1）社会定额信息管理系统

本系统的主要用户是定额管理部门。社会定额管理部门编制基础定额和可参考的单位估价表，作为确定工程造价的主要依据。本软件系统的功能主要是定额单价的生成、数据管理和定额排版。定额编制排版系统的系统结构如图 7.1 所示。

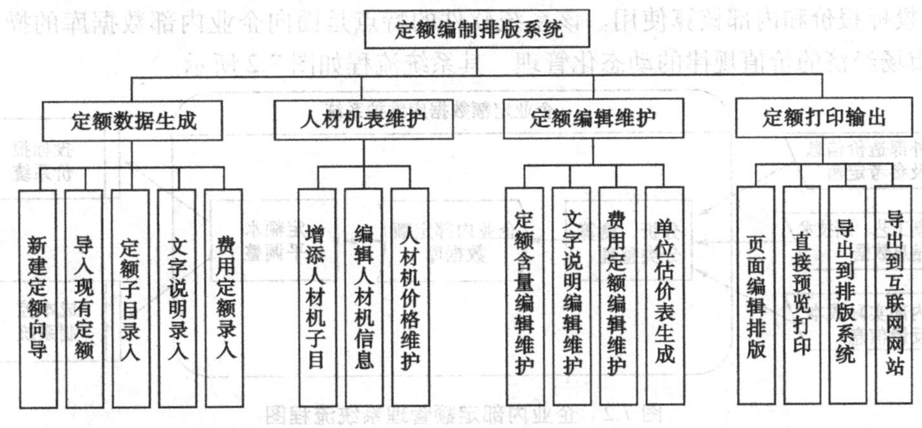

图 7.1 社会定额信息管理系统

（1）定额数据生成

新建定额向导能引导用户输入定额的编制单位、定额类别、编制日期等必须信息；导入现有定额让软件可以将存在于其他媒体介质（磁盘、磁带、光盘）上的定额数据库导入软件当前定额数据库进行编辑加工；定额子目录入使用户可在定额数据库中录入新的定额子目，逐项录入定额含量；文字说明录入使用户可在定额数据库中录入定额说明，工作内容等文字信息。费用定额录入让用户可在定额数据库中录入费用定额的名称、费率、计算公式。

（2）人材机表的维护

增添人材机子目让用户可在人材机代码表中增添新的人材机项目；编辑人材机信息让用户可在人材机代码表中对现有的项目信息进行编辑修改，调整配合比含量和机械含量。人材机价格维护让用户可实现人材机的预算价格的生成和维护，可以人工录入新的人材机价格，也可以导入某一价格管理系统的价格信息进行加工处理。对于固定的价格采集单位，可以直接处理指定单位传送的价格文件。对于供应商提供的供应价，要增加运杂费、采购保管费等各项费用，对同一地区相同种类不同规格品种的材料价格，以及不同生产厂家供应的相同材料，要分类加权综合，得出与人材机代码表一一对应的材料预算价格。

（3）定额编辑维护

定额含量编辑维护让用户可对现有定额子目的人材机消耗量进行维护、增减和修改；文字说明编辑维护让用户可对现有的文字说明部分进行编辑维护；费用定额编辑维护让用户可对现有的费用定额进行编辑维护;单位估价表生成让用户可根据定额的消耗量及人材机预算价格,生成单位估价表,要合理确定小数的位数,配平定额含量中各材料合价和定额基价之间的关系。

(4)定额打印输出

页面编辑排版让用户可对生成的单位估价表进行排版,满足印刷的要求;直接预览打印让用户可将经过排版后的定额和单位估价表可以随时在计算机屏幕上预览并可送计算机打印;导出到排版系统让经过排版后的定额和单位估价表可直接生成;导出到互联网网站可以将定额生成的单位估价表直接上传到指定的网站。

2)企业内部定额信息管理系统

本系统的主要用户定位在大中型工程专业承包企业和集团公司。企业根据自身所在的地区和行业,参考预算定额,编制能够反映内部实际成本,体现企业市场竞争能力的内部定额,供给投标报价和内部核算使用。该系统软件的特点是面向企业内部数据库的操作,体现和适应市场经济的价值规律的动态化管理。其系统流程如图 7.2 所示。

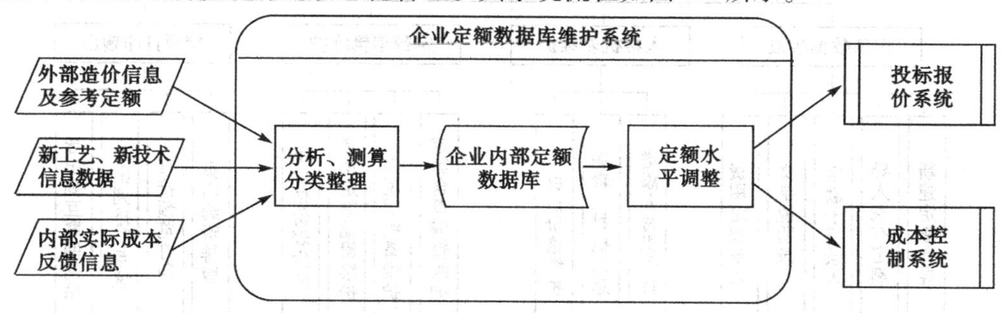

图 7.2 企业内部定额管理系统流程图

企业定额相对社会定额来说,编制力量要弱一些,不可能对所有的定额都重新测算编制,企业定额的主要来源仍然是以参考地区定额和行业定额为主,结合本企业的施工和管理水平,作局部的调整。还根据本企业的特点,对一些专业工序、新工艺、新技术编制部分有针对性地补充定额。企业定额的特点在于不断根据外部信息和企业内部工程成本的反馈信息及时补充和更新、修正企业内部定额数据库,保持企业定额数据库的动态性和针对性。

在实际使用企业定额库的时候,需要根据不同的用途(例如对外的投标报价或对内的成本控制),考虑可能发生的风险等不确定因素,采用相应的投标技巧、增减调整等方法,生成相应的单位估价表,提供给投标报价系统或成本控制系统等使用。企业定额管理系统的结构如图 7.3 所示。

(1)定额数据库生成

新建定额向导引导用户输入定额的编制单位、定额类别、编制日期等必须信息;导入现有定额让用户通过在地区定额和专业定额的基础上对导入的定额含量批量乘以约定的调整系数,或对指定的人材机含量进行批量修正得到企业的定额;补充定额录入可解决由于新工艺、新技术的产生需要补充新的定额子目,或在本企业个别专业工序没有相近的参考定额的情况下,需要编制录入补充定额的情况;定额消耗量计算针对需要重新测算人材机消耗量的定额子目,提供针对具体测算方法的测算消耗量的计算模板,输入原始数据,根据约定的计算公式计算出定额用量;费用定额计算提供了计算费用的计算模板,输入原始数据,根据约定的计算公式计算出费用定额的数据。

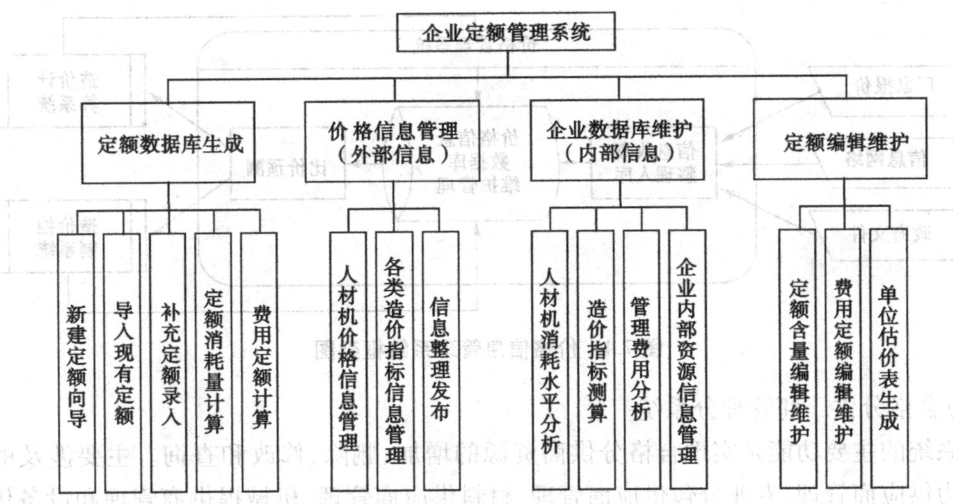

图 7.3　企业定额信息管理系统

(2)价格信息管理(外部信息管理)

人材机价格信息管理可通过定期采集政府部门和各媒体发布的人材机价格信息、定点人材机供应商的价格信息、其他价格管理系统提供的价格信息等方法，经过加工处理生成可以在投标报价和成本预测时直接使用的价格；各类造价指标信息管理可通过定期采集政府部门和各媒体发布的各类造价指标，如单方造价、概算指标等，经过分析处理、归类整理，成为企业定额数据库的重要组成部分；信息整理发布模块发布的价格信息同样属于内部数据库性质，根据用户所在岗位的不同设定相应的控制权限。

(3)企业数据库维护(内部信息管理)

人材机消耗水平分析可根据企业内部历史工程积累的成本核算数据，经过分析对比，找出与定额不相符合之处。根据分析结论选择相应的功能对定额数据库进行修正；造价指标测算使用户可根据企业内部历史工程积累的造价数据，分析生成造价指标；间接费用分析让用户根据企业内部实际发生的间接费用成本，修正费用定额的计算模板和分摊比例；企业内部资源信息管理包括企业自己的劳动力队伍和机械设备的资源使用价格、机械的租赁费用、相对固定的供应商和分包商或协作单位的信息管理、材料价格和分包价格的信息管理。

(4)定额编辑维护

定额含量编辑维护是指直接对定额含量编辑维护；费用定额编辑维护是指直接对费用定额编辑维护；单位估价表生成是指根据企业定额的定额含量和人材机价格生成定额子目单价。可以根据具体的用途和工程特性调用不同的修正模板对定额单价进行修正。

3)价格信息管理系统

工程造价信息管理系统中的价格管理系统，其主要功能是保证企业对人材机价格能够进行快捷方便地采集录入、加工整理、更新维护、比价分析和预测等，为其他造价信息子系统服务，以便动态、合理地确定人工工日单价，人工、材料预算价格，机械台班单价和建筑设备价格等，为企业合理确定造价和有效控制造价服务。其管理的主要内容包括劳动力价格管理、专业分包价格管理、建筑材料价格管理、施工机械价格管理、建筑设备价格管理 5 大部分。价格信息管理系统的框架模型如图 7.4 所示。

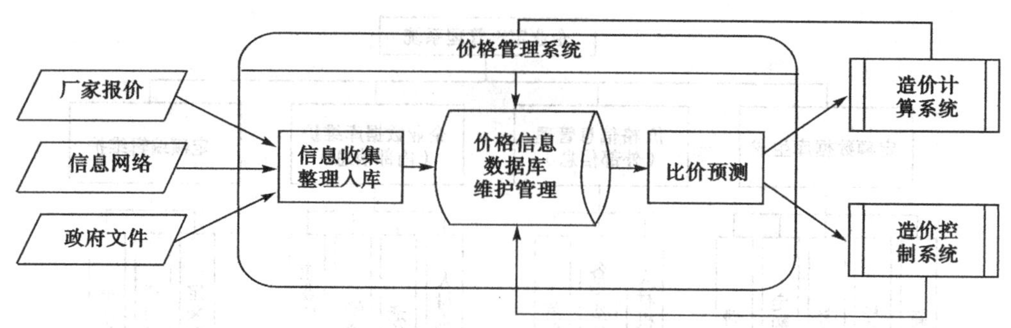

图 7.4 价格信息管理系统框架图

(1)合格分供厂商管理分系统

此系统的主要功能是实现合格分供商资源的增加、删除、修改和查询。主要涉及的内容是劳动力供应商管理、专业分包供应商管理、材料供应商管理、机械提供商管理和设备供应商管理。

(2)资源编码管理分系统

此系统的主要功能是对劳务、材料、机械和设备的编码进行维护管理。主要涉及的内容包括劳动力编码管理、分包专业编码管理、材料编码管理、机械编码管理和设备编码管理。

(3)价格信息库管理分系统

此系统的主要功能是通过分类设定合理的周期,保存为不同期的价格信息对价格期数进行管理;通过具体资源的增加、删除、修改和查询对资源价格进行管理。主要涉及内容包括劳动力价格管理、专业分包价格管理、材料价格管理、机械价格管理和设备价格管理。

(4)价格趋势预测分系统

此系统的主要功能是对同一项资源进行纵向比较,查看价格变动曲线图,并采用合理算法进行价格预测。其主要涉及内容包括劳动力价格预测、专业分包价格预测、材料价格预测、机械价格预测和设备价格预测。

(5)其他系统的接口

此系统的主要功能是实现了本系统和其他系统的链接,让其他系统能直接读取本系统的资源市场价格和预测价格信息,并将其他系统最终采用的价格返回本系统备选。

7.4 建筑信息模型(BIM)软件与工程造价管理信息化

7.4.1 建筑信息模型(BIM)简介

1)建筑信息模型的简介

随着信息化技术和数字化技术的发展,信息技术已经深刻地影响到现代社会的各个角落。制造行业、金融行业、电子行业等已使用信息技术提高了工作效率和市场竞争力。但我国信息技术在建筑业中的应用还不够健全和深入,而发达国家已经在建筑领域信息化方面进行了深入的研究和工程的实践,从而节约了成本,提高了整个建筑业的生产效率。建筑业生产效率的低下,有着各方面的原因。

首先,建筑整个生命周期中参与方比较多,并且建筑生命周期中的每一个阶段都需要专业单位去完成,这样即使可以灵活地应变工程项目中出现的问题,但却缺乏统一的规范和标准约束,使得建筑工程项目的设计过程和施工过程出现分离状况,从而导致责任不够明确,阻碍了建筑业生产效率的提高。

其次,建筑业中各个参与方之间信息的传递是通过图纸来传递的,在此传递过程中,各方的修改意见不能很快地反映到图纸中,这样很容易造成信息的丢失和不完整性。

再次,通过图纸信息表达设计意图,不能完整地表达三维建筑物的全部信息,从而导致在对图纸信息的理解过程中难免会出现不可避免的偏差和不准确性。

最后,因为建筑市场巨大的竞争力,业主对工程项目的要求也有所提高,使得项目管理的工作更加复杂,同时也更具有挑战性。

传统的工程项目管理使用文字、报表和二维图纸表示相关数据信息,这种方式不能很好地反映工程项目动态变化的机制等,这样必然会导致建筑业生产效率低下。建筑业内部各专业从效率和效益出发,对成本、进度和风险控制等方面的要求加大,以上种种现象的存在呼唤着建筑业变革的到来。

建筑业中主要经历了两次信息化的产业革命,第一次产业革命是从手工绘图到利用计算机 CAD 绘图阶段,这是一个甩图板的绘制过程;第二次产业革命是从二维的平面绘图阶段提升到三维空间模型的建立,即 BIM 技术的出现。

2)BIM 与 CAD 比较

CAD 是目前工程建设行业广泛使用的软件,普及程度相当高,而 BIM 仍是一种比较新的技术和方法。通过两者的比较分析可以进一步加深对 BIM 的理解,促进 BIM 的应用。

(1)BIM 不是一个软件的事

CAD 基本上只用一款软件就实现了技术革新,直尺、圆规、橡皮以及比例尺等工具尽在一个 CAD 软件之中,用 CAD 设计出的图纸直接就是客户想要的最终成果。而 BIM 做出的 BIM 三维模型不是客户直接想得到的最终结果,它还只是一个“原材料”,可以产生大量客户需要的有价值的信息。而这些信息的获取与交流需要通过结合使用多款相关专业软件,目前任何单一一款软件是无法实现 BIM 应用的,这对 BIM 技术人员掌握软件的数量和水平有了较高的要求。

(2)BIM 不是换一个工具的事

CAD 带来的技术变革主要体现在绘图工具的改变和进步,由手工到计算机绘图极大地提高了行业的生产效率,但是生成的内容没有改变,依然是形成各样的图纸作为设计成果。BIM 不仅改变了工具,从一款软件提升到多款软件协同应用,更改变了设计内容,其成果不再是输出一张张图纸,而是三维 BIM 信息模型的建立以及在这一信息平台上所实现的信息的集成与交流,从而实现行业生产效率的大大提升。

(3)BIM 不是一个人的事

当 CAD 开始进入工程建设行业应用时,每个独立应用 CAD 的个人都可以感受到它在绘图上带来的便捷,谁使用了 CAD 绘图,立刻就可以产生效益,相比于手工绘图,CAD 又快又好。而且谁使用谁就能感到效率的提高,从中直接获益。BIM 在这一点上与 CAD 有较大的区别，BIM应用涉及不同项目参与方不同专业的大量信息，需要多方多人的共同参与才能达到理想的效果并产生价值，某一个人只能负责其专业的一小部分，无法完成整个BIM应用从而产生效益。而且建立BIM模型的是一方，利用BIM模型产生最大效益的可能是另外一方。

(4)BIM不是换一张图纸的事

CAD产生的电子版图纸和手工绘制图纸在本质上毫无区别，既可以在计算机上交流，也可以打印成图纸解决。BIM的成果则是多维的、动态的，输出到图纸的内容只能是BIM成果在某一个时间点和某一个投影方面的照片，要完整理解及应用BIM成果，目前技术条件下必须借助计算机和相应软件才能完成。这种转变除了技术更新需要以外，工程技术人员的专业知识构成和工作习惯也面临更多、更新的挑战。

3)基于BIM技术的建模软件

(1)传统建模软件介绍

由于信息技术的快速发展，结构设计人员和建筑设计人员能力的发挥是紧密相连的，现实中的建筑物应是建筑师和工程师创造性合作的必然产物。但是不建立在建筑模型的基础上，他们之间的合作往往是很困难的。建筑物与产品不同，建筑物既要表现空间形式，同时又要能被感受为一种总体环境。建筑项目中的设计任务既是综合性的，又是具体的。在没有计算机数字化之前，建筑项目中这些综合性和具体性是通过设计师画图纸来显示的，但这种表现方式让不懂图纸的人很难看懂。现在有了计算机的画图软件，建筑项目在建立之前都可以以三维模型显示出来，使业主可以直观地观察到建筑物本身，即就是常说的虚拟建筑。在信息化的背景下，模型的建立是通过计算机来实现的，传统的建模软件就从计算机的绘图软件谈起。计算机绘图软件的发展如下：

①二维通用绘图软件。在20世纪60年代末期到20世纪70年代初期，还没有专用于建筑结构设计方面的CAD软件。此时的CAD软件只具有基本的通用图形的处理能力，而且主要是二维图形的绘制、尺寸的标注和符号的标注功能，可用于通用图形设计的各个行业。

到20世纪70年代，随着计算机硬件和计算机图形技术的发展，通过建筑业和计算机软件开发人员的积极配合，加快了专业化绘图软件CAD的出现。最具有代表性的是美国的通用绘图软件AutoCAD，在建筑领域得到了广泛的应用和信赖。

②三维建筑结构绘图软件。之前，在建筑结构设计中，实体模型的制作是结构工程师常用的结构构建方式。通过结构模型的搭建，结构工程师可以直观地看到建筑物的真实结构造型，这只是一种后期的表现方式。但模型的制作也是相当费时、费力的，不利于结构设计过程中对方案的推敲和调整。计算机时代到来之后，设计人员就开始探讨怎么样使用计算机来实现三维建模。最早是用三维线框图实现建筑结构模型，但这种模型太简单，只是满足几何形状和尺寸的要求，实现结构分析还有待于研究。经过计算机技术的进一步发展，随后就出现了专门用于建筑结构三维建模和结构分析的软件，如3DMax，PKPM，SAP2000等。此类软件可以给建筑结构模型赋予不同的材质和荷载，可以生成逼真的结构模型。但这种模型只是建筑结构的表面模型，只能用来推敲结构设计、造型及结构空间等，没有赋予建筑结构构件的各种信息，造成许多结构信息的丢失，不能为建筑项目概预算、节能计算、施工等后续的工作提供可靠的数据信息。

建筑结构模型是结构工程师根据建筑设计师设计的图纸手工在计算机绘图软件中绘制

和计算的,在有必要的情况下,结构工程师还需自己创建一些简单的建筑结构构件来搭建部分结构模型,使业主可以观察到建筑物本身。这样,结构工程师既要设计建筑结构图,又要考虑建筑结构模型的实现。之后,随着计算机技术的发展,结构工程师的工作量在不同程度上有所减少,因为结构模型可以在计算机软件中实现,但在这种模式下,不能解决结构工程师和建筑设计师之间数据的共享问题。当今,BIM 技术的出现,使建筑业发生了翻天覆地的变化,结构工程师只需要考虑结构模型的设计问题,设计好了之后,通过结构设计软件就可以实现三维结构模型的显示。

目前,建筑结构建模软件都可以实现结构设计和结构计算分析,但是建筑工程师和结构工程师都是利用各自专业的建模软件实现各自的功能,不能使各个专业之间的人员共享相同的模型信息。因此下节提出了应用 BIM 技术的建模软件平台来建模,为建筑整个生命周期中实现 BIM 提供可靠的信息。

(2)基于 BIM 技术软件平台

伴随着计算机技术的进一步发展,建筑结构建模软件实现了更高水平的飞跃——建筑信息模型软件。建筑信息模型软件的研发思路是让建筑界中的设计人员在计算机上借助三维模型实现设计构思,把三维模型的建立与二维图纸的成图过程联系起来。以三维模型为主导控制全局,切实发挥计算机的优势,实现建筑结构设计和建立结构模型,并且采用同一数据结构和数据库把系统集成,应用参数化技术,使不同部门不同专业的建筑工程师进行沟通和交流,即建筑界中不同部门非同专业的工程师可以进行数据传输和交换,使真正的建筑信息模型的建立成为可能。

应用基于 BIM 技术的软件平台建模可以方便建筑师和机电工程师的协调,可以轻松灵活地提供多个备选方案,发挥 3D 模型可视化的功能给客户展示,以便迅速作出决定。目前基于 BIM 技术的建筑工程建模软件都可以为结构设计者提供初步设计文档所需的要求。但是,结构工程师最关心的是从结构计算到快速出施工图,即生成符合标准的设计施工图文档。由于目前基于 BIM 理念的工具软件上有些技术问题还没有很好地解决,从 3D 模型到传统的施工图文档还不能达到100%的无缝集成,因此在实际应用中,建议阶段性应用或部分应用 BIM 技术,同样也可以大大提高工作效率和工程质量。

比如,利用基于 BIM 技术的工具软件快速创建 3D 模型并自动生成各平面结构图(模板图)和剖面图的优点,来完成结构条件图。将条件图导出为 2D 图,提供给其他专业作为结构条件使用,另外也是自己在 2D 工具中制作配筋详图和节点详图的基准底图。建议在 2D 详图工具软件(如 Auto CAD)外部引用来自 3D 模型导出的条件图,并关掉在配筋图和大样图中不需要的图层,今后如果 3D 模型有较多的改动和发生设计变更,仅需要重新导出一次条件图并覆盖旧的条件图,这样与模板图有关的修改内容(构件大小和位置)就在与之关联的全部配筋图和大样图中自动进行更新,避免了打开每张图在其中重复修改的麻烦。

至目前,国际上比较著名的基于 BIM 技术的软件开发商主要有 4 个,都开发出了自己的基于 BIM 技术的软件。分别是:Autodesk 公司的 Revit 系列软件、Bentley 公司的 Bentley Architecture 系列、Graphisoft 公司的 ArchiCAD 和 Nemetschek 公司的 ALLPLAN 软件。这 4 个软件厂商中,我国最常用的是 Autodesk 公司的 Revit 软件。因此,本书接下来的章节主要对基于 BIM 技术的 Revit 软件平台作简单介绍。

广联达公司也迎合市场的发展,陆续开发出一些 BIM 相关软件。BIM 的第三代结构施工图智能设计软件 GICD 是为结构工程师打造的设计软件,是广联达 BIM 战略的重要组成。系统底层内置了 BIM 数据库,统一存储三维模型数据、结构计算结果、配筋结果、构件属性等信息,实现了三维模型查看、构件联动修改等功能,软件集成了标准规范检验,大大减少工程师在墙、柱、梁、板施工图设计的工作量。系统更可将数据无缝导出至广联达钢筋算量 GGJ,使结构工程师在方案设计时,就可实时了解工程项目的钢筋量,设计院也可为甲方或业主提供更多的增值服务。

广联达 MagiCAD 软件是整个北欧及欧洲大陆地区领先的机电 BIM 软件,广泛应用于通风、采暖、给排水、电气、喷洒系统和支吊架的设计与施工,是大众化的 BIM 解决方案。该软件包括风系统设计、水系统设计、喷洒系统设计、电气系统设计、电气回路系统设计、系统原理图设计、智能建模、舒适与能耗分析、管道综合支吊架设计模块。用户根据自身情况,可以选用基于 AutoCAD 平台或者 Revit 平台的 MagiCAD 产品,也可以选用双平台套装软件。

广联达 BIM 5D 以 BIM 平台为核心,集成土建、机电、钢构、幕墙等各专业模型,并以集成模型为载体,关联施工过程中的进度、合同、成本、质量、安全、图纸、物料等信息,利用 BIM 模型的形象直观、可计算分析的特性,为项目的进度、成本管控、物料管理等提供数据支撑,协助管理人员有效决策和精细管理,从而达到减少施工变更,缩短工期、控制成本、提升质量的目的。

广联达 BIM 浏览器 BIMV 是专为 BIM 应用人员开发的一款免费、易学易用、大众化的 BIM 浏览工具。以满足 BIM 应用各参与方(建设、咨询、设计和施工等)关于 BIM 信息浏览和沟通的需求,实现 BIM 应用的零门槛。

4)BIM 技术的国外现状

BIM 的发展起源于美国,逐步扩展到欧洲、韩日等发达国家。目前,BIM 在这些国家和地区的发展态势及应用水平都达到了一定程度。其中,美国的应用最为深入和广泛。

(1)北美

在美国,BIM 的研究应用起步较早。发展到今天,BIM 应用已初具规模,各大设计事务所、施工单位和业主纷纷主动将 BIM 技术应用于项目中,政府和行业协会也出台了相应的 BIM 标准。统计数据表明,2009 年美国建筑业前 300 强企业中,80%以上应用了 BIM 技术。加拿大国内 BIM 应用率已经达到了 48%,并且成立了加拿大 BIM 委员会(Canada BIM Council),这是一家专业委员会,目前主要任务是将美国的成功模式和标准引入加拿大建设行业,以促进加拿大的 BIM 应用发展。该协会在 2010 年 4 月发布了一篇对建设项目全生命周期内不同建设阶段不同参与方所使用相关软件的调查报告,题名为《BIM 工具及其标准的环境审视》。

(2)欧洲

1984 年,匈牙利 Graphisoft 公司推出了著名的 ArchiCAD 软件,并提出了以 BIM 为核心的“虚拟建筑”设计理念。但当时计算机硬件技术有限,并未广泛应用。随着计算机技术的不断进步,目前欧洲一些国家,特别是芬兰、挪威、德国等国,BIM 应用的普及率已达到 60%~70%。西欧建筑师中,建筑师采用 BIM 的占 46%,工程师采用 BIM 的占 37%。在英国,有 35%的专业人士采用 BIM。其中,60%为建筑师,39%为工程师,23%为承包商。38%的采用者有 5 年以上的使用经验,54%的采用者在 30%以上的项目中应用 BIM。法国的 BIM 利用率是最高的，有 38%，这个数字略高于英国和德国。

(3)韩国

在韩国，多家政府机关都积极参与、引导 BIM 应用标准的制订。其中，韩国政府部门已为本国的 BIM 应用发展方向制订了详细的路线图，以此来指导 BIM 应用。路线图中规定韩国工程企业要在 2010 年实现至少在 1~2 个项目采用 BIM，并形成理论作为后续项目的应用示范。此后，以每年两个项目以上的速率递增，争取在 2016 年实现全行业所有公用项目 100% 采用 BIM 技术。2010 年 1 月，为了使建筑企业以及行业从业人员在 BIM 应用时得到技术上的支持和保障，韩国政府还专门由相关部门发布了《建筑领域 BIM 应用指南》。该指南的作用相当于一本 BIM 应用的说明书，对于相关人员进行 BIM 的应用具有极大的指导意义。除了政府，韩国的高等院校和大型工程企业也努力为 BIM 的应用与发展作出自己的贡献，他们通过和世界知名的 BIM 组织——BuildingSMART 在韩国的分会合作，不断推进建设领域 BIM 的普及应用和发展。

(4)新加坡

新加坡政府早在 1995 年就启动了建筑信息化项目 Constructionand Real Estate NETwork，其目的是将建筑工业琐碎业务联系起来，形成新的建筑体系，提高建筑的质量和生产率。为此新加坡政府联合了建设局、城市发展局、土地流转局、新加坡电力、住房发展部等多个部门，共同推动 CORENET 项目。但是由于基于 2D 的建筑表达方式，应用程序的使用责任主体不清晰，无法覆盖所有的项目参与主体，最初的项目在建筑信息化技术的应用上仍有局限。2000 年，新加坡政府在已有工作的基础上积极开发 CORENET 项目的 e-Plan2Check，提供对 IFC 格式的建筑图纸的自动审图功能。2003 年，开发完成了集成建筑规划系统 IBP(Integrated Building Plan)。2004 年，完成了集成建筑的服务系统 IBS(Integrated Building Services)。2005 年通过测试、组织学术会议、在经济上鼓励使用 BIM 设计方式、提供对新系统的培训、在采用的 BIM 项目中进行全程跟踪和服务等一系列手段，使系统顺利启用。新加坡的 e-PlanCheck 是国际上政府机构支持 IFC 和 BIM 技术的最大建筑集成服务系统工程，不仅表现了新加坡政府对建立基于 IFC 的建筑集成服务系统的信心，而且多个政府部门联合对系统发展付出了很大的努力。

(5)日本

日本的发展和韩国类似，政府在 BIM 的应用中占据主导地位，并对 BIM 在日本全国范围内的广泛应用起到巨大的推进作用。日本由专门的政府部门(国土交通省)负责各种不同建设项目以及项目不同阶段的管理以及组织协调工作，2010 年 3 月，其下属的营缮部对职责范围内的所有建设项目提出使用 BIM 技术的要求，进一步推进 BIM 在本国的应用与发展。

5)BIM 技术的国内现状

在我国，香港地区一直是亚洲潮流的方向标。BIM 技术已广泛应用于香港地区各类型房地产项目的开发，香港地区 BIM 学会也于 2009 年成立。大陆 BIM 的发展正处于起步阶段，主要有下面一些特点：

①国内工程师大都知道 BIM，但是对其认识还停留在初级阶段，相当一部分人还认为 BIM 只是一款软件。

②许多项目在不同项目阶段和不同程度上应用了 BIM，其中最引人注目的是作为中国第

一高楼的在建上海中心项目,该项目对项目设计、施工和运营全过程的 BIM 应用进行了全面规划,成为我国第一家由业主主导,在项目全生命周期进行 BIM 应用的标杆。

③目前国内企业 BIM 项目实施的主要方式为业主单位、设计单位、施工单位和 BIM 咨询顾问间不同形式的合作。

④BIM 已渗透到各大科研院校、设计院、施工企业及地产商等相关企业,许多单位还设立了专门的 BIM 小组,专业负责 BIM 的应用与研究。

⑤在行业协会方面,中国房地产业协会走在了 BIM 应用的前列,这与中国近些年房地产业的快速发展有不可分割的联系。该协会通过组织技术人员进行研究,率先在 2010 年颁发《中国商业地产 BIM 应用研究报告》,该报告内容主要是针对 BIM 应用于商业地产项目,但对于建设行业的其他领域也有一定的借鉴意义。

⑥建设行业开始有 BIM 方面人才需求,有 BIM 人才的商业培训及学校教育。

⑦BIM 被列为"十一五"国家科技之城计划的重点项目,到了"十二五"期间,要通过对 BIM 的应用与发展,提高建设行业的信息化水平,促进产业升级,努力建设一批信息化技术水平处于世界领先位置的大型建设企业。

⑧建设行业相关现行法律、法规、标准及规范对 BIM 的支持和适应还十分不足,发展也还比较缓慢,亟待妥善解决。

随着信息化程度的不断加深,现有基于二维的建筑表达方式已不能满足行业进一步发展的要求,实施 BIM 技术已成为建设行业信息化的现实需求。

7.4.2 BIM 相关软件技术介绍

BIM 是一种可应用于项目全生命周期的管理方式,在发达国家的建设行业已有良好应用,并极大提高了行业生产效率。对于国内的工程建设行业,BIM 的应用必将带来质的飞跃。

1)Revit 软件技术介绍

(1)Revit 软件简介

Revit Structure 软件的前身是 Revit 公司在 1997 年开发的 Revit 软件,它是由 Pro/E 公司的软件工程师研发的。他们是机械三维 CAD 的强者,因此他们从 3D CAD 技术中得到了启发,从而开发了一种适用于建筑业的建模软件。当时的 Revit 软件,虽然可以与 AutoCAD 软件交换大部分数据,但本软件内部的数据结构与 AutoCAD 有很大的不同之处,实际上 Revit 软件代表了完全不同的技术,意味着建筑界中一种新技术的出现。直至 2002 年,Revit 公司被美国 Autodesk 公司收购,Revit 软件就成了 Autodesk 公司的主要研究产品。

现今,Autodesk 公司的 Revit 软件有 3 个系列,即 Revit Architecture,Revit Structure,Revit MEP。这 3 个产品分别是建筑、结构和建筑设备(水、暖、电设备)各个专业领域。这 3 个系列软件虽然针对的专业领域不同,但它们的工作机制大概都是相同的,它们共同构成了一个完整的基于 BIM 的设计体系。此软件中的建筑图元使用的都是参数化技术,参数化引擎提供的参数化变更技术,使用户对设计的任何部分进行更改,都可以自动反映到各部分视图中。并且 Revit 具有很好的开放性和易操作性,正在被越来越多的建筑界人员所接受。

Revit 软件是最先进的建筑设计和文档系统,是专门为 BIM 而开发的,它可以实现建筑设计的整个生命周期的相互衔接和信息的传递。在建筑行业,Revit 在一定程度上实现了 BIM,

它通过应用关系数据库来创建三维建筑模型，可以生成二维图形和管理大量相关的非图形的工程项目数据。绘制图纸的基本元素不再是简单的点、线、面、图块等基本的几何元素，而是墙、窗、柱、梁等建筑对象，即用建模语言来描述建筑信息，它是针对于建筑工程项目而开发的软件。应用基于 BIM 的 Revit 软件可以准确地把所有建筑、结构等构件的尺度和功能信息等反映出来，可以从不同角度分析、观察，使得建筑的设计和结构之间的相互信息关系比较完整。

(2)Revit 软件的显著特点

①Revit Structure 是 Autodesk 公司专门针对建筑结构设计行业推出的以 BIM 为重点的建筑结构设计软件。具体地说，此软件并不能直接进行结构计算，但它为建筑结构工程师的结构计算"前处理"和"后处理"工作带来了方便。在基于 BIM 技术的基础上，Revit 软件可以方便实现"三维协同设计"，即在三维状态中，可与建筑、结构、水、暖、电等几个专业形成完整的 BIM 模型。

②Revit 模型中，所有的图纸、平面视图、三维视图和明细表都是建立在同一个建筑信息模型的数据库中，它可以收集到建立在建筑信息模型中的所有数据，并在项目的其他表现形式中可以协调信息，以便于实现模型中的参数化(参数化是指模型中可以通过设置参数的形式建立各个建筑结构图元之间的关系)。建筑施工图图纸文档的生成和修改维护简单方便，因为它的绘图方式是基于 BIM 技术的三维模型，模型和图纸之间有着紧密的关联性，所以一方修改，另一方会自动修改，节省了大量的人力和时间。

③Revit 具有结构设计和结构建模的强大工具，可以将复杂材质的物理模型和单独的可编辑模型进行集成，更重要的是为常用的结构分析软件提供了双向连接的可编程接口，即强大的 API 接口功能。这样，它既能在建筑结构施工前进行模型的可视化，还可以在早期的设计阶段制订部分更加明确的决策，最大限度地减少建筑结构设计中的一些错误，也能加强整个建筑项目中各个团队之间的合作。

④建筑结构工程师利用 Revit 软件作为结构建模工具，提供给链接分析和计算软件所用，这样结构工程师就节约了学习多种建模工具的时间，而把更多的时间用在结构设计上，在建模的过程中它还可以提供给用户出色的工程洞察力。如 Revit 软件在把模型发送到分析工具之前，它可以自动地检测到分析工具中不支持的结构元素或模型的局部不稳定性以及结构框架的一些反常等。

⑤Revit Structure 软件支持多工种工作方式。首先，建筑结构设计师和绘图师都可以在此软件中创建模型；其次，建筑结构工程师可以在此模型中加入荷载、荷载组合、约束条件以及一些材料属性来具体完善模型；最后，再对整个模型进行分析和更改，更深层次地完成模型的建立。

⑥Revit 软件提供了建筑结构模型中所需的大部分建筑图元，这类构件以结构构件的形式出现。此软件也允许用户自己通过自定义"族(family)"(族就是类似于几何图形的一个编组)设计结构构件，可以使结构设计师灵活地发挥创作要求。

⑦Revit 软件中实现协同设计的前期准备主要包括：多工种专业间协同模式的选择方式；准备一些适应多工种的视图环境和模板文件；设计适合多工种协同的族库。

Revit 软件建立模型的设计思路和理论都是非常先进的，代表着建筑结构设计的发展方向。Revit 软件的设计过程不再是简单的图面或者线条的绘制过程，而是使用建筑构件搭建三维形体和空间的过程，是建筑施工的形成过程，这是一种设计方式的改革，更是在信息化条件下建筑类专业的一种成长历程。设计师从此会节约大量制图时间，从而将更多的精力投入优化设计中去，在和业主沟通的过程中也将更好地诠释设计的精髓，施工方的建造过程也将变得不遗余力。但是在当下Revit技术在某些方面仍未达到BIM技术时代的完美需求，需要不断研发新工具、新手段，同时，也需要不断地提升设计理念和设计思维模式。不管是高职院校还是建筑行业，要由2D逐渐向3D的设计思维模式转变，是一项长期而艰巨的任务，中间需要经历许多的磨炼、适应和摸索。因此，需要打破地域、行业之间的限制，真正掌握好Revit技术的应用，从而为BIM技术的推广营造一种良好的环境。

2）Revit软件设计案例

现在国内已有部分建筑工程项目基于BIM理念使用Revit软件来实现。CCDI（中建国际设计顾问有限公司）最早是在2003年承建2008年北京奥运会的水立方项目时开始接触BIM理念，并在随后将近10年的时间中在理论与实践层面对其不断深入研究探索，逐渐形成了具有自己特色的一套BIM应用体系。在2008年前后CCDI开始应用基于BIM理念的Autodesk公司的Ecotect Analysis和Revit系列工具软件，意味着其建筑设计从二维CAD绘图平台转换到三维BIM时代。

借助于先进的BIM应用软件Revit，CCDI先后主持承建并完成了许多大型工程建设项目，其中世博会国家电网馆就是代表案例之一。该场馆以“创新，点亮梦想”为主题，以“打造绿色、亲民、节能型的建筑”为设计理念，采取多种设计建造手段，满足馆内部环境舒适度要求，最大限度地做到节能低碳。

该案例是CCDI公司充分结合BIM技术和Revit软件的基础上施工完成，具体使用到的BIM软件是Autodesk公司的RevitArchitecture，Revit Structure，RevitMEP，Navisworks和Autodesk Ecotect，不同阶段和不同专业分别有对应的软件进行设计。该工程于2008年底发布建筑设计方案，到2009年4月28日开工建设，2009年12月底完成土建，最终于2010年5月1日正式对外开放。整个工程总建筑面积5 560 m^2，却历时短短1年时间，大大缩短了应用传统建筑设计的周期。该项目中最典型的特征是“魔盒”悬浮设计，最重要的突破点在于BIM技术的全程应用。通过应用BIM技术在设计阶段就可以实现节能减排和舒适度等指标要求，结合三维建筑模拟来更好地解决不同专业设计模型间管线空间碰撞，同时可以对人流疏散、空气流动、温度分布来进行分析模拟，进一步保证设计质量，提高设计效率，减少后续阶段的返工率。

本案例的整个完工过程涉及了设计、施工和运营3个阶段，在各阶段以及不同专业间应用不同的软件工具，对应流程如下：

①建筑、结构、水、暖、电等专业设计人员用Revit Architecture，RevitStructure，Revit MEP设计软件搭建三维模型，这里模型是指BIM模型，相比传统模型它的信息量更丰富，数据交流更准确方便，既可以提交传统的数据文件，也可以提交IFC格式文件。分别有以下几种情况：

a.如果是GBXML格式数据就导入Ecotect，进行建筑性能分析；

b.如果是IFC格式数据就导入SAP2000，计算分析结构应力；

c.如果是DWF格式数据就导入Navisworks，实现建筑漫游和管线综合；

d.如果是DWG格式数据就导入AutoCAD，对后期图纸进行调整；

e.如果是 FBX 格式数据则导入 3D SMAX，做后期效果图渲染及动画制作。

②一般数据格式以 DWF 居多，当模型数据是 DWF 时就将其导入 Autodesk Navisworks 中，分别对 BIM 模型中结构构件和设备管线信息进行整合，以及结构构件与三维管线之间进行碰撞检查，从而提高了设计师们的管线综合设计技术解决能力，能够有效避免施工过程中可能出现的管线之间碰撞问题。据统计，通过使用 BIM 技术及其相关软件，方案设计变更率减少 30%，人力资源节约 12%。并且在方案施工阶段，设计师也通过 BIM 模型的应用来指导施工，确保了施工质量和进度。

③若要对模型进行日照、光热环境等参数进行分析，就需要把详图设计中数据以 GBXML 格式导出并传入 Ecotect 软件，通过客观真实的数据来辅助设计师进行方案调整与优化，一般在 Revit 中常使用房间体积或空间数据生成 GBXML 文件。本项目相关光、热环境分析结果可以呈现。

④案例中作完日照、光、热环境分析之后，还需要采用 IES 软件进行人流疏散模拟分析，以优化人流疏散方案。通过结合三维数字模拟仿真及馆内各层最大的容纳人数进行疏散模拟，将模拟结果生成详细数据，然后根据这些数据更好地辅助设计人员分析调整各疏散路径，最终优化疏散方案。通过提前仿真模拟就为今后可能遇到的紧急情况起到指导性作用，最大限度地减少人员和财产损失。在本案例中还使用 Fluent 软件，通过对上海地区典型季节主导风向、风速计算，来进行 CFD 数值模拟，为特定区域内人员舒适度评价提供基础依据。

⑤在本方案的钢结构施工阶段，是通过将 BIM 模型与施工组织进度计划相链接来进行 4D 施工模拟，并真实再现实际施工过程。然后各项目参与方可以根据模拟过程直观地了解整个钢结构安装的时间节点及工序，从而准确把握安装过程中的难点与要点，优化并改善原钢结构安装方案，同时提高施工管理方对施工进度的掌控能力，提高施工效率。

可见，在国家电网馆的整个建筑项目设计与实际施工阶段，涉及的专业纷繁复杂，工程量巨大。而 CCDI 所采用的专业团队与软件技术支持团队的协作方式，是充分融合并发挥了 BIM 技术与 Revit 系列软件的理论和实际优势，用时 1 年就成功完成了如此复杂、工作量巨大、集美感与艺术于一体的特色作品。当然，基于 BIM 的 Revit 案例不仅仅于此。例如，上海现代建筑设计集团有限公司设计的世博奥地利馆、上海通用企业馆、湖州喜来登温泉度假酒店案例，内蒙古的鄂尔多斯音乐厅案例、敦煌莫高窟游客中心案例等都是 Revit 软件应用的成功代表。

总之，在建筑工程领域，Revit 确实是在一定程度上实现了 BIM。通过应用关系数据库可以高效地创建三维建筑模型，同时能够生成对应的二维图形和管理大量相关的非图形工程项目数据信息，绘制图纸的基本元素不再是 CAD 中的点、线、面等几何元素，而是墙、窗、梁、柱等专业建筑对象。当前从国内整体上来看基于 BIM 的 Revit 软件功能很强，信息量丰富，但是在短时间内要想达到灵活使用的程度依然有难度，还需要在实践中探索。

7.4.3　BIM 技术在工程造价信息管理中的应用

1）基于 BIM 技术的造价管理

基于 BIM 技术的代表性软件有 Autodesk 公司的 Revit 系列软件，Bentley 公司的 Bentley Architecture 系列，Graphisoft 公司的 ArchiCAD，Nemetschek 公司的 ALLPLAN 软件。以上系列

软件基本都是基于设计阶段的系列软件,在国内,广联达软件股份有限公司基于建筑工程全生命周期推出了一系列BIM软件,最典型的BIM集成平台是BIM 5D,特点为:面向对象的设计方式;直接用三维模型设计;支持数据格式开放;便于不同软件间数据交换。BIM是个系统性工程,应用在设计阶段、施工阶段和后续的运维阶段,即工程的整个生命周期。

基于BIM技术的造价控制是工程造价管理领域的新思维、新概念、新方法,它不仅解决了海量数据处理难题,而且使造价管理流程再造,从管理一个点扩展到一个大型“矩阵”,工具+流程=BIM价值。投资顾问团队主要是以广联达系列为工具软件,广联达软件系列基于BIM技术,由算量软件、计价软件、造价管理软件、广联达云计算数据中心等组成,为造价控制提供全面的解决方案和技术支持。专业算量软件完成各专业工程量的计算和统计分析;造价软件作为造价管理平台,更多的日常造价管理活动将在此平台上展开;建材询价平台完全基于互联网的SNS模式,实现对海量工程材料价格信息的收集和积累;广联达完成工程造价数据的采集、汇总、整理和分析。

大型工程的计量工作在全过程造价控制中,不仅工作量大而且计算难度大,要在项目全周期不断地统计、拆分、组合和分类汇总各时间段和施工段工程量数据更是困难,落后的手工计算方式难以适应精细化造价控制的需求。量、价、造价三者是造价管理中三大要素,造价的真实性取决于量与价的准确性和真实性,材料价格占工程造价的65%左右,信息价对于造价软件来说是举足轻重的。材料市场价瞬息万变,不同地区的材料价格也千差万别,材料价格的变化对工程造价非常敏感。没有真实而完整的市场信息价,真实的造价就是一句空话。一般造价人员对信息价并不十分重视和敏感,往往严重依赖于政府定额站发布的信息价和中准价,由于造价人员获取市场信息价的渠道狭窄,政府信息价成了造价人员获取市场价的主要渠道甚至是唯一来源,这是计划经济的巨大惯性力对人们造成的思维定势。有经验的造价人员不再迷信于所谓的权威,因为政府发布的信息价有许多是严重失真的,政府发布的信息价并不是最终成交价,所以是不可靠的。广联达定位于供应商与采购方之间的交互平台,它上面的价格信息更及时、更真实、更可靠、更全面。

造价软件也是整个造价管理的平台,可以进行各种造价活动如工程招投标、进度款结算、经济签证、竣工结算和造价评估等。广联达造价管理平台以全新的理念进行软件设计和构架,能兼容国外造价管理模式,当然也能进行定额计价和清单计价,它基于互联网和BIM技术,提供云推送服务,可以将一份预算文件方便地转化为多形式造价文件,如投标价、分包价、成本价、送审价、结算价、审定价等。通过对这些历史经验数据的沉淀、积累和管理形成可以共享、参考和调用的造价数据库,具有很强的适应性和造价管理能力。它以工程项目管理为核心,实现对群体、单体、单位工程数据的动态集成管理,保证项目数据的完整性。广联达造价文件进行项目、单项工程、单位工程分级,它的标段设置功能能满足进度款结算的需要,每一层级都应有相应的造价信息、招投标信息,可以清晰地看到造价比例、单方造价指标、材料指标等,便于进行对比分析、判断和决策。

广联达造价管理平台能将造价与图形结合,它完全基于数字建造和建筑信息模型BIM的理念,彻底颠覆传统计价软件的模式,在造价文件中提供最直观、最形象的可视化建筑模型,造价文件不仅仅是抽象的数字而由实体支撑,这种数字与图形的完美结合将产生意想不到的效果,算量软件与造价软件无缝连接,图形的变化与造价变化同步,充分利用建筑模型进行造价管理。可框图出价,通过条件统计和区域选择即可生成阶段性工程造价文件,便于进度款的支付统计,是真正基于 BIM 技术的造价管理平台。

广联达造价管理平台能进行网络协同作业,在造价平台上实现实时传送、定额换算、材料价格对比,把每台计算机上的数据进行有效管理,防止出现信息孤岛,实现数据的充分共享和有效利用。可远程调用数据,可以把 BIM5D 中工程量和广联达中市场价实时地调入广联达造价管理平台中使用。

BIM 的潜在优势十分明显,BIM 就是平台和系统,根据系统论原理,系统大于各子系统之和,即集成的大系统所承载的信息和产生的价值要大于各子系统的简单相加,因为整合后的系统可以产生协同效应和信息共享及重复利用所带来的增值。

传统的基于二维设计在设计建造过程中不可避免地产生一些低级错误,也很难表达和还原空间的三维复杂形态。建筑信息模型就是通过参数化实体造型技术使计算机可以表达真实建筑所具有的信息,真实再现未来建筑的空间布局、管线走向及位置,让设计师与业主、工程师直接通过建筑信息模型完成信息的表达、传递和交换,使业主、设计师、建造师、咨询师之间的信息交流更方便。具有可视、具象、完整、关联和互用性等特征,使原始二维设计技术根本性提升。

BIM 是个五维关联数据模型(几何模型 3D+时间进度模型 4D+成本造价模型 5D),建立建筑信息模型后,可以很方便地引入虚拟现实技术,实现在虚拟建筑中的漫游,可进入虚拟建筑中的任何一个空间。借助 3D 动画技术,可以演示建筑成长的过程。可以实现协同设计、碰撞检查、虚拟施工和智能化管理等从设计到施工到运维工程生命的全过程的可视化,可以精确测算实物量从而进行成本控制,可以把目标值精确地分解到每个时间节点和空间部位,可以进行可视化、精细化、智能化、集约化管理,这必将取代低效的传统模式。工程基础数据是一切造价活动乃至管理和决策的前提及出发点,没有真实准确透明的工程基础数据,将导致决策的失误和管理的混乱,但基础数据又是个被轻易忽视的环节。

为什么以往的工程项目有那么多的风险,是因为信息的零碎化,形成一个个信息孤岛,信息无法整合和共享,导致信息的无序流动。工程建设行业有着固定的组织边界,有许多规模小、专业化、关联的参与者,几乎没有纵向的集成,设计、施工和运营等是相互隔绝,可以说,建筑行业几乎是个割裂的行业结构,关键是缺少一种共同的交互平台,造成信息流失、信息传递失误,阻碍工程建设行业信息交流。美国国家标准研究院(NIST-National Institute of Standards and Technology)2005 年初发布的一份报告指出,仅仅由于项目成员之间数据互通性的要求而产生的成本就使建设项目效率降低 6%左右。BIM 的产生有望改变这一局面,使设计、施工、运维等进行信息的共享和管理。建筑施工司空见惯的“错漏碰缺”和“设计变更”所增加的建造成本、社会成本简直是难以估量的,是与低能耗、低碳排放、绿色建筑理念相背离的,而这恰恰是传统二维设计的局限性,BIM 有望改变这一局面。

2)基于 BIM 的建筑工程动态造价信息库构建与实施

工程项目的成功实施很大程度上取决于工程预算的准确性,而项目预算是否准确主要依赖于工程量计算和造价信息库的合理性,尤其造价信息库及其系统实现是影响工程项目预算的关键因素。建筑工程项目预算超支的问题非常严重,据有关研究表明,接近 2/3 以上的工程项目竣工决算超过了其预算标准,造成了极大的浪费,原因在于工程量计算不准确、造价信息库数据陈旧及调用数据库信息不科学,而造价信息库数据更新缓慢和调用数据库信息方式不科学是影响工程预算精度的主要原因。BIM 作为一种包含数据丰富、面向对象、具有智能化和参数化的建筑设施数字化模拟系统,具有统计分析能力强且速度快、成本信息实时更新且准确性高、数据可分类分模块且可多维度分析的优势。因此,建立建筑工程动态造价信息库,并将 BIM 技术应用到造价信息库数据的调用、计算和分析,为工程项目提供合理、准确、快速的预算和决算,进而有利于项目成本控制,具有重要的实际意义。

(1)工程动态造价信息库分析

建立工程造价信息库的核心目标在于降低工程总造价或工程总成本,使得工程项目在最低的投资条件下达到工程建设目标。然而,要实现以上目的,必须构建合理、准确的造价信息库。此造价信息库中包括实际成本库,实际成本库又与进度库、质量库、机械库、材料库、安全库、人工库和结算库相互作用,关系紧密,即任何数据库的变化都会影响到实际成本库,反之实际成本库的改变也会作用于其他各数据库,它们之间存在紧密耦合关系,如图 7.5 所示。因此,在实际操作过程中,需要紧跟市场变化,掌握最新市场信息和动态,及时跟踪和更新市场价格数据,使得造价信息库数据更加符合市场现状,更加准确反映市场变化,最终真正将工程项目造价信息库构建成为随市场环境而灵活转变的动态造价信息库,形成一个有机整体(系统)。动态造价信息库的复杂性主要取决于各数据库内部因素的多变性和耦合性。由于各数据库与实际成本存在着相互作用关系,各数据库之间也必然存在着相互关联性,体现为各数据库因素之间密切联系和耦合关系,也即系统和各要素的关系,这样就使得协调各数据库因素的难度增加。

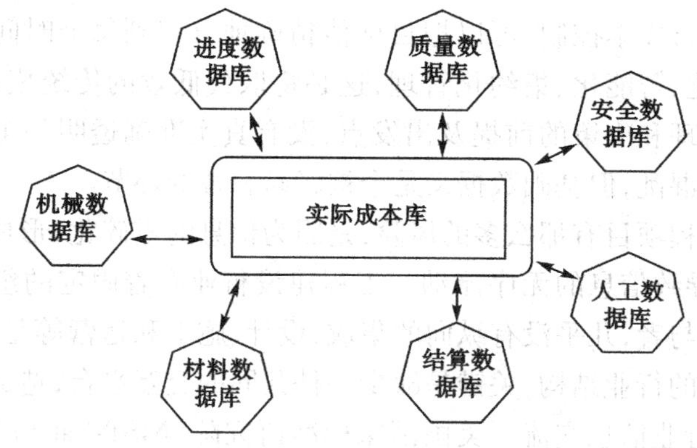

图 7.5 数据库耦合关系

系统方法认为任何事物都存在着系统和要素两个方面,系统是相互作用的诸要素所构成的整体,而要素则是整体中的各个部分。一般来说,系统整体大于其要素相加之总和,原因在于系统的存在不仅依赖于要素的存在,而且依赖于要素与要素之间的相关性,正是在要素之间的相关性中产生了有机的统一体——系统。系统方法认识与项目动态造价信息库系统具有良好的一致性,采用系统方法原理,研究项目动态造价信息库各要素之间的关联性,分析造价信息库各要素之间的相互作用和因果联系,得到造价信息库系统各数据库之间以及数据库内部要素之间的耦合关系,并动态更新和调整各要素量值,进而改善造价信息库系统的功效,使之更符合实际成本,为建筑工程项目有效控制成本提供准确、可靠的预算数据。如定额库子系统要素关联作用,如图 7.6 所示。

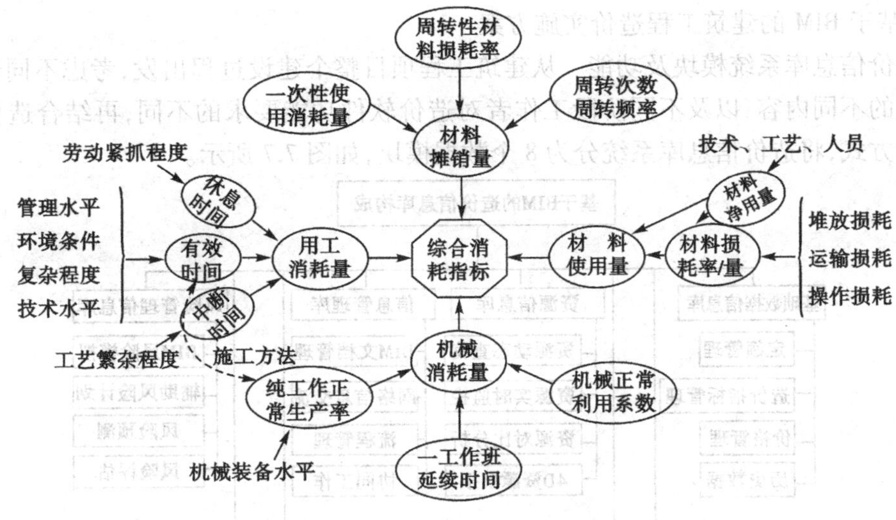

图 7.6　定额库子系统要素关联作用

(2)BIM 应用在工程动态造价信息库管理的必要性探讨

在以上分析中可知,工程项目动态造价信息库是一个完整的庞大系统,系统由多个数据库子系统构成,子系统中又包含着多种要素,在系统内部子系统之间、各要素之间以及子系统与各要素之间存在着复杂的关系,它们之间既是对立的,也是完整统一的,各要素之间存在着相互作用的耦合关系。因此,要确保此系统顺畅的运行,必须有强大的技术支撑。下面通过造价信息库系统的功能要求、系统实现要求和 BIM 的强大技术支撑 3 个方面讨论 BIM 应用在工程动态造价信息库管理的必要性。

①工程动态造价信息库系统的功能要求。造价信息库系统是由工作者和计算机共同组成,进行信息收集、整理、筛选、存储、更新和使用的集成化系统。因此,要求造价信息库系统应具有以下几方面的功能:a.数据信息共享平台,不同工作者可及时、方便获得数据信息,实现信息的无障碍流通;b.应用系统集成处理,应用系统与数据平台无缝对接,增强系统的可操作性;c.信息库系统多功能性,覆盖工程造价管理的各项功能,针对不同工作者需求还需要专业化。

②造价信息库系统实现要求。从以上工程动态造价信息库系统的功能要求分析可以看出,要实现造价信息库系统的正常运作,还需要完成以下主要环节:a.对造价信息库相关数据信息进行分析,制订统一的信息分类和编码,做到数据的分类和分模块储存和读取;b.利用编程语言、交互操作数据模型和通用数据交换标准来实现整个系统的集成;c.进一步利用网络通信或无线传输技术,完成集成数据信息在多参与方之间的无屏障共享;d.采用某种强大软件实现造价信息库使用的智能化,发挥动态造价信息库系统对工程项目管理决策的主动性。

③BIM 是实现动态造价信息库系统的技术支撑。BIM 作为一种包含数据丰富、面向对象、具有智能化和参数化的建筑设施数字化模拟系统,具有统计分析能力强且速度快、成本信息实时更新且准确性高、数据可分类分模块且可多维度分析的优势。以 BIM 作为构建的造价信息库系统可持续、及时提供各种实时信息数据,成为了实现动态造价信息库系统的技术核心,BIM 具备实现动态造价信息库系统的功能要求、语言要求、传输共享要求和集成化要求,是实现造价信息库系统正常运转的核心,必将成为动态造价信息库系统的健康、可持续、快速运转的技术支撑,也必将更好地为建筑工程造价管理和成本控制服务。

(3)基于 BIM 的建筑工程造价实施方案

①造价信息库系统模块及功能。从建筑工程项目整个建设过程出发,考虑不同运营阶段造价信息的不同内容,以及不同阶段工作者对造价软件功能要求的不同,再结合造价管理结构及运行方式,将造价信息库系统分为 8 个数据模块,如图 7.7 所示。

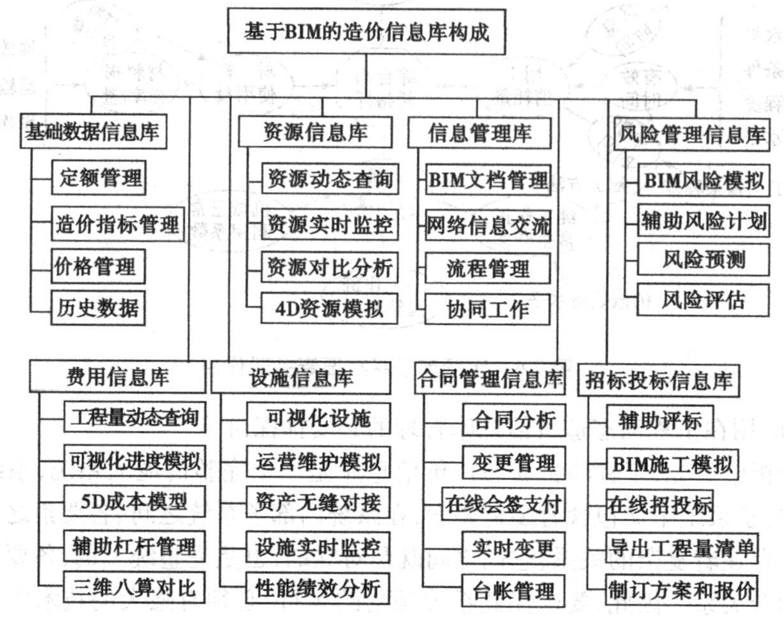

图 7.7　基于 BIM 的动态造价信息库框架结构

每个数据模块都包含着大量的数据信息,且起着相应的功能,从 8 个数据模块来看,表面上各自具有独立的功能,而实际上 8 个数据模块之间又存在着相互交叉的内容,数据模块之间存在共享关系。下面简要介绍 8 种数据模块的主要内容和功能:a.基础数据信息模块,可进行定额、取费模板维护和更新,建立价格数据库平台;b.费用信息模块,可将 BIM 中工程量自动分类,准确计算各阶段价格及审核造价,支持 3 个维度的八算对比;c.资源信息模块,BIM 中动态查询资源耗量,可视化资源模拟支持资源计划制订;d.招标投标模块,BIM 模型自动导出工程量清单,在线招投标程序更加规范化;e.合同管理信息模块,提供在线合同会签支付、台账管理、变更与索赔、报表及链接查询;f.设施信息模块,利用 BIM 进行设施成本评价,制订运营维护方案;g.风险管理信息模块,生成风险清单,并进行风险应对评价;h.信息管理模块,BIM 文档管理和同步更新,并对处理意见跟踪统计。

②基于 BIM 的建筑工程造价实施。基于以上造价信息库系统模块及功能,可利用相关的建筑工程软件实现造价信息库,以达到对整个建筑过程的造价管理和成本控制。基础数据库创建过程主要包括:汇聚数据→分析和整理数据→利用分析后数据进行造价管理和成本控制。其中,数据库由工程量数据和造价数据两部分构成,实物量数据可以通过算量软件创建的 BIM 模型直接导入,造价数据可以通过造价软件直接导入。通过建立项目基础数据库,可以自动汇总分散在各个项目中的工程模型,建立企业工程基础数据;自动拆分和统计不同部门所需数据,为部门决策作依据;自动分析工程人材机数量,形成多工程对比,有效控制成本;通过协同分享提高部门间协同效率,并且建立与 ERP 的接口,使得成本分析数据信息化、自动化和智能化。基于 BIM 的建筑工程造价实施流程及解决方案,如图 7.8 所示。

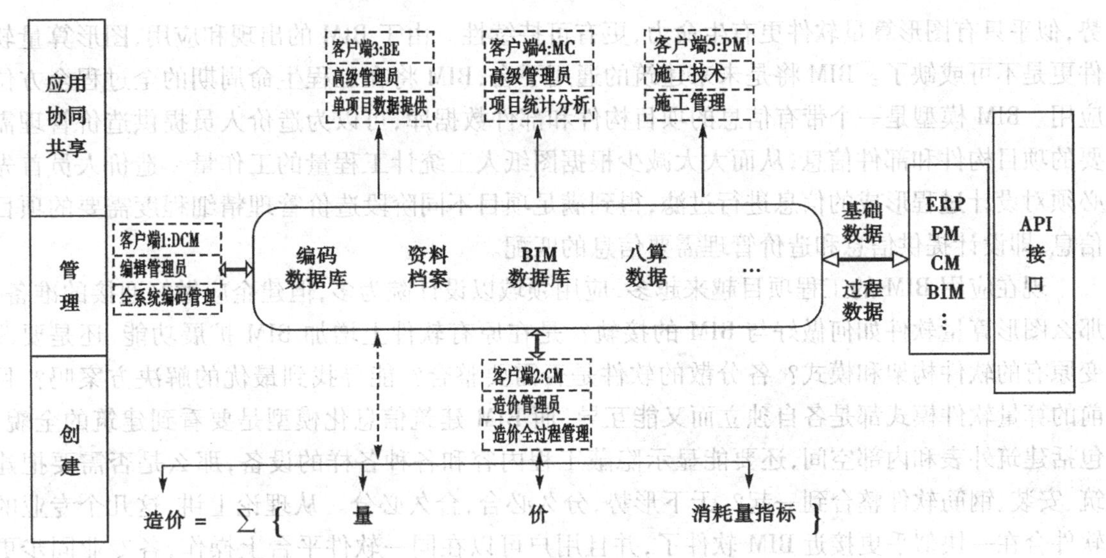

图 7.8　基于 BIM 的建筑工程造价实施流程

③造价信息库的复杂性主要取决于各数据库内部因素的多变性和耦合性,各数据库之间存在着关联性,各数据库因素之间密切联系,由此建立了造价信息库系统各数据库子系统间的耦合关系,搭建了工程项目动态造价信息库系统框架,将工程项目造价信息库构建成为随市场环境而灵活转变的动态造价信息库,形成一个有机整体(系统)。

采用系统方法原理,研究了造价信息库各要素之间的相互作用和因果联系,阐释了定额库子系统要素之间的关联作用,并动态更新和调整各要素量值,改善了造价信息库系统的功效,进而探讨了 BIM 应用在工程动态造价信息库管理的必要性。

从建筑工程项目整个建设过程出发,将造价信息库系统分为 8 个数据模块,阐述了造价信息库系统 8 个模块及其功能,建立了基于 BIM 的动态造价信息库框架结构,给出了基于 BIM 的建筑工程造价实施流程及解决方案,可望对工程项目造价管理和成本控制起到指导作用。

3) BIM 技术与造价软件的融合

造价管理是工程建设项目管理最核心的内容,造价不仅有价格之意也有成本之意,它是个复合概念,造价=量×价。量是指工程量,价是综合单价,包括人材机价格和管理费利润等。量是基础性数据,不仅是计价的基础也是项目材料采购、成本控制的基础性数据,项目效益的好坏取决于对基础数据的管理,有人说对软件企业来说,得数据得天下,可见基础数据的重要性。如何快速准确地取得项目基础数据?这是摆在我们面前的一个重大问题。工程量统计会用掉造价人员 70%左右的时间。传统的工程量计算效率低下,计价工作依赖于手工方式,通过纸质图纸获取造价需要的项目信息,在这种情形下,设计院是否提供的某个信息模型对造价师不会产生影响。

现在一些人尝试用软件计算,算量软件种类繁多,有 Excel 等通用软件,有表格软件,还有图形软件。图形软件的优势是显而易见的,就是可视、直观,可导入 CAD 电子文档,可与钢筋等软件互导,然而图形软件的复杂性使有些人望而却步。一些非成功用户对图形软件评价消极,这些都影响了图形算量软件的普及。但不论是根据软件发展规律还是建筑行业发展趋势,似乎只有图形算量软件更有生命力,更有可持续性。由于 BIM 的出现和应用,图形算量软件更是不可或缺了。BIM 将是未来建筑的通用平台,BIM 将在工程生命周期的全过程全方位应用。BIM 模型是一个带有信息的项目构件和部件数据库,可以为造价人员提供造价管理需要的项目构件和部件信息,从而大大减少根据图纸人工统计工程量的工作量。造价人员首先必须对设计过程形成的信息进行过滤,得到满足项目不同阶段造价管理精细程度需要的项目信息,即设计提供信息和造价管理需要信息的匹配。

现在应用 BIM 的工程项目越来越多,应用领域以设计院为多,但建企应做好迎接的准备。那么图形算量软件如何做好与 BIM 的接轨?是在原有软件上增加 BIM 扩展功能,还是要改变原有的软件构架和模式?各分散的软件是否需要整合?能寻找到最优的解决方案吗?目前的算量软件模式都是各自独立而又能互导,而 BIM 建筑信息化模型是要看到建筑的全貌,包括建筑外表和内部空间,还要能显示隐蔽工程内容和各种各样的设备,那么是否需要把建筑、安装、钢筋软件整合到一起?天下形势,分久必合,合久必分。从理论上讲,这几个专业的软件合在一块似乎更接近 BIM 软件了,并且用户可以在同一软件平台上操作,各专业同步更新,但这几个软件整合并不是容易的事,这意味着把原来的软件构架推倒重来,软件开发难度将增加 N 倍,BUG 也将几何级增长,并且计算机硬件也承受不了,因此只得另寻出路。

广联达提供 BIM 浏览器,调用土建、钢筋、安装软件中的模型对原来分散的土建、钢筋、安装软件进行加工处理,生成 BIM 建筑信息模型,然后提供统一的 BIM 数据出口。原有的土建、钢筋、安装软件是 BIM 的工具软件,BIM 是系统软件,只是如何实现融合仍是个难题,里边有许多技术难题需要解决,如怎么把分散的土建、钢筋、安装数据进行合成?有几种方案:一是先后导入,水乳交融,相同构件的几何图形可覆盖可不导入,但构件的其他属性和参数附加进来,这样在一个建筑模型上可生成多个专业的建筑信息模型 BIM,这与同专业不同部位的合并有所不同,但原理差不多,前者是同专业拼装,后者是多专业拼装,既然是多专业拼装,每一构件属性应具有扩展性,这样导入其他专业时构件参数能被识别和接纳。如在土建构件中包含钢筋属性,这样导入钢筋时能把钢筋信息带过来。第二种方案是分专业图层显示方式,不断切换,按需显示。然后还有个约束条件就是土建、钢筋、安装软件仅提供工程量而不能提供消耗量,只有把工程量套定额,才能得到工程的消耗量。那么 BIM 系统除了土建、钢筋、安装还需加入计价软件,才能得到工程所需的消耗量。而计价软件模式与算量软件模式有着本质的不同,如何融合?同时还跟施工方法、施工工序、施工条件、施工进度等约束条件有关,在建立 BIM 模型的标准时把这些约束条件考虑进去。

设计师在用 BIM 模型进行设计的时候既不会考虑造价管理对 BIM 模型的要求,也不会把只是造价管理需要的信息放到 BIM 模型中去,它只是从设计的角度和业主的要求去建 BIM 模型。但并不是说这个 BIM 设计对造价人员毫无用处,它仍有极大的利用价值。造价人员基于 BIM 模型的造价管理工作有两种实施方法:一是往设计师提供的 BIM 模型里增加造价管理需要的专门信息;二是把 BIM 模型里面已经有的项目信息抽取出来或者和现有的造价管理信息建立连接。第一种方法是紧密关联型,优点是设计信息和造价信息高度集成,设计修改能够自动改变造价,反之亦然,造价对设计的修改也能在设计模型中反映出来;缺点是 BIM 模型越来越大,容易超出硬件能力,而且对设计、施工、造价等参与方的协同要求比较高,因此实现难度较大。第二种方法是分离松散型,优点是软件实现起来相对比较容易;缺点是两者没有关联,设计变化不能引起造价变化,反之,造价变化不导致设计变化,需要进行重复操作。

BIM 与造价软件融合可通过以下手段实现:

①API(Application Programming Interface 应用编程接口):由 BIM 软件提供应用软件编程接口,第三方软件通过 API 从 BIM 模型中获取信息,跟造价软件集成,也可以逆向操作,把造价软件中数据传输到 BIM 中。

②ODBC(Open Database Connectivity 开放数据库互联):ODBC 是数据库访问技术,导出的数据可以和所有不同类型的应用进行集成。缺点是数据库和 BIM 模型的变化不能同步,需要人工干预。

③IFC 标准的数据格式:一般来说,公开数据标准的好处是具有普适性,缺点是效率没有那么高。

课后练习

1.请简述工程造价信息化管理的意义。

2.工程造价信息化存在什么问题? 解决方案有哪些?

3.基于 BIM 的全寿期阶段性工程造价管理解决方案是什么?

4.Microsoft SQL Server 软件系统的功能主要有哪些?

5.定额编制排版系统包括哪些步骤?

6.请简述企业定额管理系统的组成。

7.请简要说明 BIM 技术与传统 CAD 之间的区别。

8.如何理解 BIM 是一个五维关联数据模型?

9.请简述 BIM 技术与造价软件如何融合。

参考文献

[1] 李奕红.浅谈建立工程造价信息化管理的必要性[J].工程经济,2002(2):156-158.
[2] 冯岩.浅谈工程造价信息化管理系统[J].广东建材,2012(3):123-125.
[3] 刘友香.浅谈工程造价信息化管理的问题与对策[J].决策与信息,2008(6):89-90.
[4] 李会静.基于现行工程造价计价模式的企业定额编制研究[D].重庆:重庆大学,2012.
[5] 杨志娟.建筑施工企业定额测定及编制方法研究[D].西安:长安大学,2009.
[6] 肖宁宁.建筑施工企业定额的编制问题研究[J].科技视界,2013(5):154-155.
[7] 郭菊彬.工程量清单计价模式下快速报价方法的研究[D].成都:西南交通大学,2007.
[8] 郦俊伍,梅斐杰.关于企业定额的研究[J].企业技术开发,2009,28(4):138-140.
[9] 李建峰.工程定额原理[M].北京:人民交通出版社,2008.
[10] 丰艳萍,邹坦.工程造价管理[M].北京:机械工业出版社,2011.
[11] 张友全,陈起俊.工程造价管理[M].北京:中国电力出版社,2012.
[12] 马楠.建设工程造价管理[M].2 版.北京:清华大学出版社,2012.
[13] 中国建设工程造价管理协会.建设项目设计概算编审流程[M].北京:中国计划出版社,2007.
[14] 全国造价工程师职业资格考试培训教材编审委员会.建设工程计价[M].北京:中国计划出版社,2015.
[15] 刘翔.信息管理与信息系统概论[M].北京:清华大学出版社,2013.
[16] 王燕平,党晓旭.公路工程造价管理标准化与信息化指南[M].北京:人民交通出版社,2015.
[17] 谭德精,吴学伟,李江涛.工程造价确定与控制[M].重庆:重庆大学出版社,2006.
[18] 黄兴宇.建设项目设计管理及设计阶段造价控制方法研究.[D].重庆:重庆大学,2005.

[19] 尹怡林.工程造价相关知识[M].天津:天津大学出版社,2004.

[20] 陈德义.工程造价管理改革的目标与途径[J].建筑经济,2001(2):26-27.

[21] 李勇.建筑施工企业安全文化的建设[J].建筑经济,2007(6):92-94.

[22] 马黎.有效控制施工阶段工程造价措施[J].中国新技术新产品, 2011(14):197.

[23] 凌建刚,吴斌,黎锦明.施工阶段工程造价控制管理的措施分析[J].中华民居, 2012(2):24.

[24] 刘振青,金磊,薛晓霞.在工程设计中引入监理的思考[J].中国高新技术企业,2008(8):241.

[25] 张琼.建设工程投资控制的探讨[J].新会计,2010(3):24.

[26] 周璟.浅谈高速公路建设投资控制[J].中小企业管理与科技,2012(5):72-75.

[27] 田开俊.论建设单位在工程管理中的成本控制[J].经营管理,2010(6):80-81.

[28] 高宝平.建设单位在施工阶段的造价控制[J].科学之友,2009,11(32):73-74.

[29] 付红阳,温道云.浅谈建设单位在建设工程施工阶段工程项目管理[J].国外建材科技,2006,27(3):134-135.

[30] 叶炜文.工程项目投资的控制与管理探讨[J].建设科技,2007(2):144-145.

[31] 王凯.浅析建设单位在施工阶段对工程造价的控制[J].山西建筑,2009,35(26):246-248.

[32] 李海兵.建筑工程项目的施工质量管理研究[J].山西建筑,2010,36(6):218-219.

[33] 王小红.浅谈建设单位对工程造价的管理[J].价值工程,2010(1):71.

[34] 王建波,荀志远.建设工程造价管理[M].北京:经济科学出版社,2010.

[35] 王红帅,蓝荣梅.关于工程造价管理信息化建设的思考[J].四川建材,2013(3):145-146.

[36] 刘志勇,关于我国工程造价管理信息化完善与应用的分析[J].科技风,2015(5):122-123.

[37] 张海东,BIM 在建筑设计中的应用[J].中国新技术新产品,2014(10):89-90.

[38] 中国建设工程造价管理协会.建设工程造价管理[M].北京:中国计划出版社.2008.

[39] 赵越华,王益涛.BIM5D 在天津永利大厦项目中的应用[J].城市住宅,2014,(8):42-46.